特种畜禽生产

主　编　吴　琼　李　焰　韩欢胜

副主编　刘　欣　宁方勇　任二军

编　者　（以姓氏笔画为序）

宁方勇（东北农业大学）

朱洪伟（鲁东大学）

任二军（石家庄市农林科学研究院）

任艳玲（山东省滨州畜牧兽医研究院）

刘　欣（东北林业大学）

刘汇涛（中国农业科学院特产研究所）

李　伟（石家庄市农林科学研究院）

李　焰（龙岩学院）

李　鑫（石家庄市农林科学研究院）

吴　琼（龙岩学院）

吴学壮（安徽科技学院）

宋兴超（铜仁学院）

周晓雯（兰州市动物园）

袁维葆（大连陇源动物繁育有限公司）

涂剑锋（中国农业科学院特产研究所）

曹新艳（吉林农业大学）

韩欢胜（黑龙江八一农垦大学）

主　审　邢秀梅（中国农业科学院特产研究所）

杜炳旺（广东海洋大学）

机械工业出版社

本书详细介绍了新版《国家畜禽遗传资源目录》中16种特种畜禽的生物学特性及品种、养殖场建设、繁育技术、饲养管理、生产性能和产品、疾病防治等内容，既有特种畜禽生产的经典内容，也有前沿知识，具有系统性、先进性和实用性等特色，内容丰富，力争反映我国特种畜禽生产、科研的最新研究成果和技术。本书可作为农林院校动物科学、动物医学、经济动物学、特种动物饲养及畜牧兽医专业的教材，也可作为特种畜禽生产单位及相关专业技术人员的参考用书。

图书在版编目（CIP）数据

特种畜禽生产/吴琼，李焰，韩欢胜主编．—北京：机械工业出版社，2022.8

ISBN 978-7-111-71066-0

Ⅰ.①特…　Ⅱ.①吴…②李…③韩…　Ⅲ.①畜禽-饲养管理　Ⅳ.①S815

中国版本图书馆CIP数据核字（2022）第110772号

机械工业出版社（北京市百万庄大街22号　邮政编码100037）

策划编辑：高　伟　周晓伟　责任编辑：高　伟　周晓伟　刘　源

责任校对：梁　静　贾立萍　责任印制：张　博

中教科（保定）印刷股份有限公司印刷

2022年8月第1版第1次印刷

184mm×260mm · 14.75印张 · 365千字

标准书号：ISBN 978-7-111-71066-0

定价：69.80元

电话服务　　　　　　　　　　网络服务

客服电话：010-88361066　　机　工　官　网：www.cmpbook.com

　　　　　010-88379833　　机　工　官　博：weibo.com/cmp1952

　　　　　010-68326294　　金　　书　　网：www.golden-book.com

封底无防伪标均为盗版　　机工教育服务网：www.cmpedu.com

前 言 Preface

2020年颁布的《国家畜禽遗传资源目录》将梅花鹿、马鹿、驯鹿、羊驼、火鸡、珍珠鸡、雉鸡、鹧鸪、鸵鸟、鸸鹋、番鸭、绿头鸭、水貂（非食用）、银狐（非食用）、北极狐（非食用）、貉（非食用）16种特种畜禽划归为家养动物，按照《中华人民共和国畜牧法》管理，自此明确了我国特种畜禽产业的地位。特种畜禽不仅为人类提供了大量的肉食制品、毛皮制品、医疗保健品、药物及化妆品原料等，也可供观赏娱乐，并在医学和生物科学上作为实验动物进行试验，还为人类提供了特殊用途需要的动物产品，满足人类生活的需要。我国特种畜禽饲养业随着新中国成立而发展，丰富多样的特种畜禽遗传资源为特种畜禽饲养业的快速发展提供了重要支撑。为了顺应政策，满足人们对特种畜禽领域生产、研究的需求，我们编写了本书。

本书中绪论、第六~十三章由吴琼和李焰编写。第一章由韩欢胜、刘汇涛编写。第二章由任艳玲、刘欣、袁维葆、周晓雯编写。第三~五章由宁方勇、任二军、宋兴超、李伟、李鑫编写。全书的常见病防治部分由朱洪伟协助编写。吴学壮、曹新艳、涂剑锋提供了数据方面的支持。因特禽与家禽的主要传染病相似，本书不再赘述。

本书坚持内容的科学性、实用性和准确性，力争反映我国特种畜禽生产、科研的最新研究成果和技术，可作为农林院校动物科学、动物医学、经济动物学、特种动物饲养和畜牧兽医专业的教材，还可作为科研单位、生产一线专业技术人员的参考用书。

需要特别说明的是，本书所用药物及其使用剂量仅供读者参考，不可照搬。在生产实际中，所用药物学名、常用名和实际商品名称有差异，药物浓度也有所不同，建议读者在使用每一种药物之前，参阅厂家提供的产品说明以确认药物用量、用药方法、用药时间及禁忌等。购买兽药时，执业兽医有责任根据经验和对患病动物的了解，决定药物用量及选择最佳治疗方案。

本书是在我国特种畜禽教学、科研和生产人员的共同努力下完成的，由邢秀梅研究员和杜炳旺教授给予指导，是集体智慧的结晶。在此，谨向提供支持与帮助的单位和个人表示衷心感谢。本书在编写过程中，参考了众多的专业书籍、教材和文章，引用了部分数据，取长补短。虽几经修改定稿，但因涉及畜禽品种较多，加之编者水平有限，错误和不妥之处在所难免，衷心希望广大读者不吝指正，以便再版时改正！

编 者

目 录 Contents

绪　论

一、特种畜禽的概念及其特点

特种畜禽是指除猪、牛、羊、驼、马、驴、兔、鸡、鸭、鹅、鹌鹑、肉鸽、蜜蜂等传统畜禽以外的、饲养规模大、分布相对广、经济价值高的家养动物。2020 年 5 月颁布的《国家畜禽遗传资源目录》公布了特种畜禽 16 种，分别为梅花鹿、马鹿、驯鹿、羊驼、火鸡、珍珠鸡、雉鸡、鹧鸪、鸵鸟、鸸鹋、番鸭、绿头鸭、水貂（非食用）、银狐（非食用）、北极狐（非食用）、貉（非食用），按照《中华人民共和国畜牧法》管理。

相对于传统畜禽，特种畜禽驯化时间短，保留一定的野性和自然属性，养殖数量相对较少，具有独特的性状和较高的观赏价值、营养价值、药用保健价值。特种畜禽产业在不同国家和地区的发展水平不同，比传统畜禽要落后，存在地域性限制大，资源保护和利用严重滞后，缺乏统一的品种审定标准、营养需要、资源保护和利用、疾病控制等方面的系统研究，多为初加工产品，深精加工产品少等特点。

二、特种畜禽的分类

列入《国家畜禽遗传资源目录》中的 16 种特种畜禽，若按照主要经济用途可分为三类，分别为鹿类动物、毛皮动物和特禽动物，按照此种分类方法羊驼较难划分。若按照畜禽自然属性，可分为哺乳动物类和特禽类。按照生物分类学原则可分为哺乳类和鸟类。本书主要采用第一种方法进行分类介绍。

我国鹿遗传资源十分丰富，但饲养数量多、分布范围广的主要是梅花鹿和马鹿。敖鲁古雅驯鹿与鄂温克族紧密相连，具有重要意义。鹿全身皆是宝，多个部位有医疗保健功效或其他功能，除了鹿肉、鹿皮、鹿血、鹿茸之外，还有鹿角、鹿角盘（及其加工制成的鹿角胶、鹿角霜），以及鹿骨、鹿齿、鹿筋、鹿胆、鹿鞭、鹿肾、鹿胎、鹿尾、鹿心、鹿乳、鹿肝、鹿胎盘、鹿胎粪等。我国饲养梅花鹿、马鹿的主要产品是鹿茸。鹿茸是我国传统的中医药材，被认为是“动物药之首”，千百年来得到广泛的应用。毛皮动物主要指其产品（毛皮）用作制裘原料的家养动物，其毛皮特点是毛（绒）品质优良，毛色美观，皮板轻柔结实。毛皮动物主要包括水貂、狐、貉。此外，羊驼既可肉用，也可毛用，暂且放入毛皮动物中。特禽动物是指一些珍贵、稀有、经济价值高，能满足人们某些特殊需要（如保健食用、药用、狩猎、观赏等）的家养禽类，包括火鸡、珍珠鸡、雉鸡、鹧鸪、番鸭、绿头鸭、鸵鸟和鸸鹋。

三、特种畜禽遗传资源的价值及产业发展意义

特种畜禽遗传资源是生物资源的重要组成部分，也是生物技术和相关生命科学研究产业创新与持续发展的重要科技基础条件之一。我国特种畜禽遗传资源非常丰富，不仅是中国，

还是全世界动物饲养业可持续发展的物质基础和宝贵财富。

特种畜禽可为人类提供大量的肉食制品、毛皮制品、医疗保健品、药物及化妆品原料，还可供观赏娱乐或作为实验动物。特种畜禽为人类提供特殊用途的动物产品，满足了人类生活的需要，丰富了家养动物种类。随着我国国民经济的发展，人民生活水平的提高，健康保健越来越受到人们的广泛关注，而在众多的保健品中，鹿茸是关注焦点之一。我国人民对动物毛皮的应用历史悠久。从20世纪50年代开始，毛皮动物饲养业在我国就有了较大发展，成为畜牧业中的一门新兴产业，在扩大出口增收、满足加工业的原材料方面产生积极意义。特禽不仅可以提供优质肉食产品，还可以提供皮制品、工艺品和油制品，也为医疗保健和轻工业提供原料。特禽也是很好的狩猎对象，如雉鸡，已经成为世界重要的狩猎对象之一。特禽产业具有投资少、见效快等特点。目前，特种畜禽饲养业已成为我国畜牧业的重要组成部分，对很多地区的经济发展起到重要作用。

由于人们长期对特种畜禽遗传资源的重要性缺乏科学认识，相关遗传资源的保护状况不容乐观。在当今人们片面追求高产，饲养品种趋同、单一化，发达国家畜禽遗传资源日趋匮乏的情况下，我国的特种畜禽遗传资源的保护与利用对今后的育种事业将会产生难以估量的影响。

四、特种畜禽产业现状

我国是特种畜禽养殖大国，遗传资源十分丰富。2021年版的《国家畜禽遗传资源品种名录》中共有51个特种畜禽品种，分为地方品种、培育品种（配套系）和引进品种。地方品种7个，其中鹿品种3个，分别为吉林梅花鹿、东北马鹿、敖鲁古雅驯鹿；毛皮动物品种1个，为乌苏里貉；特禽品种3个，分别为中国山鸡、天峨六画山鸡和中国番鸭。培育品种（配套系）23个，其中鹿品种10个，分别为双阳梅花鹿、四平梅花鹿、西丰梅花鹿、敖东梅花鹿、东丰梅花鹿、兴凯湖梅花鹿、东大梅花鹿、塔河马鹿、伊河马鹿、清原马鹿；毛皮动物品种9个，分别为吉林白水貂、金州黑色十字水貂、山东黑褐色标准水貂、东北黑褐色标准水貂、米黄色水貂、金州黑色标准水貂、明华黑色水貂、名威银蓝水貂、吉林白貉；特禽品种4个，分别为闽南火鸡、左家雉鸡、申鸿七彩雉和“温氏白羽番鸭1号”配套系。引进品种（配套系）21个，其中鹿品种1个，为新西兰赤鹿；毛皮动物品种6个，分别为银蓝色水貂、短毛黑色水貂、银黑狐、北美赤狐、北极狐和羊驼；特禽品种14个，分别为尼古拉斯火鸡、青铜火鸡、BUT火鸡、贝蒂纳火鸡、珍珠鸡、美国七彩山鸡、鹧鸪、番鸭、克里莫番鸭、绿头鸭、非洲黑鸵鸟、蓝颈鸵鸟、红颈鸵鸟、鸸鹋。此名录实行动态管理。

我国鹿资源中数量较多的为梅花鹿和马鹿，家养的梅花鹿和马鹿均由野生种经长期驯养而来。据不完全统计，目前茸鹿存栏数约150万头，广泛分布于我国黑龙江、吉林、辽宁、新疆、内蒙古、甘肃和青海等地。

我国毛皮动物主要以水貂、狐和貉为主，分布于吉林、辽宁、黑龙江和山东等地。据不完全统计，2020年我国产貂皮约931万张，而鼎盛时期全国饲养种貂超千万只，产貂皮超6000万张。狐的人工饲养在北美洲和俄罗斯开展得较早。1883年野生银黑狐的人工繁殖在加拿大获得成功后，挪威（1914年）、日本（1915年）、瑞典（1924年）、苏联（1927年）等先后将银黑狐从北美洲引种传到亚洲和欧洲。我国赤狐的中心产区在河北昌黎、乐亭及石家庄附近，辽宁、吉林、山东等地也有广泛饲养；我国银黑狐主要产区为吉林、辽宁、山西、河北、山东等地区。据不完全统计，2020 年我国狐皮产量为 1253 万张左右。貉的人工饲养已有数百年的历史。国外主要是芬兰等北欧国家及俄罗斯，但饲养规模较小。我国很早就开始了野生貉的驯养，规模化驯养开始于 1957 年，貉的中心生产区为我国东北三省，即黑龙江、吉林、辽宁，河北、内蒙古、山东、宁夏、河南、北京、天津等地也广泛饲养。据不完全统计，2020 年全国年产貉皮约 1000 万张。

我国特禽饲养数量和规模也日趋扩大，全国年饲养量达到 1 亿只左右，主要分布于上海、江苏、广东、吉林、黑龙江等地。

五、特种畜禽产业发展趋势

我国在 20 世纪 50 年代就开展了有关特种畜禽资源的研究利用工作，成立了专门的研究机构和教学机构，当时在国务院“变野生为家养、家植”的政策指导下，开展了珍贵、稀有、经济价值高的野生动物的家养科研工作，成功地引种驯化了梅花鹿、马鹿、驯鹿、麋鹿、水貂、赤狐、北极狐、乌苏里貉、白貉、雉鸡和绿头鸭等动物，为特种畜禽饲养业的发展奠定了基础。但是，目前我国特种畜禽研究方面还比较薄弱，还没有国家级的特种畜禽遗传资源保种场，致使特种畜禽遗传资源保护并没有起到应有的作用；另外，我国大部分特种畜禽饲养场保种意识淡薄，盲目追求短期经济效益，种源交流频繁，没有保存好遗传资源；梅花鹿、马鹿、水貂和特禽等优异特色资源没有得到重视，致使品种杂交非常严重，部分品种饲养量呈下降趋势。

中国农业科学院特产研究所是我国唯一的国家级特种畜禽研究科研单位，历经 20 余年基本查清了我国特种畜禽遗传资源的数量和分布状况，收集并创建了世界上最大的梅花鹿、马鹿、水貂、北极狐、银黑狐、雉鸡等资源库，并不断更新；建立了特种畜禽遗传资源保存的完整技术体系，收集保存畜禽遗传资源 509 个品种（类型）、活体 94800 余只（头），整合鹿类动物资源 126 个、毛皮动物资源 237 个、特禽资源 140 个，抢救性保护了 22 个国家重点、珍稀和濒危特种畜禽遗传资源；研究制定了特种畜禽遗传资源调查收集、整理整合、鉴定评价、安全保存、共享服务等技术规程（规范）60 余个；在表型和分子水平对初步筛选出的 48 个优良品种（类型）进行了挖掘和深入评价；在此基础上，建立了完善的特种畜禽遗传资源数据库和信息检索系统。

随着我国乡村振兴、各项富民政策的推行，以及产业结构调整，特种畜禽产业成为重点发展项目，我国特种畜禽产业在国际市场上有了较大的竞争优势。今后应健全资源保护体系、良种繁育体系、品种标准和饲料饲养标准，利用现代分子生物学、基因组学、转录组学、代谢组学、比较基因组学等技术进行鹿的产茸性状、毛皮动物的毛绒品质、特禽的生产性能等基因解析，特别是对特种畜禽的极端耐受性等开展系统性基础研究。同时，加强标准化健康养殖和产业开发利用力度，以特色品种为依托，开发系列优质产品，实施产业化开发，满足多样化的市场需求。

第一章 鹿

鹿在动物分类学上属于哺乳纲（Mammalia），偶蹄目（Artiodactyla），鹿科（Cervidae）。我国人工饲养的鹿主要以产茸为目的，所以也称为茸鹿（茸用鹿），主要有梅花鹿和马鹿，属于鹿属（*Cervus*）；还有部分驯鹿，属于驯鹿属（*Rangifer*）。

第一节　鹿场的规划建设

一、鹿场的设计理念

鹿场设计的基本理念是：根据鹿的生物学特性、政策合法合规性、实施可行性、管理便捷性、经济实用性、生物安全性及企业发展目标等，因地制宜进行具体规划设计。要根据生产性质和任务，按照投资少、用料省、利用率高、使用经济、便于机械化操作等原则，根据鹿的不同种类和不同生产用途（茸用、肉用），合理确定鹿群规模，严格选择场址，从实际出发，确定建筑物的设计，以适应养鹿业生产发展的需求。

二、鹿场的场址选择

1. 基本要求

鹿场用地应符合《中华人民共和国畜牧法》、自然资源部与当地土地利用相关规定要求；建设应符合《中华人民共和国环境保护法》和环境影响评价要求；场区饮水应符合国家生活饮用水卫生标准；应做到短期利益与长远规划相结合，做好自然情况和社会情况的详尽调查，其中，自然情况包括水旱灾情、土壤植被、水文地质等，社会情况包括能源、污染、交通、卫生、社会经济等。

2. 选址的条件

鹿场的选址要求应遵循以下原则：在居民区下风向，远离水源地、人类居住场所与工厂且距离不小于1000m，距离其他畜禽规模养殖场3km以上；场址应地势高燥、向阳通风、排水顺畅；场区土质坚实、无地方病，应避免选择容易潮湿的黏土区和有大石块的地区；地下水位应在地表2m以下；交通、水电应便利，能源充足；饲料来源应充足、方便；附近不应有突发噪声；位置适当，便于卫生防疫。

三、鹿场的规模

鹿场的规模大小是由其经营性质、生产任务及所处地区的条件决定的。目前，鹿场多是以生产鹿茸为主的综合性经营，主要有种鹿场、生产鹿场，也会规划为茸鹿场、肉用鹿场或茸肉兼用鹿场。鹿场是以产茸公鹿数量为分类标准，成年公鹿、成年母鹿与幼鹿的比例一般为6∶2∶2。

四、鹿场的规划与布局

鹿场的布局是否合理，关系到能否提高劳动生产率，降低生产成本，组织正常生产，增加经济效益。布局应以生产区为中心，从人和鹿的健康角度出发，合理安排各区位置。为保证生产区安静、不被污染、便于生产联系和卫生防疫，应按生产区、办公区、生活区顺序，由内向外或由上向下排列，职工的生活区应安排在最好的地段，即上风向、地势较高的地方，办公区应在生活区下风向。通向附近乡村集镇的主干道路不应经过生产区。到生产区的内部专用道路，不能先经生活区再到生产区。

1. 基本要求

鹿场布局应考虑整体协调性，按功能进行合理划分。主要功能区包含办公区、生活区、生产区、隔离区和粪污处理区，各区应隔开一定距离，以50m以上为宜，并设隔离墙或绿化隔离带。

2. 功能区

办公区应建在生产区常年主导风向的上风向处，设置办公室、档案室、监控室等。生活区也应建在生产区常年主导风向的上风向处。生产区是养鹿场的主体，应建在办公区和生活区常年主导风向的下风向或侧风向处。基础设施包括鹿舍、饲料加工间、饲料库、青贮窖、兽医室、繁育室、工人休息室、牧道鹿茸加工室等。

（1）鹿舍 北方鹿舍一般坐北朝南，运动场在棚舍南侧；南方为避暑，有的将运动场设在棚舍北侧或将棚舍设在运动场中间。鹿舍安排要充分考虑鹿群数量、不同鹿群的生物学特性和生产特点，采取东西并列式或南北纵列式，分成若干单元。每个单元可饲养成年梅花鹿150~200头或马鹿100~150头。为避免发情母鹿的气味刺激公鹿并引起骚动，公鹿应安排在上风向处，母鹿在下风向处，中间为育成鹿舍。要避开主风向，保证阳光照射。

将鹿舍按照种公鹿舍、成年公鹿舍、成年母鹿舍、育成鹿舍和隔离舍进行布局。每头鹿的面积要求如下：梅花鹿中成年母鹿应不低于12m^2，成年公鹿应不低于15m^2；马鹿中成年母鹿应不低于18m^2，成年公鹿应不低于20m^2；驯鹿中成年母鹿应不低于15m^2，成年公鹿应不低于18m^2。

（2）饲料加工间 为了尽量缩短饲喂距离，方便全场饲喂，饲料加工间应安排在生产区中间部分。

（3）饲料库 为方便运输饲料，精饲料库应修建在饲料加工间附近，粗饲料库应安排在与鹿舍平行的下风向处，地势应相对高些，通风防潮，注意防火安全。

（4）青贮窖 根据鹿场前低后高的特点，青贮窖应在生产区后侧，距离不应太远，以减轻运料的劳动强度。

（5）兽医室 安排在鹿场下风向的一角，并与病鹿隔离舍相邻，附近设置尸体焚烧炉或掩埋坑。只对场内开放，专管鹿的保健等。

（6）繁育室 安排在母鹿舍附近，并设置种公鹿圈，饲养采精公鹿。

（7）工人休息室 应设在生产区前侧，靠近饲料加工间。

（8）牧道 有条件的鹿场要考虑设置放牧道路且避开农田、村舍及生产区。

（9）鹿茸加工室 鹿茸加工室是鹿场的重点生产部门，应设置在生产区的地势高燥处，一般建成楼房，便于鹿茸干燥和安保。

生产区的出入口处应设有消毒池、消毒间，并配备消毒设施，用于人员和车辆出入时消毒。生产区内道路应设有净道和污道，不得交叉使用。生产区内可预留有一定的扩展区，以备将来扩大规模。

隔离区应建在生产区常年主导风向的下风向或侧风向处，用于鹿的引入、运出和伤病鹿的短期隔离饲养。粪污处理区应建在生产区常年主导风向的下风向 50m 以外，并与生产区内污道连接，按畜禽规模养殖场粪污资源化利用设施建设规范要求建设，设粪便处理发酵池、无害化处理区和污水处理区，要求防雨防渗，以免粪水污染鹿场。无害化处理区应按病死及病害动物无害化处理技术规范要求建设。

五、鹿场的基础建设

1. 地基

地基要求条件：净化处理地表覆盖的植被；清理石块，翻松冻土层；部分区域应去除地表土壤，如建鹿舍、房屋、道路与粪便处理发酵池等需去除表层腐殖土；移除地表土壤的地方应铺上沙土和碎石；回填沙土的时候应完成水线和电线的定位，同时进行电源布线；应有一定坡度（不超过 5°），以利于排水。

2. 道路

生产区主要通道的宽度以 5m 为宜，硬化厚度以 20cm 为宜。鹿舍间过道的宽度以 4m 为宜，硬化厚度以 15cm 为宜。生产区内四周可建硬化的环道。

3. 排水、排污系统

生产区内应设排水、排污系统，充分考虑雨污分离，宽深以 60cm×40cm 为宜，沟上方可铺设便于掀开的铁网、水泥板或树脂网等。排水系统是鹿场最易忽视而又十分重要的建造部分，在平整场地时应设好坡度和水流方向。一般排水沟设在鹿舍前墙外，最好是永久式的，水由鹿舍两侧流出；排污沟应与粪污处理区相连。整个场区的周边都可挖排水、排污沟，以阻止表层水流到生产区或穿过生产区。

4. 围栏

生产区外围应建有安全防护栅栏，以防鹿逃逸。围栏高度一般以 2. 5~3. 0m 为宜，宜选用木板、砖、金属网等材料。

5. 粪便处理发酵池

粪便处理发酵池应能容纳鹿场中 1 年产生的所有粪便。底部可铺设一定厚度的煤渣来减少环境污染。池体应稍高于地面，并设防雨水设施，以防大量雨水流入池中。

6. 鹿舍建筑

（1）建筑应具备的基本条件

1）符合鹿的生物学特性要求。鹿胆小易惊，跑跳能力强，抗寒和抗风雪能力强，但抗干热、抗潮湿能力差。所以鹿舍要求坚固、光滑、阳光充足、空气清新。

2）当地的自然条件。鹿舍朝南，避风向阳；南方雨量充沛，天气炎热，还要注意防暑防潮。

3）便于实行科学管理。应充分考虑作业方便、降低劳动强度、提高劳动定额、提高安全性和创造劳动保护条件，并为实行机械化和现代化打好基础。

（2）鹿舍各部分结构的基本要求

1）墙壁。石墙坚固耐久，但保温性差，墙壁易凝结水汽，增加鹿舍湿度，因此目前多采用砖、石、铁栅栏、铁丝网、木杆、水泥板等材料制成的砖墙。圈舍围墙高 2~2.5m，隔墙高 2m。

2）地面。鹿舍地面要求坚实、平整、导热性强、不透水，易于清扫和消毒。棚舍（寝床）地面要求平整干燥，稍有坡度，以利于排尿和保温。杂木板地面最为理想，但因造价高而应用不多。石灰、黏土、沙子混合制成的三合土较实用。目前，多采用砖地面，虽保温性差，但平整且易清洁。

运动场是鹿的主要活动场地，建造时要合乎卫生要求。土地面柔软有弹性，但易渗水渗尿，出现洼坑，难以保持平整、清洁，晴天灰尘大，雨天多泥泞，已被淘汰。三合土也易出现洼坑积水。石板地面虽然坚固但不平整，易损伤鹿蹄。水泥地面平整，排水性好，易于清洁，但保温性差，冬天凉，夏天吸热后不易散发，且鹿不喜欢在水泥地面上活动。现在北方多采用砖地面，但使用初期对鹿蹄有磨损现象，应铺上细沙或细土。

3）屋顶。主要作用是防雨雪和遮阳，对保温性要求不高，应轻便坚固。从长远利益出发，瓦顶较为适宜，有单坡式、双坡式、不等坡式等形式。单坡式简单，造价低，保温性差，一般小型鹿场或散户采用。双坡式结构复杂，造价较高，但保温性好，因此被大多数鹿场采用。

4）门。鹿舍门多，各舍有前后门，舍间有间壁门，走廊两端也有门，要求坚固、闭合严实、向内开。多采用坚固的铁门，1m 以下为死板，以上留有缝隙，既节省材料又较轻，也便于观察。鹿舍门一般宽 1.5~1.8m、高 1.8~2m，走廊门宽 2.5~3m，为对开门，高 1.8~2m。

5）窗。棚舍后墙应留有小窗，以利于夏季通风，降低温度，排除氨气。冬季为了保温要封严。窗距地面 1.3~1.5m，长 1.5m，高 0.3~0.4m。

6）通道。通道是锯茸、调圈、出牧等的必经之路，也是安全防护设施。一般宽 3~4m，若太宽，拨鹿时迂回面积大，速度慢；若太窄，则拨鹿时出现拥挤。

7）产仔小圈。对产仔母鹿和初产仔鹿进行必要护理的场所，平时可用于饲养老弱鹿，配种期也可饲养种公鹿。小圈设在母鹿舍的一侧或一端，最好是用砖做成永久性，有遮阳棚盖，有小门通往运动场或邻圈，面积为 6~10m²。

8）仔鹿护栏或小床。用于仔鹿休息或补饲。仔鹿护栏设在母鹿棚舍一端，长与寝床宽相同，宽 2~3m，高 1.5~1.6m，用铁管、圆钢、木杆、木方等制成，间距为 16~20cm，仔鹿自由出入，母鹿不能入内，一侧设有小门，内设补饲槽，既便于仔鹿休息，又可进行早期补饲。

仔鹿小床设在母鹿棚舍后墙附近，高 70~80cm，宽 40~50cm，常与棚舍相通，上有护栏，下铺垫草，便于仔鹿休息。

9）鹿舍面积。根据饲养鹿的种类和数量进行调节。目前，我国鹿舍面积多为 200~300m²，若为梅花鹿，则可饲养母鹿 20 头或公鹿 15 头或育成鹿 35 头；若为马鹿，则可饲养公鹿 10 头或母鹿 15 头或育成鹿 25 头。

7. 设施配套

（1）设施 根据地理和气候条件不同可采用不同的饮水系统，寒冷地区若采用自动饮水系统，冬季需有加热设备。配备无害化处理设施、污水处理设施及固定的或可移动式的鹿装运台。

（2）设备

1）饲喂设备。主要有料槽、水槽及上饲车。

① 料槽。要求坚固、光滑，便于清洗消毒。现多用砖砌成或采用水泥钢筋结构。

梅花鹿的料槽上口长 80~100cm，底长 60~80cm，深 25cm，宽 8~10cm，槽底距地面 20~30cm，可饲喂梅花鹿 20~40 头。

马鹿的料槽上口长 100~120cm，底长 80~100cm，深 25cm，宽 8~10cm，槽底距地面 30~40cm，可饲喂马鹿 20~30 头。如果料槽太窄、太短，会影响采食。料槽应纵向设在圈舍中央，以不影响运动及拨鹿为宜。

② 水槽。要求坚固、光滑，不透水。南方多用石槽、水泥槽。北方为便于冬季加温多用铁水槽。水槽长 150~200cm、宽 60cm、深 35cm，装在两圈之间的前墙角下，供两圈的鹿饮水。也有用铁锅代替的，可将其固定在灶上，旁有烟囱，冬季可生火加温。

2）饲料加工设备。主要有粉碎机、青饲料切碎机、煮料锅、豆饼粉碎机、精饲料粉碎机等。

3）繁育设备。主要有保定圈、采精器、液氮罐、集精杯、恒温水浴锅、显微镜、输精枪等。

4）兽医设备。主要有手术医疗器具械、灭菌器械、消毒喷雾器等。

5）保定设备。主要有收茸保定器和医疗保定器等。

第二节 鹿的生物学特性及品种

一、鹿的生物学特性

1. 生活习性

鹿科动物在漫长的自然进化过程中形成了爱清洁、喜安静、感觉敏锐、善于奔跑等特性，这主要取决于气候、环境条件、食物、敌害等因素的影响。鹿的种类不同，其生活习性也不同，但都喜欢生活在疏林地带、林缘或林缘草地、高山草地、林草衔接地带。因为这些地带食物丰富，鹿的视野比较开阔，有利于迅速逃避敌害，保护自己。

鹿喜欢在晨昏活动，活动范围不是很大。马鹿、梅花鹿有季节性游动的特性，春季多在向阳坡活动，夏季移往海拔高的山上，便于隐蔽和逃避蚊蝇骚扰，冬季又回到海拔低的河套或林间空地，在食物短缺时往往会接近农田或村落。

梅花鹿喜水，阴雨天活跃，但在大雨天气下放牧，鹿群安静并聚集。马鹿、梅花鹿还喜欢泥浴，尤其在配种季节，常在泥里打滚，有助于降温和缓解烦躁。

分布在我国的鹿种大多数在秋天配种，配种期雄性个体常进行激烈争斗，胜者与母鹿交配。马鹿公鹿在配种期会发出吼叫吸引母鹿，梅花鹿则是母鹿发出“哀怨”的求偶声吸引公鹿。

我国的鹿多在初夏产仔，鹿科动物的妊娠期为230~250d，单胎，偶有双胎，于隐蔽处产仔。仔鹿初生后，头几天喜睡，初生仔鹿身上有白斑，如同落在枯草上的光斑，蜷在那里不易被敌害发现。鹿的母性很强，但产仔后并不在仔鹿身边守候，能凭互相低沉细微的叫声定时哺乳，1周左右仔鹿便能跟随母鹿奔跑。母鹿产仔后吃掉胎衣，不会发生消化障碍。

2. 草食性

鹿类动物能广泛利用各种植物，既可食草本植物，也可食木本植物，尤其喜食各种树的嫩枝、嫩叶、嫩皮，以及果实、种子等。据对放牧鹿观察，鹿能采食400多种植物，其中也包括一些有毒植物。这是由于鹿在进化过程中形成了适应广泛采食植物的复杂消化器官，其中的环境适于某些微生物共生要求，能分解很多植物性饲料。

鹿采食植物性饲料时具有选择性，要求鲜和嫩。各季节中萌发的嫩草和嫩枝、乔木或灌木的嫩枝嫩芽，是鹿采食的主要饲料。在食物相对匮乏时，鹿才采食植物的茎秆及粗糙部分；在喂食干草时也只吃叶，很少吃粗糙的茎秆，所以有人认为鹿是精食性动物。野生鹿的瘤胃内容物的重量是其体重的4%~7%，低于家养鹿瘤胃内容物的重量。给家养鹿饲喂秸秆、落叶等，若因营养不足补饲大量的精饲料，会使鹿因脂肪沉积而变得肥胖，体质与野鹿也会有所不同。鹿喜盐。

3. 集群性

群居性和集群性是鹿在自然界生存竞争中形成的，有利于防御敌害，寻找食物和隐蔽。群体大小既取决于鹿的种类，也取决于环境条件，如马鹿群多从几头到十几头。食物丰富，环境安静，群体相对大些，反之则小。对于梅花鹿，夏季多数是母鹿带领仔鹿和亚成体一起活动，一群有几头或十几头。到了繁殖季节，多是1~2头公鹿带领十几头母鹿和幼鹿，活动区域较为固定。当鹿群遇到敌害时，哨兵鹿高声鸣叫，尾毛炸开并飞奔而去，其炸开的尾毛如同白团，非常醒目，起信号作用。一只鹿逃跑则众鹿跟随，跟随的鹿带有一定的盲目性。有猎人将哨兵鹿从崖上击毙，众鹿随其跳崖丧生的实例。

家养鹿和放牧鹿仍然保留着集群活动的特点。一旦单独饲养和离群时则表现胆怯和不安。因此，放牧时如有鹿离群，不要穷追猛撵，可稍微等待，其便会自动回群。

4. 可塑性

鹿的可塑性很大，利用可塑性可改造其野性。鹿的驯化放牧就是利用它的这一特性，通过食物引诱、各种声音呼唤和异物反复刺激等，建立良性的条件反射，使见人惊恐的鹿达到任人驱赶、听人呼唤的目的。驯化工作在鹿幼年时进行比成年时效果好，如幼鹿经过人工哺育驯化，则可与人共处。

在养鹿生产实践中，应当充分利用这一特性，加强对鹿的驯化调教，给生产带来更大的方便与安全。

5. 防卫性

鹿逃避敌害的办法多是逃跑。鹿奔跑速度快，跳跃能力强，而且听觉、视觉、嗅觉器官发达，反应灵敏，警觉性高，行动小心谨慎，一遇敌害纷纷逃遁。这是鹿的一种保护性反应，是自身防卫的表现，也就是人们常说的“野性”。

虽然家养鹿经过了多年驯化，但这种野性并没有彻底根除，如见到生人、不熟悉的动物或景物，或听到突如其来的声音，会立即警觉起来，休息、反刍、采食、饮水、交配、产仔、哺乳等各种活动立即停止，抬头竖耳，引颈而望，甚至一哄而起。报警鹿或头鹿长吼报警，唤起整个鹿群骚动，纷纷起立，观望。当确认无危险时才慢慢安静下来。当认定是陌生情况时，报警鹿或头鹿连声呼叫，边叫边用一边的前蹄跺地不止，此时其往往臀斑和颈背被毛逆立，或泪窝开张，长吼一声并急速返身逃窜，或用前蹄扒、打（母鹿）或用头顶撞（公鹿），迎击来人和动物。产仔期的母鹿、配种期的种公鹿或“王子鹿”这些表现尤其突出，即使是对熟人，甚至是经常抚摸、每天饲养的工人也无例外。尤其是刚交配完的个别种公鹿，会凶狠地顶人，其野性暴露得更充分。有些母鹿产完仔后会扒、打其他仔鹿，甚至攻击查圈、打耳号、称重测尺、治疗病鹿的人，就连打完耳号放回去的初生仔鹿，有的也会立即返身扒人，或猛扑圈门。产仔母鹿还会因惊动或异味而弃仔不管，尤其是初产鹿。各种鹿在圈舍或运动场中都有较固定的休息位置，某些既圈养又放牧的母鹿在临产前总是在一定时期离群，跑到一定地点产仔，这些都是其野性的典型表现。

家养鹿不让人接近，遇异声、异物惊恐万分，产仔时扒、咬仔鹿，对人攻击等，对组织生产十分不利，由此造成的伤亡（骨折、撞死、逃跑）和损伤鹿茸等事故时有发生，经济损失很大。因此，加强对鹿的驯化，削弱其野性，仍是养鹿生产实践中的一项主要任务。

6. 适应性

鹿的适应性很强，现已分布在世界各地。如东北梅花鹿，原产于长白山地区，现已引种到全国各地，能很好地适应当地的环境条件并生存繁殖。

7. 繁殖的季节性

梅花鹿和马鹿的繁殖有较明显的季节性，即在秋季的9~11月发情交配，第二年5~6月产仔或延至7月产仔。公鹿的繁殖不仅有明显的季节性，而且年龄不同，发情时间也有早晚。

鹿的体重具有明显的季节性变化，以梅花鹿为例，进入体成熟年龄（4岁）后，公鹿以每年的冬末春初体重最低，以夏末秋初体重最高。母鹿体重变化推迟1~2个月。公鹿体重最高时比最低时高16%~20%，母鹿为12%~15%。无论公鹿还是母鹿，都是在饲料种类繁多的夏季，经过营养最丰富的饲喂之后，即在体重增加，膘情达到最佳或较佳的秋季至秋末冬初时开始发情配种。而仔鹿则是在一年当中最好的季节——春末夏初时出生，并在哺乳半个月之后获得更好的饲料和气候等最佳的生活条件，待到秋季独立采食之后，又能获得各种各样的种子和果实，以保证其幼龄期的生长发育。可见，鹿的繁殖和体重变化的明显季节性，是在长期进化过程中对生存条件的一种最佳适应。

8. 社会行为

鹿的社会行为主要包括群体行为、优势序列和嬉戏行为。其中，优势序列是指社会行为中的等级制行为，使某些个体通过争斗在群体中获得高位，在采食、休息、遮阳、交配等方面优先。“王子鹿”就是优势序列中的胜利者。

二、鹿的品种

目前，家养鹿品种有梅花鹿、马鹿和驯鹿，其中梅花鹿地方品种1个，培育品种7个；马鹿地方品种1个，培育品种3个，引进品种1个；驯鹿地方品种1个。

1. 梅花鹿

（1）地方品种　吉林梅花鹿是我国梅花鹿唯一的地方品种，属于东北亚种，主要分布于长白山一带，分为双阳型、东丰型、伊通型、龙潭山型和抚松型5个类群。

【体形外貌】 毛色随季节变化而稍有变化。夏毛稀短无绒，呈棕红色或棕黄色，体躯两侧分布有白色斑块，状似梅花。伊通型梅花鹿白斑小而密，排列整齐；双阳型、东丰型梅花鹿白斑大而稀疏，排列不规则。大多数吉林梅花鹿的背部中间有2~4cm宽的棕色或黑色背线，有的由颈部至尾部，色深而明显（如伊通型、抚松型）；有的仅到腰部（如龙潭山型），有的则不明显（如双阳型）。腹部、四肢内侧毛色呈浅灰黄。臀斑大而有黑色毛圈；尾毛背部为黑棕色，腹缘为白色，受惊时尾毛张开呈白色扇形。伊通型梅花鹿喉斑大而白。冬毛厚密，呈棕褐色，白斑色暗，不及夏季明显。公鹿有鬣毛。

吉林梅花鹿属于中等体形鹿。体态紧凑俊秀，白斑明显。头较小，头形轮廓清晰，额宽。眶下腺发达，呈裂隙状。眼大明亮，鼻梁平直，耳大，内侧有柔软白毛，外部被毛稀疏。背腰平直，胸宽，体质结实。四肢匀称，主蹄狭尖，副蹄细小。母鹿乳房发育良好，乳头距离匀称，大小适中；公鹿睾丸发育良好，有弹性。

【茸形特点】 鹿角柄粗圆，端正；公鹿生后第二年生出锥形初角茸，第三年茸角分杈。有的主干中部向内弯曲，左右对称，俗称“元宝形”（如东丰型）；有的主干向外伸展，呈三角形（如双阳型、伊通型）。眉枝（第一侧枝）分生位置高低不等。第二分枝与眉枝距离较远，具有种的特征。茸皮呈红褐色、黄褐色，少有黑褐色，毛纤细。

【产茸性能】 产茸能力高，一般出生后200~300d，萌生初角茸，头锯（2周岁）公鹿生产二杠茸的鲜重为0.75~1.0kg，饲养水平高的2锯（3周岁）公鹿生产三杈茸的鲜重为5.0kg以上。成年公鹿最高产三杈茸（畸形）的鲜重为15.3kg，三杈茸鲜干比为2.8∶1。

（2）培育品种

1）双阳梅花鹿。双阳梅花鹿是以双阳型梅花鹿为基础采用大群闭锁繁育方法，历经20多年（1963—1986年）培育出的世界上第一个茸用梅花鹿品种。

【体形外貌】 体形中等，成年公鹿体高101~111cm、体长103~113cm、平均体重为138kg；成年母鹿体高88~94cm、体长94~100cm、体成熟时体重68~81kg。躯体呈长方形，四肢略短，腹围较大，腰部平直，臀圆尾短，全身结构紧凑结实。稍有肩峰，肌肉发达坚实，背长宽、平直。四肢强健直立，关节灵活，与躯干连接紧密，管围粗，蹄形规整且角质坚韧光滑无裂纹。公鹿头部呈楔形，额宽平，鼻梁平直，眼大，目光温和，耳大小适中，耳壳被毛稀短；母鹿头部清秀，额面部狭长，耳较大、直立、灵活、鼻梁平直，眼大。公鹿颈比母鹿颈粗壮，配种季节公鹿颈部明显变粗。

公、母鹿的夏毛稀短，呈棕红色或棕黄色，梅花斑点洁白、大而稀疏，背线不明显，臀斑边缘生有黑色毛圈，内有洁白长毛，略呈方形。喉斑较小，距毛呈黄褐色，腹下和四肢内侧被毛较长，呈浅灰黄色。冬毛呈灰褐色，密而长，质脆。

母鹿的生殖器官发育良好，乳头发育正常，泌乳量高；公鹿的阴囊、睾丸发育正常，左右对称，季节性变化明显，配种季节明显增大。

【茸形特点】 角柄距窄，鹿茸主干向外伸展，中部略向内弯曲，茸皮呈红褐色，主干粗，眉二间距较近，根细上冲，眉枝粗长。

【产茸性能】 双阳梅花鹿的初角茸在270~300日龄开始萌生，集中生茸时间是3月。

1~10 锯公鹿的鲜茸平均单产为 2.9kg，鲜茸重 3.0kg 及以上的公鹿占 58.2%，上锯公鹿平均成品茸干重为 1.3kg，畸形率为 12.2%，鲜干比为 2.9∶1（三杈茸）。

2）西丰梅花鹿。2010 年通过国家畜禽遗传资源委员会审定，主要分布于辽宁省西丰县，目前已被引种到全国各地。

【体形外貌】体形中等，成年公鹿体高 98~108cm、体长 102~109cm、体重为 110~130kg；成年母鹿体高 81~91cm、体长 87~95cm、体重为 65~81kg。体躯较短，体质结实，有肩峰，裆宽。胸围和腹围大，四肢较短而粗壮。腹部略下垂，背宽平，臀圆、尾较长。四肢短而健壮。头方，额宽、眼大、嘴巴短。母鹿黑眼圈明显，公鹿角柄距宽。夏毛呈浅橘黄色，无背线，花斑大而鲜艳，极少部分被毛呈浅橘红色。四肢内侧、腹下被毛呈灰黄色，公鹿冬毛呈灰褐色，有鬣毛。

【茸形特点】角基距宽，茸主干和嘴头粗长肥大，眉枝较细短，眉二间距很大。

【产茸性能】1~10 锯及以上公鹿的鲜茸平均单产为 3.06kg，产茸最佳锯龄为 8 锯。茸主干长 44~52cm、眉枝长 21~27cm、嘴头长 15~17cm、嘴头围为 16~18cm。茸优质率为 71%、畸形率为 7.6%。上锯公鹿的鲜茸重达 3.0kg 以上的占 70.9%；头锯鹿的锯三杈率为 85.2%。

3）四平梅花鹿。2001 年通过国家家畜禽遗传资源管理委员会审定。主要分布在吉林省松辽平原及辽宁省铁岭地区，吉林省其他地区及黑龙江省也有少量分布。

【体形外貌】体形中等，成年公鹿体重平均为（141±10.8）kg、体（斜）长（106±6.6）cm、体高（105±3.1）cm、胸围为（124±6.6）cm、胸深（49±4.0）cm、头长（32±1.7）cm、额宽（17±1.4）cm、角基距为（5.5±0.7）cm、尾长（17±1.4）cm；成年母鹿体重（80±8.6）cm、体（斜）长（94±3.2）cm、体高（89.0±2.1）cm。体质紧凑结实，公鹿头部轮廓清晰明显，额宽，面部中等长度；眼大明亮，鼻梁平直，耳大。夏毛多为赤红色，少数呈橘黄色，大白花，花斑明显整洁，背线清晰。头颈与躯干衔接良好，髻甲宽平，背长短适中，平直。四肢粗壮端正，肌肉充实，关节结实，蹄呈灰黑色、端正坚实。尾长适中，尾毛背侧呈黑色。

【茸形特点】角柄粗圆端正，茸主干粗短，多向侧上方伸展，嘴头粗壮、上冲，呈元宝形。

【产茸性能】幼鹿 240 日龄开始生长初角茸。上锯公鹿平均成品茸重 1.22kg，畸形率为 8.2%，鲜干比为 2.85∶1。

4）敖东梅花鹿。2001 年通过国家家畜禽遗传资源管理委员会审定。中心产区为吉林省敦化市的江南、大石头、沙河沿、江源等乡镇。

【体形外貌】体形中等，成年公鹿体重（125.90±10.28）kg、体（斜）长（105.30±5.21）cm、体高（104.10±5.57）kg；成年母鹿体重（71.90±5.84）cm、体（斜）长（94.29±3.05）cm、体高（91.05±3.72）cm。体质结实；体躯圆粗，胸宽而深，胸围较大，背腰平直，臀丰满，无肩峰，四肢较短；头方正，额宽平，耳大小适中，目光温和，眼大无眼圈，颈短粗，尾长中等；角基距较宽，角基围中等，角柄低而向外侧斜。夏毛多呈浅红褐色（母鹿较公鹿毛色稍浅）；颈、腹和四肢内侧的毛色较浅，但与体毛毛色基本一致。梅花斑点分布均匀但不十分规则，大小适中。臀斑明显，背线不明显，喉斑不明显，有不明显的黑鼻梁。距毛较高；冬毛密长且呈灰褐色，梅花斑点不明显；颈毛发达，呈深褐色。

【茸形特点】角柄距较宽，角柄围中等，角柄低而向外侧斜；鹿茸主干圆，稍有弯曲（个别为“趟子茸”），直径上下均匀，嘴头较肥大，眉枝短而较粗，弯曲较小，细毛红地。

【产茸性能】鲜茸平均单产为3.34kg、成品茸平均单产为1.21kg、鲜干比为2.76∶1、畸形率为12.52%。

5）东丰梅花鹿。2003年通过国家家畜禽遗传资源管理委员会审定。中心产区是吉林省东丰县的横道河、大阳、小四平等乡镇。

【体形外貌】体形中等，成年公鹿体重（128.8±5.45）kg、体（斜）长（114.2±6.34）cm、体高（106.6±5.77）cm、胸围为（129.0±7.42）cm、胸深（47.6±3.68）cm、头长（32.4±1.83）cm、额宽（15.2±1.41）cm、角基距为（5.0±1.71）cm、尾长（15.5±1.44）cm；成年母鹿体重（75.0±6.19）cm、体（斜）长（92.5±2.86）cm、体高（87.0±3.09）cm。夏毛呈棕黄色，颈、腹和四肢内侧的毛色较浅，梅花斑点中等大小，臀斑呈白色、明显，周边黑圈不完整，背线多数不明显；成年公鹿具有喉斑，冬毛密长、呈灰褐色，梅花斑点不明显，颈毛发达、呈深褐色。东丰梅花鹿结构匀称，体质结实，腰背平直。公鹿头方正、额宽，喉斑呈白色且明显，角对称呈元宝形；母鹿头清秀，喉斑不明显，耳立且较大。公、母鹿的夏毛多为棕黄色，少数呈橘黄色，大白花，花斑明显整洁，背线不明显。头颈部与躯干衔接良好，肩甲宽平，背长短适中、平直。臀斑白色明显，周边黑毛圈不完整。四肢粗壮端正，肌肉充实，关节结实。蹄呈灰黑色，端正坚实。尾短。尾毛背侧呈黑色。

【茸形特点】茸主干粗短，茸体弯曲较小，具有“根圆、挺圆、嘴头圆”的特征，呈元宝形，嘴头粗壮上冲；茸皮呈红黄色，色泽光艳。

【产茸性能】上锯公鹿成品茸平均重1.22kg、畸形率为9.6%。

6）兴凯湖梅花鹿。属湿地放牧型茸用梅花鹿品种。源于20世纪50年代苏联赠送给我国的乌苏里梅花鹿，品种选育始于1976年，2003年通过国家家畜禽遗传资源管理委员会审定。

【体形外貌】大型鹿种，成年公鹿体重120～140kg、体长95～115cm；成年母鹿体重75～95kg、体长85～105cm。体质结实、体躯粗圆，全身结构紧凑。公鹿胸深宽，腰背平直；头较短，额宽清秀，尾短。夏毛呈棕红色，体侧花斑较大而清晰。靠背线两侧的花斑排列整齐，沿腹缘的3～4行花斑排列不整齐。腹部被毛呈浅灰黄色，背线呈黄色及灰黑色。臀斑明显，两侧有黑色毛圈，内有白毛。尾背毛色为黑褐色，尾尖呈黄色；喉斑呈灰白色，距毛呈黄褐色。

【茸形特点】角柄距窄，角柄圆粗端正，茸主干短粗，嘴头呈元宝形，眉二间距近，眉枝短。

【产茸性能】公鹿180～300日龄开始萌发初角茸，鲜茸重达0.75kg；上锯公鹿平均产鲜茸2.64kg、折成品茸0.94kg、畸形率为2.9%、鲜干比为2.81∶1。优质率三杈茸达88.5%，二杠茸达91.5%。

7）东大梅花鹿。以吉林梅花鹿为育种素材，历经26年，通过高强度选育而成的优良梅花鹿品种，2019年通过国家畜禽遗传资源委员会审定。

【体形外貌】体形中等偏小，成年公鹿体重（113.2±7.6）kg、体长（107.1±7.6）cm，体高（100.8±4.5）cm；成年母鹿体重（74.4±4.1）kg、体长（86.8±4.3）cm、体高（78.9±

5.1)cm。体形紧凑，体质结实。公鹿额宽平，头稍短，颈短粗，高鼻梁，目光温和，胸宽深，腹围大，背腰平直；母鹿额宽，胸深，腹围大，臀宽。夏毛多呈无背线的棕红色，斑点分布较匀称，臀斑明显，喉斑呈灰白色。冬毛呈灰褐色。

【茸形特点】角柄端正，鹿茸上冲、肥嫩，角基小，茸主干长圆，眉枝短粗，弯曲较小，茸皮多为杏黄色。

【产茸性能】二杠鲜茸平均单产为2.75kg，三杈鲜茸平均单产为4.0kg；7~8锯三杈鲜茸平均单产为4.65kg；成品（干）茸三杈单产为1.33kg；鲜干比为3∶1。

2. 马鹿

（1）地方品种　东北马鹿为我国马鹿唯一的地方品种，野生种主要分布在长白山脉、完达山麓及大小兴安岭地区，以内蒙古和黑龙江分布较多。

【体形外貌】成年公鹿肩高130~140cm、体长135~145cm、体重230~320kg；成年母鹿肩高115~130cm、体长118~132cm、体重110~135kg。东北马鹿是大型茸用鹿，产于小兴安岭地区的较产于长白山地区的体形略小。

夏毛呈红褐色，稀短无绒；冬毛呈棕褐色厚密。腹部及四肢内侧被毛呈黄灰色、细软，少数马鹿有深色背线。额毛呈棕色、粗长，鬣毛呈棕褐色、粗长。臀斑呈黄色、大而圆形，尾扁而粗短，尾毛稀短，仅遮住肛门，阴户外露。初生仔鹿的白色花斑明显，第一次换毛时白斑消失。

躯干平直，颈长占体长的1/3。头呈楔形，眶下腺发达，口角周围及下唇为黑色，下唇两侧有对称的黑色斑块。四肢细长，强健有力，蹄大而圆。

【茸形特点】茸角的分生点较低，为双门桩（单门桩率很低），眉枝和冰枝的间距很近，主干和眉枝较短，茸质较结实，枝头较瘦小，毛呈灰褐色、较密，茸皮为棕褐色或暗褐色，茸表面油脂较多。角的第一分枝与第二分枝距离近，具有种的特征；第三分枝（中枝）与第二分枝距离大。成角最多可分5~6个杈。

【产茸性能】9~10月龄的公鹿开始生长初角茸，一般鲜茸平均单产为0.7kg；成年公鹿1~10锯三杈鲜茸平均单产为3.2kg左右。

（2）培育品种

1）塔河马鹿。又称塔里木马鹿，俗称“草湖鹿”，俗称“白臀灰鹿”，东北地区称其为南疆马鹿或南疆小白鹿。以往曾定名为叶尔羌马鹿。主要分布在新疆库尔勒。

1959年，从捕捉野生塔里木马鹿仔鹿开始驯养，采用本品种选育方式和闭锁繁育的方法培育出高产马鹿新品种，1996年10月通过鉴定，成为我国选育成功的第一个马鹿品种。

【体形外貌】体形中等，体躯较短。成年公鹿体高116~138cm、体长118~138cm、初生重（10.25±1.3)kg、体重（256±24.0)kg；成年母鹿体高108~125cm、体长112~132cm、初生重（9.9±0.9)kg、体重（208±13.0)kg。体形紧凑结实，头清秀，鼻梁微突，眼大机警，眼虹膜呈黑色，耳尖。角柄间距大，眼轮周围有灰黄色毛圈，口轮周围有稀疏的触须，下唇呈白色，口角下缘有对称的黑斑，颈短粗，鬣毛短。伫立时昂头，耳灵活，视觉迟钝。肩峰明显、腰平直，四肢强健。斜尻，尾扁平，短粗。公鹿包皮前有一绺长毛；母鹿外阴裸露1/3。夏毛呈深灰色，间有沙毛。冬毛呈浅灰色，背线黑色。背两侧毛色较深，颈、腹下、四肢内侧被毛为浅白色。臀斑呈黄白色，向下延伸到股内侧。臀斑外围有由背线延伸下来的黑色毛圈。尾背被毛呈黄白色。

【茸形特点】茸主干粗圆，有单、双门桩两种，公鹿角多为5~6个杈，角基距窄，嘴头肥大饱满，眉枝和冰枝间距较近，茸形规整，单门桩率很低，毛呈灰白色而密长。

【产茸性能】1~13岁公鹿鲜茸平均单产为6.56kg。上锯公鹿成品茸平均单产为2.57kg。6~11岁为产茸佳龄。1~10锯鹿的三杈茸平均生长时间为（67±3）d，日增鲜重（80±23）g；5~9锯鹿的平均日增长度为（0.88±0.05）cm。种公鹿鲜茸平均单产最高年时达12.61kg。

2）伊河马鹿。又称天山马鹿，主要产于我国新疆的昭苏、特克斯和察布查尔等地，当地称其为“青皮马鹿”，俗称“黄眼鹿”。驯养的伊河马鹿分布于全国5个以上的省区，以北疆最多，此外，辽宁的饲养数量也较多。

【体形外貌】体形大，成年公鹿体高130~140cm、体长130~150cm、体重240~330kg；母鹿体高115~130cm、体长120~140cm、体重160~200kg。体质结实，公鹿头大，额宽，稍凹；母鹿头中等。眼圆、黄而明亮，耳薄、短小、灵活、耳背被毛色深、稀疏，耳内被毛呈灰白色、柔密。鼻直，鼻镜宽而黑。颈略长粗，鬐甲宽长，腰背平直，胸宽深，荐宽、长而平，尾短小，四肢干燥，关节明显，蹄坚实。皮肤薄，弹性好。夏季背部、肢侧被毛呈红褐色。喉部、四肢内侧被毛呈苍白色，臀斑呈浅黄色。冬季背线呈灰黑色，臀斑呈橙色，老年鹿毛色较深。

【茸形特点】茸角的主干、眉枝、嘴头粗长，常见到一些铲形或掌状的四杈茸。成角多为7~8个杈，毛呈灰黑色或灰白色，

【产茸性能】产茸佳期为4~14锯时期。1~10锯的三杈鲜茸平均单产为5.3kg左右，部分壮龄鹿能生产鲜重达12.5~16.5kg的四杈茸和3.0~5.5kg的三杈再生茸。

3）清原马鹿。2002年通过国家家畜禽遗传资源管理委员会审定。中心产区是辽宁省清原县。

【体形外貌】体形较大，成年公鹿肩高（145±9）cm、体重（284±60）kg；成年母鹿肩高（125±5）cm、体重（210±40）kg。公仔鹿初生重（16.2±0.9）kg；母仔鹿初生重（13.5±1.5）kg。体质结实，结构紧凑，体躯粗、圆、较长，四肢粗壮端正，蹄坚实，胸宽深，腹围大，背平直，有肩峰，臀圆，尾较短。头较长，额宽平，鼻梁多不隆起，眶下腺发达，口角两侧有对称黑色毛斑，角基较宽，夏毛呈棕灰色，头部、颈部和四肢呈深灰色。成年公鹿大多数有黑色或浅黑色的背线；成年母鹿的臀斑呈浅黄色颜色。臀斑周缘呈黑褐色。冬季时颈毛发达，有较长的灰黑色髯毛。

【茸形特点】角柄粗圆端正。鹿茸主干较长，粗圆上冲，嘴头肥大。

【产茸性能】幼鹿300日龄开始生茸。成年鹿在2月脱盘生茸，三杈茸生长73天。上锯公鹿鲜茸平均单产为8.6kg、成品茸为3.1kg、鲜干比为2.77∶1。初角茸和初角再生茸合计平均重2.5kg，最重达10.41kg。

（3）引入品种　新西兰赤鹿，简称赤鹿。2006年从新西兰引进到吉林省。

【体形外貌】体形大，体重约165.9kg、体高约118.6cm、体长约123.0cm。公鹿早春脱角，6周后新角开始生长，5月底完全长成。

【茸形特点】角冠部多分枝，呈杯状。

【产茸性能】成年公鹿鹿茸平均单产为7.5kg，最高单产达12.0kg。

3. 驯鹿

驯鹿仅有1个地方品种，为敖鲁古雅驯鹿。主要分布在大兴安岭地区敖鲁古雅鄂温克族民族乡。

【体形外貌】中型鹿，成年公鹿体高100~115cm、体长115~120cm、体重105~130kg；母鹿体高90~105cm、体长105~110cm、体重90~105kg。头长，嘴粗、唇发达，耳短，形似马耳，眼较大，泪骨狭长，无泪窝。颈短粗，下垂明显，鼻镜甚至连鼻孔在内，都生长着绒毛。尾短，主蹄圆大，中央裂缝很深，跗蹄较大，行走时能接触地面。毛色变异较大，从灰褐色（约占86.6%）、白花色（占4.2%）到纯白色（占9.2%）。从体色整体上看，还有“三白二黑”的特点，即小腿、腹部及尾内侧呈白色，而鼻梁和眼圈呈黑色。

【茸形特点】公、母鹿均有角，母鹿茸角比公鹿茸角小，分枝也小。角形的特点是分枝复杂，两眉枝从茸根基部向前分生，呈掌状，且分生许多小杈，第二分枝（中枝）以后各分枝均从主干向后分出，各分枝上分生出许多小杈，茸的主干扁圆，毛与体毛的颜色一致。茸质松嫩，茸的鲜干比高；毛密长、呈灰白褐色或银蓝色。

【产茸性能】成年公鹿每年3~4月脱盘，6~7月收茸，留茬高度为2cm左右，即连眉枝留下。公鹿平均成品茸重为2.0kg左右，母鹿产干茸为0.5kg左右，公鹿茸产量高于母鹿。

驯鹿除了茸用外，还可以役用、奶用、皮用等，驯鹿的役用价值高，可驮运、乘骑和拉车。以前，鄂温克族的猎户们经常搬家，其运输工具就是驯鹿，而且不受高山、密林和沼泽的影响。驯鹿的肉细嫩、鲜美。当年出生的幼鹿10月体重可达50~60kg，平均产肉20~30kg。成年体重125kg，产肉60kg。驯鹿奶是鄂温克族的重要食品，浓度高、香甜。母鹿的哺乳期为6~7个月，每天挤奶1次，产奶300~500g。驯鹿皮还是高级皮革原料。

第三节　鹿的繁育

养殖鹿的基本任务之一就是进行扩繁，增加群体数量，通过选育提高生产性能，培育出经济性状优良且稳定遗传的品种（系），从而提高经济效益。目前，鹿繁殖生产上应用的技术有人工输精技术、性别控制技术和胚胎移植技术，应用较普遍的是同期发情和人工输精技术。

一、鹿的繁殖规律

1. 梅花鹿

（1）性成熟期　家养梅花鹿公鹿3岁性成熟，母鹿1.5岁即可参加配种，但受胎率较低（低于20%）。自然群体中没有1.5岁亚成体参与繁殖的现象。生产中梅花鹿繁殖过程为单公群母制度，公母比例为1∶(15~20)。公鹿必须在3岁以后才可作为种公鹿使用，若过早参加配种，对其生长发育、生产性能和后代品质均会产生不良影响。

（2）发情期　梅花鹿为季节性发情动物，生茸期公鹿睾丸萎缩，不产生精子，配种期公鹿的睾丸重显著高于非配种期。公鹿一般从8月中旬开始出现发情行为表现，一直持续到茸生长发育后期，主要表现为鹿茸生长停滞、鹿角骨化脱皮、性冲动逐步显现、食欲开始减退、性情暴躁、频繁鸣叫、兴奋好斗。经过配种期，公鹿体重大幅下降15%～20%。母鹿在一个发情季节呈周期性多次发情，发情期在每年9～11月，发情周期为12～13d，每次发情持续12～36h。发情初期母鹿主要表现为烦躁不安、摆尾游走、公鹿追逐却不接受爬跨，发情后期出现交配欲，公鹿追上后便站立不动，接受爬跨和交配。有些母鹿（多为初配母鹿）发情表现不明显，交配欲不强，必须靠公鹿追逐交配。

（3）妊娠期和产仔期　家养梅花鹿妊娠期平均为238d，圈养梅花鹿妊娠期为223～256d，放牧梅花鹿妊娠期为221～236d。分娩期集中在5～6月，单胎，偶有双胎。仔鹿初生重约为6kg，大概3月龄断乳。

2. 马鹿

（1）性成熟期　初夏出生的仔鹿，母鹿于第二年秋季（16～18月龄）发情，部分个体2岁时产仔；公鹿于第三年（即2.3～2.5岁）性成熟，但此时一般不参与繁殖。

（2）发情期　马鹿为季节性繁殖的动物，发情期自9月初开始，高峰期大多在9月中旬～10月上旬。发情期公鹿常发出响亮绵长的吼叫声，初期叫声不高，且多半在夜晚，到了9月发情高峰期则日夜吼叫。马鹿为一雄多雌配偶制，因此，公鹿间时常发生激烈的争偶斗争，获胜的公鹿往往可占有数头母鹿。发情公鹿常用前蹄扒土，用角顶撞物体，有频繁排尿现象，很少采食，发情后期会变得非常消瘦。母鹿在一个发情季节呈周期性多次发情，发情期在每年9～11月，发情周期为7～12d，每次发情持续2～3d。发情期的母鹿眶下腺张开，分泌一种特殊气味，摇尾和排尿次数增多。

（3）妊娠期和产仔期　马鹿的妊娠期平均为235d（一般为225～262d）。东北地区马鹿在5月末～7月初产仔，6月为产仔高峰期；新疆地区马鹿产仔高峰期一直持续到7月中旬。母鹿每胎通常产1仔，仔鹿初生体重为10～12kg，出生后2～3d体弱无力，躺卧少动，5～7d后即可随母鹿活动。马鹿仔鹿生长发育很快，大概1月龄时即出现反刍现象。

3. 驯鹿

（1）性成熟期　母鹿大约1岁半性成熟，公鹿2～3岁性成熟。

（2）发情期　在我国大兴安岭地区，驯鹿于每年9月初～11月末发情，发情周期为15～16d。争偶获胜的公鹿可以与15～20头母鹿交配，交配期间，公鹿几乎不进食，能量消耗很大。

（3）妊娠期和产仔期　妊娠期为215～218d。产仔期为每年5～6月。仔鹿出生约45d后就可以采食饲料和草料，但仍需哺乳，哺乳期为165～180d，一直到秋天断乳。1年只产1胎。

二、鹿的繁育方法

鹿的繁育方法包括纯种繁育和杂交繁育。

我国已经通过国家畜禽遗传资源委员会审定的梅花鹿和马鹿品种基本是通过大群闭锁繁育、单公群母配种方式、扩繁群体和选育提高等品种选育法培育而来的。

杂交繁育是指不同品种、不同类型甚至近缘种间的公鹿和母鹿交配繁殖并进行选育的方法。该方法的目的是通过杂交获得具备高产、抗病等杂交优势的后代，进一步通过回交、级进杂交和横交固定等方式培育出新品种或新类型。

三、鹿的选种选配

在进行鹿的育种时，要维持遗传性能稳定、生产性能逐步提高，必须进行严格而科学的选种选配工作。

1. 选种

种鹿的选择可分为系统选择和个体选择。系统选择主要考察预选种鹿是否符合种用的标准，是否遗传了其双亲和祖先的优良特征，以及该种鹿能否把这些优良特征稳定地传给后代，从而全面地评定种鹿的遗传性能和种用潜力；个体选择主要考察种鹿个体本身的各项指标，比如年龄、生产性能、体形外貌等，同时种鹿必须强壮、结构匀称、膘情适中、无恶癖、生殖器官发育完好。

从系统选择角度看，种鹿选择要充分考虑其生产性能的遗传稳定性，种鹿的双亲必须生产性能好、体形大而匀称、体质结实、适应性强；同时，要对种鹿进行后裔测定，掌握该种鹿的遗传性能，有利于充分发挥优良种鹿的种用价值，扩大优质高产育种群。从个体选择角度看，首先，体形外貌必须符合品种的特征；其次，还要考虑生产性能和年龄等指标，公鹿的鹿茸产量、茸形和茸色等都是种公鹿选择的重要条件。鹿场应依据本场鹿种的特征特性、类群的生产水平和公鹿头数，从鹿群中选择鹿茸优质、高产的公鹿作为种公鹿。种公鹿的产茸量应比本场同龄公鹿的平均单产高35%以上。对3~7岁成年公鹿进行系统选择后裔测定，选出优秀的种公鹿，在不影响其健康和产茸量的前提下，最大限度地发挥和利用其配种性能，获取更多优秀后代，根据可利用程度，可适当延长其配种利用年限1~2年。母鹿群可分为普通繁殖群和核心选育群，用于育种的核心母鹿群必须按标准严格选留种鹿。种母鹿的选择同样需要将系统选择后裔测定数据作为依据，如果普通繁殖群中出现繁殖成绩好的鹿，也可以补充到核心群中。

梅花鹿种鹿个体选择可以按照GB/T 6935—2010《中国梅花鹿种鹿》中的种鹿评定标准进行选种，马鹿种鹿个体选择可以参考GB/T 6936—2010《东北马鹿种鹿》。目前，塔河马鹿、伊河马鹿和清原马鹿选育的品种尚无国家标准。

综上所述，选种时应选择产茸量高（梅花鹿三杈茸鲜重单产为3.5kg以上、马鹿三杈茸鲜重单产为5.0kg以上）、茸形好、符合品种典型特征、驯化程度高、精液品质好、年龄适宜（梅花鹿为3~7岁、马鹿为5~9岁）、后代优良的公鹿作为种公鹿，选择繁殖性能好，年龄适宜（梅花鹿为3~7岁、马鹿为4~10岁）、无恶癖（弃仔、扒仔、咬仔、舔肛等）、后代生产性能优良的母鹿作为种母鹿。

2. 选配

选配是指人为地选择公、母鹿进行科学交配，从而达到繁育理想后代的目的，通过正确的选配可以避免近交，防止生产性能发生退化。

目前，鹿场主要采用同质选配方法。用最优良的公鹿与最优良的育种核心母鹿群交配，以达到优中选优的目的。生产母鹿群也要尽量采用同质选配方法，但初配公鹿和初配母鹿不应该相互交配，容易造成空怀现象。对于有些缺陷的种母鹿则应该采用异质选配，即以优良的种公鹿配有缺陷的母鹿，从而达到纠正后代相关缺陷的目的。

3. 配种方式

梅花鹿和马鹿的本交配种主要采取两种方式。

第一种为单公群母一配到底。该方式在目前梅花鹿养殖场中使用最多。首先，要根据母鹿的生产性能（通过生产记录查阅母鹿历年的配种、妊娠、产仔和哺乳情况）、年龄和体质状况等把母鹿分到单独的圈舍，每个圈舍饲养梅花鹿15~20头或马鹿10~15头。其次，利用1头优良的种公鹿参加配种，一直到配种期结束再将公鹿赶出。最后，后期要仔细观察配种的实际情况，如果种公鹿体力下降到影响母鹿受配率时，可选择备用种公鹿进行补配，以免第一头配种公鹿因体力透支而受伤或者死亡。这种配种方式的优点是种群系谱清晰，通过同质配种达到优中选优、尽快实现品种培育的目标，但对种公鹿的种用性能要求较高，所以种公鹿的选择非常关键。

第二种为试情配种。该方式由于操作较为烦琐，在大型养殖场使用较少。主要有两种方法。一种方法是定时放对法，具体操作为：先将母鹿分成25~30头的群体，配备2~3头经过调教驯化的种公鹿，每天早晚2次（早4:00~7:00、晚15:00~17:00）分别放入1头种公鹿。在发情旺盛时期，每次放对间期可调换种公鹿，如果有发情母鹿即可迅速完成配种。每次试情一直到确认没有发情母鹿时，即可结束放对。另一种方法是先用1头性欲强且经过调教驯化的公鹿作为试情鹿，每天早晚把其放入母鹿圈中检验母鹿发情状况，如果母鹿接受爬跨则表示该母鹿已经发情，应立即把试情公鹿驱赶开（也可提前给试情公鹿带上试情布或者做阴茎逆转手术阻止交配），然后把发情母鹿赶至计划好参加配种的种公鹿圈舍内完成配种。为了防止刚配完的母鹿干扰试情公鹿，一定要先将该母鹿单独放入一个小圈十几小时后再让其回母鹿群。

四、鹿的同期发情和人工输精技术

目前，人工输精技术在鹿养殖中的应用逐渐增多。1头种公鹿通过本交配种方式每年只能给20多头母鹿配种，而采用人工输精方式，可以大大提高优良种公鹿的后代数量，达到短时间内扩大良种数量和质量的目的。

同期发情和人工输精技术包括输精前准备、冻精选择、输精母鹿的选择与饲养、同期发情处理、输精，以及输精后管理等技术环节。

1. 输精前准备

（1）输精准备室　应在预输精的母鹿舍附近设输精准备室，面积为10~20m^2，要求安全、通风、保温和卫生，内设照明、电源插座和操作台等设施。

（2）器械、药品　输精前应备齐器械与药品，具体参见表1-1。

表1-1　同期发情和人工输精用器械、药品表

序号	品名	单位	数量	规格及参数说明
1	蒸汽消毒锅	台	1	电热手提式
2	生物显微镜	台	1	400~640倍
3	盖物片、载玻片	片	适量	
4	显微镜加热板和保温箱	台	1	保温防尘
5	液氮罐	个	1	10L、15L、30L

（续）

序号	品名	单位	数量	规格及参数说明
6	大镊子	把	2	
7	鹿用开张器	个	1	
8	擦镜纸	本	1	显微镜照相机专用纸
9	化学保定药品	套	适量	每头鹿1~2套
10	酒精灯	台	1	
11	酒精	瓶	3	75%、95%
12	脱脂棉	磅	1	医用
13	纱布	磅	1	
14	恒温水浴锅	台	1	
15	凯苏式输精枪	支	3	金属制
16	细管剪刀	把	1	
17	一次性塑料手套	支		长臂
18	塑料注射器	支	适量	2.5mL、5mL
19	水温计	支	3	100℃
20	耳标	个	适量	
21	阴道栓埋植器	个	1	
22	阴道栓	个	适量	
23	PMSG	支	适量	
24	LHRH-A3	支	适量	
25	冻精	支		按每头鹿1.2支比例计算

（3）消毒

1）环境。输精前应对母鹿舍、输精准备室进行消毒，输精准备室可用紫外灯或无异味的药品消毒。

2）器械。各种器材、用具使用前后应及时清洗消毒。清洗时，可先用肥皂液洗刷并除去污垢，再用蒸馏水或生理盐水冲洗。应及时检查输精枪并冲洗干净。输精器械应用高压蒸汽灭菌法消毒，保证无菌。

（4）人员 人工输精员应身体健康，无人畜共患传染病；有一定专业理论基础，工作认真细心。经过技术培训考核合格才可操作。

2. 冻精选择

提供冻精的种公鹿应符合纯种种鹿的特征要求，健康、无传染病。冻精供应单位应有精液品质检验合格证明。应按选配计划有目的地选择冻精，并对冻精的品质进行抽检。

3. 输精母鹿的选择与饲养

（1）输精母鹿的选择 选择进行人工输精的母鹿应具备健康、无传染病、体成熟、经产等条件，埋栓时膘情中上等，取栓输精时距上次产仔达 100d 以上。

（2）标记、组群 输精母鹿根据品种、体况、年龄和产仔时间组群，每圈 15～20 头；做好母鹿个体标识，标号要清晰。

（3）输精母鹿的饲养 输精母鹿组群后进行短期优饲，营养要均衡全价。短期优饲时间宜在仔鹿断乳至输精前，并且在这期间不得擅自使用催情的激素类药物。

4. 同期发情处理

（1）同期发情程序 对母鹿进行孕酮类药物埋植，取出孕酮类药物同时肌内注射促性腺激素类药物，然后进行定时输精或用公鹿试情，根据发情行为进行适时输精，输精时肌内注射促黄体素释放激素。

（2）埋栓 埋栓的要求为：时间宜在繁殖季节早期；逐圈麻醉埋置，不可一次埋置多圈；埋置时应提前 2h 准备麻醉药、催醒药和孕酮阴道栓（CIDR）；每头鹿栓剂药量按正常体重埋 1 个栓（每个含孕酮 300mg），体重大的可埋 2 个栓；将埋栓鹿外阴用含有消毒药液的湿巾擦拭干净；每埋置 1 头鹿后应对埋栓枪擦拭消毒，或更换套于埋置枪外消毒的一次性塑料手套；埋置的栓的头部要抵达子宫颈外口穹窿部；埋置的栓的尾部线头不可外露在阴门外，以防止鹿咬丢；做好埋栓记录。

（3）取栓 取栓的要求为：提前准备好麻醉药、催醒药和孕马血清促性腺激素（PMSG），保证一鹿一针；以埋 12～14d 后取栓为好，按埋栓顺序逐圈取栓；待每圈鹿统一麻醉稳定后，由饲养人员将鹿向一侧横卧；术者逐头取栓，先将栓放在鹿的臀部，等全圈取完，并和埋栓记录核对无误后，再统一收栓；核实每圈鹿数，记准取栓时间；取栓的同时在鹿的颈部或臀部肌内注射 PMSG 330～350IU/头，体重大的可根据体重比例增加药量，注射时有露药现象的要及时补注；全圈取完栓后，统一注射催醒药，使鹿苏醒。

5. 输精

（1）激素注射 输精前每头鹿注射 12.5μg 促黄体素释放激素 A3（LHRH-A3）。

（2）输精时间 若为定时一次输精，则在取栓后 53～58h 的任一时间点输精。若为定时二次输精，则在取栓后 52h 输精 1 次，间隔 6～8h 再进行 1 次输精。若用公鹿试情输精，则在取栓后用试情公鹿试情，从母鹿接受爬跨后到刚拒爬时进行输精。

（3）其他要求 使用直肠把握输精法输精到子宫体。1 次输精剂量的有效精子数应在 800 万个以上。1 头鹿用 1 个输精枪套，或每输 1 次后对输精枪消毒后再用。输精后，用过的手套、注射器、阴道栓等垃圾应统一收纳，集中处理。

6. 输精后管理

输精 6d 后要放入种公鹿对复发情母鹿进行复配，放入时间以 1 个发情周期为宜，公母比例以 1∶（20～30）为宜；妊娠期不喂发霉、变质、冰冻的饲草，防止妊娠中断；妊娠期应减少惊扰，尤其是分娩前，以防胎位异常；临产前应将母鹿调整到中等膘情，以防难产；预产期要做好产仔准备工作，保证成活率；应建立健全输精母鹿档案、配种卡片，总结并存档，具体参见表 1-2。

表 1-2　同期发情人工输精记录表

年度场名圈号																		
序号	鹿号	鹿体情况		埋栓情况			取栓情况			输精情况						产仔情况		
										第一次			第二次					
		产况	膘情	时间	规格	个数	时间	PMSG 数量（支）	LHRH-A 3 数量（支）	时间	冻精号和数量（支）	部位	时间	冻精号和数量（支）	部位	时间	胎数	类别
1																		
2																		
3																		
4																		
5																		
6																		
7																		
…																		
公鹿复配起止时间																		
备注																		

第四节　鹿的饲养管理

一、鹿的生产时期划分

鹿的生产时期根据成年公鹿、成年母鹿和幼鹿不同的特点进行具体划分。

1. 成年公鹿的生产时期划分

公鹿的生产周期为 1 年，每年的 8 月下旬~第二年 8 月中旬为一个生产周期，可划分为配种期、越冬期（又可细分为恢复期和生茸前期）和生茸期。一般配种期为 9 月上旬~11 月上旬；恢复期为 11 月中旬~第二年 1 月中旬；生茸前期为 1 月下旬~3 月下旬；生茸期为 4 月上旬~8 月中旬。由于我国南北方气候环境条件差异、鹿的品种不同，以及营养供给、性功能活动等因素不同，各生产时期的早晚略有差异。例如，在我国南方地区养殖梅花鹿，上述各时期普遍较北方提前，配种期相对延长。成年公马鹿比成年公梅花鹿的生产时期要提前 10d 左右。

2. 成年母鹿的生产时期划分

根据母鹿在不同时期的生理变化及营养需要特点，将母鹿生产时期分为配种期、妊娠期和产仔哺乳期。一般每年 9 月中旬~11 月中旬为配种期和妊娠前期，11 月下旬~第二年 4 月下旬为妊娠期，5 月上旬~8 月下旬为产仔哺乳期。母鹿每个时期的开始和结束因所处地理位置、气候条件、鹿种、鹿群质量及饲养条件等因素略有差异。例如，成年母马鹿的配种期要比成年母梅花鹿提前 10d 左右。

3. 幼鹿的生产时期划分

幼龄鹿出生后根据不同时期的生理变化及营养需要等特点，生产时期划分为 3 个阶段：哺乳仔鹿期、断乳仔鹿期和育成鹿期。哺乳仔鹿期是指从仔鹿出生到断乳前，习惯把 3 月龄以前的幼鹿称为哺乳仔鹿。断乳仔鹿期是指断乳后至当年年底的一段时期，大约 3 个月。育成鹿是指从仔鹿生后第二年开始至成年的一段时间。

二、鹿的营养需要和饲料

1. 营养需要

梅花鹿精饲料配方和日粮参考标准见表 1-3 至表 1-7。

表 1-3　梅花鹿公鹿精饲料配方

时间	豆饼（%）	玉米（%）	糠麸（%）	熟大豆（%）	食盐/g	骨粉/g
1~4 月	35	45	15	5	25	30
5~8 月	50	27	15	8	30	35
9~12 月	25	60	15		20	25

注：引自崔尚勤《实用养鹿技术》（东华梅花鹿种鹿繁育基地技术材料，1998）。

表 1-4　梅花鹿母鹿精饲料配方

时间	豆饼（%）	玉米（%）	糠麸（%）	熟大豆	食盐/g	骨粉/g
1~4 月	30	55	15		20	25
5~8 月	35	50	15		25	30
9~12 月	30	55	15		20	20

注：引自崔尚勤《实用养鹿技术》（东华梅花鹿种鹿繁育基地技术材料，1998）。

表 1-5　梅花鹿仔鹿精饲料配方

时间	豆饼（%）	玉米（%）	糠麸（%）	熟大豆	食盐/g	骨粉/g
9~12 月	60	30	10		30	30
1~4 月	50	40	10		30	30
5~8 月	40	50	10		30	30

注：引自崔尚勤《实用养鹿技术》（东华梅花鹿种鹿繁育基地技术材料，1998）。

表 1-6　梅花鹿仔鹿和公鹿精饲料日粮参考标准　　［单位：kg/(天·头)］

时间	仔鹿	育成鹿	头锯鹿	2 锯鹿	3 锯鹿	4 锯鹿	5 锯鹿
1 月		0.7	1.1	1.2	1.3	1.4	1.5
2 月		0.8	1.1	1.2	1.4	1.5	1.6

（续）

时间	仔鹿	育成鹿	头锯鹿	2锯鹿	3锯鹿	4锯鹿	5锯鹿
3月		0.9	1.2	1.3	1.5	1.7	1.9
4月		0.9	1.2	1.4	1.6	1.8	2.1
5月		0.9	1.2	1.6	1.7	2.1	2.4
6月		1.0	1.3	1.6	1.9	2.4	2.8
7月		1.0	1.3	1.7	2.0	2.5	3.0
8月		1.0	1.3	1.8	2.0	2.2	2.0
9月	0.3	0.9	1.2	1.0	0.8	0.6	
10月	0.5	0.9	1.9	0.8	0.6	0.5	0.5
11月	0.6	1.0	1.0	1.0	1.1	1.2	1.3
12月	0.7	1.0	1.2	1.3	1.4	1.4	1.5

注：引自崔尚勤《实用养鹿技术》（东华梅花鹿种鹿繁育基地技术材料，1998）。

表1-7　梅花鹿母鹿精饲料日粮参考标准　　［单位：kg/(天・头)］

时间	育成母鹿	初产鹿	二产鹿	三产鹿
1~4月	0.6	0.8	0.9	1.0
5~8月	0.7	0.9	1.1	1.2
9~12月	0.8	0.9	1.0	1.0

注：引自崔尚勤《实用养鹿技术》（东华梅花鹿种鹿繁育基地技术材料，1998）。

2. 饲料

（1）饲料分类　按现行饲料分类具体情况如下。

1）粗饲料。干草类包括牧草、羊草、苜蓿等；农副产品包括荚、壳、藤、蔓、秸、秧等，如玉米秸、大豆荚、花生秧、甘薯蔓等，以及粗纤维含量在18%以上的糠渣类。

2）青绿饲料。天然水分含量在60%以上的青绿饲料类、树叶类及块根、块茎、瓜果类。

3）青贮饲料。用新鲜的天然植物性饲料调制成的青贮及加有适量糠麸或其他添加物的青贮饲料。

4）能量饲料。干物质中粗纤维含量低于18%，同时粗蛋白质含量低于20%的谷实类、糠麸类。

5）蛋白质饲料。干物质中粗纤维含量低于18%，同时粗蛋白质含量在20%以上的豆类、饼粕类、动物性饲料等。

6）矿物质饲料。包括工业合成的或天然的单一矿物质饲料、多种混合的矿物质饲料，以及配合有载体的微量、常量元素的饲料。

7）维生素饲料。指工业合成的或提纯的单一维生素或复合维生素，但不包括某些维生素含量较高的天然饲料。

8）饲料添加剂。包括矿物质饲料和维生素饲料在内的其他所有添加剂。如防腐剂、香味剂、氨基酸及各种药剂。

（2）鹿常用的饲料

1）能量饲料。能量饲料每千克饲料干物质中消化能在2500焦以上，其中，消化能在3000焦以上的为高能饲料，反之为低能饲料。能量饲料包括谷实类的籽实及其加工副产品，淀粉质的块根茎及瓜类饲料、油脂类饲料。主要能量饲料介绍如下：

① 玉米。每千克含消化能3500焦，是谷实类饲料中能量最高的。每千克玉米中蛋白质含量仅为72g，不饱和脂肪酸含量较高。磨碎后的玉米粉易酸败变质，不宜长久贮存。玉米在鹿的主要精饲料中占很大比重。

② 麸皮。也称小麦，由小麦的种皮、糊粉层、少量的胚和胚乳组成。能量和蛋白质含量高。麸皮每升容重为225g左右，对精饲料营养浓度调节起重要作用。麸皮具有轻泻作用、吸水性强，含磷多，可补充饲料中磷的不足。

2）蛋白质饲料。

① 豆饼（粕）。以大豆饼质量最好，蛋白质含量高达42%，赖氨酸含量高达9%，是玉米的18.5倍。生大豆中含有抗胰蛋白酶、血凝素等物质，可影响鹿的消化，饲喂时适当进行加热，可以破坏上述物质。所以生大豆及未经过加热的大豆饼（粕）不能直接饲喂。

② 棉籽饼（粕）。棉花籽实脱油后的饼粕，蛋白质含量为22%左右，但完全脱壳的棉花籽实的蛋白质含量可达41%以上。棉籽饼（粕）产量仅次于大豆饼（粕）。棉籽饼（粕）含棉酚等毒素，饲喂不宜过量。以占精饲料的20%为宜，应与谷实类混合饲喂。

③ 大豆。消化能和蛋白质含量高，含有15%的油脂。可以补充生茸期所需的脂肪。一般产茸公鹿和幼鹿饲喂的大豆以占精饲料的10%~15%为宜。因大豆含抗胰蛋白酶等有害物质，必须经加热处理后熟喂，制成豆饼（粕）也得加热处理后投喂，否则消化率降低。

④ 鱼粉。优质的蛋白质饲料。进口秘鲁鱼粉的蛋白质含量为60%左右，味香，品质较好。磷、维生素及微量元素含量丰富，尤其钴及维生素B_2、B_{12}含量丰富。由于鹿对腥味敏感，饲喂时要逐步增加用量，一般以占产茸公鹿精饲料量5%为宜。哺乳和断乳仔鹿应以补充5%~10%为宜。

3）青绿饲料。包括天然牧草、人工种植牧草、嫩枝、树叶、蔬菜叶类等。纤维含量少、蛋白质含量丰富，尤其富含大量的胡萝卜素和维生素B，但缺乏维生素D。天然青草包括草原牧草、羊草、田间杂草；人工种植牧草包括豆科和禾本科牧草。最常见有苜蓿、青饲大豆、青饲玉米等。块根饲料有甜菜、胡萝卜等，特点是产量高，水分多，营养丰富，易于消化，适口性强，鹿很喜采食。特别是胡萝卜，产量高，营养丰富，易于贮存，应提倡种植胡萝卜饲用。尤其在北方长达半年的冬季中，鹿严重缺乏维生素饲料，胡萝卜是较好的选择。

4）粗饲料。主要包括青干草、秸秆、秕壳类。

① 青干草。包括细茎的牧草、野草或其他在结籽以前收割的植物，经过自然晒制后能达到较长时间保存的草。如用黑龙江萨尔图草原生产的羊草，新疆生产建设兵团第二师人工种植的苜蓿、青饲玉米等制成干草。豆科和禾本科晒制的干草呈青绿色、气味芳香、适口性强，含有丰富的蛋白质、矿物质和维生素。

② 秸秆。农作物收获籽实后的副产品，是当前农村养鹿的主要粗饲料。秸秆中粗纤维含量占30%~45%，粗蛋白质含量占2%~8%，钙、磷含量少。主要有玉米秸、谷草、花生秧、豆秸等。

③ 秕壳。谷物脱粒后清筛过程中收集到的谷物秕壳。大豆壳中蛋白质含量丰富，鹿喜爱采食。喂前要用大网筛子筛一下，去除土等杂质。

5）青贮饲料。把新鲜的青饲料填入密闭的青贮窖、壕、塔或塑料膜袋，经过压实等处理，使微生物发酵而得到的一种多汁、具有特殊气味、耐贮藏的饲料。北方养鹿主要是用玉米青贮。前些年提倡密植青贮玉米，植株高大，但由于生长密集而不结穗或穗很小，所产的玉米营养价值低。近年来，普遍实施疏松种植，与种普通玉米的株距相同（20~25cm）。在玉米生长到乳熟期和蜡熟期收割。大型养鹿场制备玉米青贮十分必要，而养几头或十几头的鹿场，选择胡萝卜青贮即可。

6）矿物质饲料。

① 食盐。占鹿日粮风干物质的1%，一般每只每天喂20~30g为宜。

② 含钙物质。石粉含钙量为38%左右，不含磷，含有氟，所以不应对鹿饲喂石粉。沿海地区多年堆积的贝壳，一般含钙量为38%左右，主要成分为碳酸钙，不含磷。饲喂贝壳粉可造成鹿体内钙不平衡，也不应饲喂。骨粉、磷酸氢钙里不含过量的氟，若杀菌消毒彻底、无异味，可用于饲喂鹿，磷酸氢钙的钙磷比例平衡，但含较多的氟（3%~4%），而日粮中含氟过量易引起鹿中毒，所以必须脱氟后才能使用。

7）饲料添加剂。鹿用添加剂在配合饲料中通常所占比例很小，但作用是多方面的，有抑制有害微生物的繁殖，促进饲料物质营养消化、吸收，抗病、保健、促进动物生长，降低饲料消耗的作用。按作用和性质分为营养性添加剂和非营养性添加剂。

三、鹿生产时期的饲养管理

1. 成年公鹿的饲养管理

成年公鹿按生产目的，分为种公鹿和生产公鹿，生产时期主要包括生茸期、配种期（或发情控制期）、越冬期（或越冬恢复期），各有不同的饲养管理要求。

（1）生茸期

1）生茸期的特点。生茸期是公鹿新陈代谢最旺盛的时期，采食量比平常多40%，饲养管理好坏对鹿茸产量的高低有重要的影响。

生茸期一般为4~8月，特点是公鹿体内的睾酮水平最低，性欲低，但食欲旺盛，消化能力极强，代谢能力强，体重增加迅速，鹿茸生长快。因此，生茸期所需要的营养物质较其他时期要多。而且鹿茸的生长和换毛几乎同时进行，为了尽快补偿机体恢复期的消耗，为生茸积累必要的营养物质，必须在这一时期增加饲料的供给量，同时还要考虑日粮营养价值的全面性，特别是蛋白质的供应量。

2）生茸期的饲养。根据茸鹿生茸期的消化生理特点，为了满足公鹿生茸的营养需要，保证饲料品种多样，品质新鲜，适口性强，营养价值高，要求科学合理地配制日粮，保证蛋白质含量高且品质好，富含维生素A和维生素D，钙磷比例适当，充分供给多汁饲料和青饲料。精饲料饲喂量要做到逐渐增加，每周增加100~150g，防止加料过急产生“顶料”。每头日饲喂精饲料：梅花鹿2周岁为0.75~1.5kg，3周岁为0.8~1.8kg，4~5周岁为0.5~

2.0kg，5 周岁以上为 0.5~2.5kg；每头日饲喂粗饲料：早晨饲喂干粗饲料 1.0~2.0kg，中午饲喂青贮料 2.0~3.0kg，晚上饲喂干粗饲料 2~3kg。对收完头茬茸的生产群公鹿一般要减少精饲料喂量 1/3~1/2，控制膘情。每天均衡饲喂 3 次，并保证充足洁净饮水。对于放牧公鹿，需要在放牧回来补饲精饲料。根据需要可适量补充矿物质饲料，可直接拌入精饲料，也可制成矿物质舔砖供鹿舔食。

3）生茸期的管理。在生茸期日常管理中应按年龄、体况、脱盘早晚、生产性能高低进行合理分群。尽量谢绝外人参观，饲养人员在进舍和工作时要先给予信号，不要突然做动作，尽量保持环境和鹿舍安静，防止惊扰炸群造成伤茸伤鹿。通过饲养员饲喂时与公鹿建立的信任关系，对公鹿群加强调教驯化，克服其野性。生茸期要安排专人值班，加强对鹿群的看管，及时处理异常情况。在运动场设置遮阴棚，在炎热高温天气可进行人工淋水，做好防暑降温工作，创造适宜的环境。做好卫生防疫工作，定期对圈舍、水槽、料槽清洗消毒，注射坏死杆菌病疫苗和魏氏梭菌病疫苗。一般在收割第一茬茸后，对圈舍、保定器及附属设备进行检修，注意检查发现并除去各种易损伤鹿茸的器物，防止尖锐物品伤茸伤鹿。

做好鹿场的数据资料记录，随时观察并记录每头鹿的脱盘和生茸情况，做好脱盘时间记录。遇有角盘脱盘不齐或角盘压茸迟迟不掉者，及时人工拔掉。对有啃茸、扒鹿恶癖的需隔离饲养或临时拨入育成鹿群中。

（2）配种期

1）配种期的特点。公鹿的配种期一般是 9 月初~11 月，其生理特点是性欲强烈，经常发生激烈的争偶角逐现象，日夜吼叫，食欲急剧下降，体质消耗较大。在正常的饲养管理条件下，经过配种期的成年公鹿体重一般下降 10%~20%。不是所有的公鹿都参加配种，因此对种公鹿和非配种公鹿在饲养管理上应区别对待。种公鹿饲养管理的目标是保持种公鹿有适宜的繁殖体况、良好的精液品质和旺盛的配种能力，而非配种公鹿则是维持适宜的膘情，减少角斗伤亡，为安全越冬做准备。公鹿配种期是养鹿生产中重要的饲养管理时期，不合理的饲养管理会影响下个年度的鹿茸产量。

2）配种期的饲养。对于种公鹿，使其保持中上等体况、健壮、活泼、精力充沛、性欲旺盛、精液品质优良非常重要。因此，如何增进食欲，促进采食量增加，成为种公鹿配种期饲养技术的关键。一般要求 8 月中下旬及时收完再生茸，按选种标准选好配种的种公鹿，最好单独放入种鹿圈加强饲养。日粮配制要注意提高适口性，搭配催情饲料，注意蛋白质品质和全价性。多选择一些适口性强，含糖、维生素、微量元素较多的青贮玉米、瓜类、胡萝卜、大麦芽、大葱和甜菜等青绿多汁的饲料和优质干青草，不仅能提高公鹿的采食量，还能起到催情作用。精饲料以豆饼、玉米、麸皮为主。精饲料喂量为种公鹿 1.0~1.4kg，非配种公鹿 0.6~1.2kg。饲喂瓜类、根茎类多汁饲料时，尽量洗净、切碎，并与精饲料混合饲喂。将青绿多汁饲料切短，每天坚持多次饲喂，尽量增加鹿的采食量。

对于不参加配种的公鹿，在配种期前根据膘情和精饲料质量等适当减少精饲料用量。在必要时可以停喂一段时间的精饲料，但要保证供给大量的优质干粗饲料和青饲料。在配种末期开始饲喂精饲料。无论是减少还是适时停喂精饲料，都应该使生产群公鹿在配种期到来之前膘情下降到中下等水平，随之其性机能和性欲表现都会有所降低，公鹿之间顶撞、爬跨等现象会大大减少，避免伤亡。同时，鹿的消化机能也比较正常，基本上不出现废食现象。配种后期公鹿食欲逐渐恢复，有利于增膘复壮和安全越冬。

3）配种期的管理。首先要考虑合理组群，根据育种方案和选配原则在配种期到来前将公鹿分成种公鹿和非配种公鹿，并按年龄、体况等情况分群。对于种公鹿要加强管理，采用单圈单养，以减少伤亡，保证配种能力。对于非配种公鹿，及时拨出个别体质膘情较差的单独组群。要随时注意检修圈门、围栏，严防串圈，甚至跑鹿，并要检修舍内各种设施。

配种期应设专人值班，仔细观察鹿的配种情况，根据种公鹿的健康情况和配种能力及时替换种公鹿，并做好配种记录。同时，应经常轰赶鹿群，使发情母鹿及时得到配种机会。如果发现公鹿拼命顶架，马上将其驱散，必要时将受伤公鹿及时拨入单圈饲养。由于配种期公鹿性欲旺盛，若在非配种公鹿中个别鹿被爬跨追赶，发生同性交配现象，应及时制止，对性活动和角斗强烈的公鹿群可进行大圈饲养，或在圈中设障碍物，或给鹿上腿绊等。在鹿配种期间将水槽加盖，防止刚结束配种或激烈角斗的公鹿马上饮水，以免公鹿因发生异物性肺炎导致死亡。

由于配种期正值雨季，圈舍地面容易泥泞，坏死杆菌病的发病率较高，因此要经常打扫和消毒，平整地面，消除异物，做好卫生防疫工作。另外，配种期的公鹿性烈，饲养员要加强自身保护。

（3）越冬期

1）越冬期的特点。越冬期包括配种恢复期和生茸前期。时间是 11 月～第二年 3 月，正值冬季和冬末春初，恢复期公鹿的性活动消失，食欲和消化功能相应提高，热能消耗多，日粮中应增加能量饲料比例。在生茸前期，鹿不仅要御寒，同时要为生茸储备营养，此时应逐渐提高蛋白质饲料的比例。越冬期的饲养目标为追膘复壮，确保安全越冬，并为生茸和换毛储备营养。

2）越冬期的饲养。生茸前期的公鹿性活动停止，食欲和消化功能已完全正常。此时要为第二年春夏换毛、提高膘情、生茸储备营养物质。恢复期的公鹿在经过 2 个月的配种期后，由于体力消耗大，导致体质瘦弱、缩腹，胃明显缩小，体重明显下降达 15%～20%。因此，在饲养上要以恢复体况和增加体重为主，确保安全越冬。越冬期日粮采用以粗饲料为主、精饲料为辅的原则，逐渐增加日粮容积，以锻炼鹿的消化器官，提高其采食量和胃容积。同时，必须供给一定量的蛋白质和碳水化合物，以满足瘤胃中微生物生长繁殖的营养需要。精饲料中豆类籽实及饼粕类以占 20%左右为宜。由于越冬期昼短夜长，在饲喂时间上尽量做到均衡饲喂，确保鹿有较长的反刍时间，对提高鹿的食欲和促进消化功能均有良好的作用。白天饲喂 2 次精饲料、2～3 次粗饲料，夜间补饲 1 次精饲料或粗饲料。寒冷的冬季供给鹿足够的温水，有利于减少机体的能量消耗，增加御寒能力和节约饲料。

3）越冬期的管理。注意防风、防潮、保温，保持寝床干燥，定期清除粪便、污水，最好铺上 10～15cm 厚的垫草。在北方，冬季圈舍多冰雪，应及时清除运动场内的积雪，防止鹿滑倒摔伤，也可减少因舍温低对机体的热消耗。对于体弱与患病的鹿，应拨出单独组群，设专人饲养管理并及时治疗。

越冬期开始时有些公鹿的性欲还未完全消失，也应设专人加强看管，避免一些年轻生产公鹿和种公鹿因性欲引起闹圈、角斗、爬跨和同性交配，以防因直肠穿孔造成伤亡。

进入生茸前期的 2～3 月，应根据公鹿的体况调整鹿群，对于有饲养价值的老弱鹿应单独组群，加强饲养，防止老弱鹿因吃不到饲料而死亡。对没有饲养价值的老弱病残公鹿应及时淘汰。同时，为了防寒保暖，减少机体能量消耗，可定时驱赶鹿群运动，保持鹿健康与活力。北方冬季气温低，宜供给鹿群饮用温水。

2. 成年母鹿的饲养管理

成年母鹿生产时期包括配种期、妊娠期和产仔哺乳期。

（1）配种期

1）配种期的特点。饲养管理目标是保证配种体况，因地制宜选择配种方式，保证高受胎率，防止空怀。

2）配种期的饲养。配种期的日粮营养全价性直接影响母鹿的发情和排卵是否正常，尤其是蛋白质、维生素和矿物质的供给。营养供应不足的母鹿，发情率和受胎率都明显降低。因此，配种期营养要全价均衡，使发情提前、集中、规律。

配种期的母鹿日粮组成，应以容积较大的粗饲料与多汁饲料为主，精饲料为辅，以满足母鹿性腺和卵的生长发育需要为原则。每年 8 月中下旬仔鹿断乳后，应做好配种前的体质恢复，保证母鹿能适时发情和正常排卵。对于初配母鹿及未参加配种的后备母鹿，因为它们正处于生长发育阶段，为了不影响它们的生长发育，在饲养中应选择多种新鲜饲料。成年母鹿从 8 月 20 日仔鹿断乳至 9 月 15 日配种前应进行短期优饲，原因是哺乳期消耗大，母鹿膘瘦，配种期母鹿膘情达到八九成膘才能正常发情。

3）配种期的管理。主要任务是合理安排配种进度，因地制宜选择配种方式。配种方式有自然配种和人工输精。人工输精方式选择应遵循“因地制宜，量力而行”的原则。各养殖场选择人工输精方式应根据实际具体、综合考虑品种、鹿群大小、鹿体重量、鹿群驯化程度，以及人力、物力、财力。在时间允许的情况下，建议马鹿统一采取公鹿试情和人工输精方式；规模小的梅花鹿养殖场，如条件适宜，驯化程度好，可开展公鹿试情和人工输精的方式。大型梅花鹿养殖场，建议采取同期发情定时输精方式，但要按鹿的膘情，分批次调整产仔时间，在自然发情已启动时进行同期发情处理，计划到自然发情高峰时期开展输精。为提高受胎率，可采用同期发情二次输精方式。为加快输精工作进度，可将同期发情输精和公鹿试情方式结合应用，第一情期进行同期发情定时输精；对于没发情的鹿，经药物处理后可确保第二情期发情整齐规律，此时用公鹿试情输精既能实现高的受胎率又能加快工作进度。配种结束时间应采用反推法，以仔鹿出生时间在 5 月中旬~6 月末为宜。

自然配种可选择群公群母、单公群母、单公单母等方法，在管理母鹿上应做好以下工作：首先，将仔鹿尽量早断乳分群，使母鹿早日进入恢复期，但仔鹿哺乳时间不能少于 80d，才能为配种打下优良的体况基础。其次，将母鹿分为育种核心群、一般繁殖群、初配母鹿群和后备母鹿群进行分群饲养管理。同时，应对配种母鹿群设专人昼夜值班看管，并记下配种个体的号码，为第二年估计预产期提供依据。再次，配种期间应注意观察发情配种情况，制止恶癖公鹿顶撞母鹿；注意观察公鹿的配种能力，随时将配种能力低下的公鹿从母鹿群中拨出；对于受配次数较多的母鹿，应适时拨入已配母鹿群；对于刚配完的公鹿或母鹿，不要立即饮水。最后，配种工作结束后，所有参加配种的母鹿应根据配种日期的先后适当调整鹿群，体弱的母鹿应单独组成小群，加强饲养管理。

（2）妊娠期

1）妊娠期的特点。母鹿在妊娠期间采食量增加，对营养物质的利用率比空怀时高，妊娠前期代谢率可增加 10%~15%，妊娠后期可达 30%以上。妊娠期的饲养目标是保证母鹿健康、胎儿发育正常，防止妊娠中断，预防难产。

2）妊娠期的饲养。妊娠母鹿的饲养要点是保证母体本身的健康、胎儿的生长发育、正常分娩，以及为泌乳打下基础。在妊娠阶段母体的代谢机能不断加强。在最初几个月，胎儿绝对增重速度慢，但母鹿食欲开始增加，体内开始积蓄营养；到了妊娠中期，食欲旺盛，食量明显增多，被毛光滑润泽，体重明显增加；母鹿受胎后，日粮的供应以满足胚胎发育、避免胚胎早期死亡为原则。妊娠后期，胎儿增重迅速，胎儿80%以上的体重是在妊娠期最后3个月内增长的，最后1~1.5个月胎儿增重是胎儿初生重的80%~85%。因此，妊娠前期需要侧重于饲料质量，后期则侧重饲料数量，以满足胎儿快速生长需要。

为了使胎儿能正常发育，妊娠期应保持较高的营养水平，保证蛋白质和矿物质的供给。在制订日粮配方时考虑饲料的容积和妊娠期的关系，妊娠前期饲料容积大一些，妊娠后期由于胎儿体积增大，母鹿腹腔的容积逐渐缩小，消化功能减弱，母鹿的日粮应选择体积小、质量好、适口性强的饲料，以防由于饲料体积过大而影响胎儿的发育。

在饲料的种类上，精饲料中蛋白质饲料占30%~40%，能量饲料占50%~70%，同时注意钙、磷等矿物质元素的供给。粗饲料主要利用品质良好的牧草、青干草、青贮玉米和棉籽壳等。妊娠期每天应饲喂2~3次精粗饲料，保证供给清洁饮水，在北方冬季最好饮用温水。饲喂精饲料时，要在饲槽内散布均匀，避免采食时拥挤，尽可能使每头母鹿都随意采食。

3）妊娠期的管理。在管理上以保胎为主，做好以下工作：每圈鹿的数量不宜过多，避免妊娠后期因拥挤、碰撞发生流产；保持鹿群安静，避免各种骚扰，防止受惊炸群；鹿舍采光良好，保持清洁干燥，最好铺10~15cm厚的柔软干燥的垫草，定期更换。我国北方冬季寒冷，及时清除地面冰雪，防止母鹿滑倒引起流产；为了增强母鹿体质与促进其新陈代谢，每天应驱赶其运动1h左右；不饲喂发霉变质、冻结或酸度过大的饲料；每年3~4月合理调整鹿群，及时拨出空怀、瘦弱、患病母鹿，淘汰或单独组群饲养，并做好检修，设置仔鹿保护栏，加铺垫草等，为母鹿顺利产仔做好准备。

（3）产仔哺乳期

1）产仔哺乳期的特点。一般从5月上旬一直持续到8月下旬，早产的仔鹿可哺乳100~110d，一般哺乳80d左右。在哺乳期，仔鹿生长发育所需要的营养主要来源于乳汁，特别是1月龄内的仔鹿，很少采食饲料。梅花鹿仔鹿生后头1个月增重将近6kg，平均日增重0.2kg，头3个月增重21.5kg，平均日增量约0.5kg。一般梅花鹿母鹿每昼夜泌乳700mL，泌乳量高的可达1000mL以上，马鹿的泌乳量更高。乳的浓度高、营养丰富，是仔鹿健康发育的营养基础。

产仔哺乳期的主要工作是对分娩母鹿和出生后仔鹿的看管、护理和饲养。主要任务是使妊娠母鹿顺利产仔，产仔后母鹿能分泌较多的乳汁，并能正常哺育仔鹿，保证仔鹿正常发育。

2）产仔哺乳期的饲养。泌乳母鹿每天需要从饲料中获得大量的蛋白质、脂肪、矿物质和维生素，以转化为乳汁。泌乳母鹿摄入营养不足，一方面会降低泌乳量和乳的品质，另一方面会使泌乳母鹿在哺乳期失重过大，影响母鹿的健康和配种期的正常发情。因此，根据产仔哺乳期母鹿的生理特点，在拟定日粮时应尽量使饲料品种多样化，做到日粮营养物质全价，比例适宜，适口性好，增进母鹿的食欲。

哺乳期母鹿的精饲料组成：蛋白质饲料占35%左右，禾谷籽实类饲料占55%左右，糠麸类饲料占10%左右。在母鹿哺乳初期，饲喂麸皮粥、小米粥，或将粉碎的精饲料用稀豆浆拌成粥状混合料喂，有促进泌乳的效果。粗饲料以青绿多汁饲料为主。实践证明，大量饲喂青绿多汁饲料有助于提高泌乳量和改善乳的品质。

3）产仔哺乳期的管理。保证母鹿安全分娩、仔鹿的成活和健康发育。产仔前要做好充分准备，如全面圈舍检修，设立仔鹿保护栏、垫好仔鹿床，铺设垫草。注意观察分娩情况，加强对双胎鹿和难产鹿的看护，发现难产应立即组织助产。因仔鹿胆怯、易惊、易炸群，所以要保持产仔圈舍安静，创造一个良好的产仔哺乳环境。要加强对母鹿的看护，建立昼夜值班制。及时制止扒仔、咬仔、弃仔、咬尾等恶癖，必要时将有恶癖的鹿关进小圈单独管理。发现母鹿拒绝哺乳或乳汁不足时，应用其他母鹿代养仔鹿，或采取人工哺乳。

在夏季，要保持母鹿舍清洁卫生，预防有害微生物污染乳头引起仔鹿患病。舍饲时，饲养员结合清扫圈舍与饲喂，对仔鹿进行调教和驯化。当母鹿出牧后，舍内应有人负责补饲和调教仔鹿，以达到初步驯化的目的，为以后进一步驯化或跟随母鹿放牧打下基础。

3. 幼鹿的饲养管理

幼鹿的生产时期包括哺乳仔鹿期、断乳仔鹿期和育成鹿期。

（1）哺乳仔鹿期

1）哺乳仔鹿期的特点。哺乳仔鹿是指断乳以前的仔鹿。初生仔鹿机体各方面生理功能不健全，消化功能不完善，特别是仔鹿的瘤胃发育很不完善，微生物区系尚未建立，胃蛋白酶分泌量少，所以哺乳仔鹿只能利用真胃内分泌量较多的乳糖酶、凝乳酶，消化吸收母乳中的乳糖、葡萄糖和乳蛋白来获取营养。另外，哺乳仔鹿免疫力低，胃酸分泌量少，机体的屏障功能弱，抗病力差，易诱发各种疾病和造成生长发育不良。

2）哺乳仔鹿期的饲养。初生仔鹿护理首先要保证仔鹿尽早吃足初乳。初乳中干物质多，乳脂、蛋白质含量高，并富含维生素 A、脂肪酶、抗体、磷酸盐、镁盐等。乳汁蛋白质包括大量的抗体（如免疫球蛋白），对增强仔鹿的免疫力和提高仔鹿的抗病力十分重要。初乳中的镁盐有轻泻作用，有助于仔鹿排出胎粪，所以应让仔鹿在产后 1~2h 内吃到初乳，仔鹿越早吃到足量的初乳，其血液中免疫球蛋白就越多，仔鹿成活率就越高。如长时间吃不到初乳，仔鹿就会身体虚弱，易生病，甚至死亡。

随着仔鹿日龄增长，同时为了使其瘤胃微生物区系正常发育，需要对仔鹿进行补饲锻炼。生产实践中，仔鹿 15~20 日龄便可随母鹿采食少量饲料，20~30 日龄开始寻找嫩绿草叶、青菜、嫩枝叶等。2 月龄左右时，随着瘤胃微生物区系完善，仔鹿瘤胃的消化功能接近成年鹿瘤胃的消化功能。一般在 7 月下旬即可对仔鹿适量进行早期补饲。补饲时在保护栏内设小料槽，投给仔鹿营养丰富且易消化的混合精饲料，同时要饲喂一些青绿多汁饲料及质地柔软的青干饲料。精饲料投喂量要适当，由少到多，青粗饲料要切碎喂。仔鹿开始补饲后要增设水槽以保证仔鹿饮水。一般在仔鹿 10~30 日龄时每天饲喂 1 次，31~35 日龄时每天饲喂 2 次，51~70 日龄时每天饲喂 2~3 次，71~90 日龄时每天饲喂 3 次。哺乳仔鹿不必单独补给精饲料，可随母鹿自由采食。

3）哺乳仔鹿期的管理。哺乳期间仔鹿和母鹿同处一舍。为了保证仔鹿的安全，减少疾病发生，提高成活率，需要做好以下管理工作：

① 设置仔鹿保护栏。栏杆间宽窄要适宜，以免夹伤仔鹿和母鹿进入偷食，梅花鹿以栅栏间距为 15~16cm 为宜，马鹿可适当宽一些。

② 保持清洁卫生。仔鹿出生后 1 周以内的大部分时间都在保护栏里的固定位置伏卧休

息。因此，保护栏内要保持清洁干燥，勤换垫草，做好卫生消毒工作。

③ 细心观察。观察内容包括仔鹿的精神状态，卧位和卧姿是否正常，鼻镜、鼻翼和眼角，以及食欲、排便和运动等，发现异常及时采取相应措施。

④ 初生仔鹿的可塑性。初生仔鹿的可塑性很强，可对其进行驯化和调教，以便后续的饲养管理。仔鹿出生约 20d 后，饲养员可利用每天定时、定量投料和喂水的时机，增加人鹿接触时间，以口哨等方法对仔鹿调教驯化，稳定仔鹿性情，强化人鹿亲和。

（2）断乳仔鹿期

1）断乳仔鹿期的特点。8 月中下旬断乳到当年年底的仔鹿称为断乳仔鹿（或离乳仔鹿）。此时幼鹿的消化机能已基本健全，营养的供给方式从主要依靠母乳转为依靠饲料，仔鹿由依赖母鹿转变为独立生活。断乳仔鹿的饲养管理包括断乳后饲养环境的变化时期和越冬期。

2）断乳仔鹿期的饲养。精心饲养，仔鹿断乳后处于早期育成阶段，生长发育迅速，其饲养好坏对后期的生长发育影响很大。

仔鹿断乳期的日粮应注意营养水平和全价性，应包括易消化且又满足仔鹿生长发育需要的各种营养物质。日粮加工调制要细致，如将大豆制成豆浆，豆饼制成粥饲喂幼鹿，也可将大豆、玉米煮熟，将部分玉米磨成玉米面、将大豆磨成豆浆，按比例混拌均匀。粗饲料可以投给嫩绿树叶、青玉米秸等，玉米秸要切碎。饮水要清洁、充足。需注意矿物质的供给，补喂多种维生素、含硒微量元素等，在日粮中加入食盐、骨粉，可防止维生素 D 缺乏症、软骨症的发生。

在哺乳期内，断乳仔鹿虽然经过补饲后消化机能得到了一定锻炼，但断乳初期还是不能很快适应新饲料。特别是出生晚、哺乳期短的仔鹿消化道缺乏锻炼，消化弱，采食量小。因此，断乳最初几天应尽量维持哺乳期仔鹿营养水平的日粮和饲喂方式，断乳半个月内每天可喂 4~5 次，夜间补饲 1 次青饲料，以后逐步过渡到每天喂 3 次，尽量做到逐渐增加饲料的投喂量，切忌一次投喂过量。

3）断乳仔鹿期的管理。仔鹿应适时断乳，合理分群。生产中一般在 8 月中下旬一次将当年产的仔鹿和母鹿全部分开，但根据实际，对晚生、体弱的仔鹿也可推迟到 9 月上旬进行断乳分群，以保证其发育和成活。断乳前 10d 左右应降低母鹿的饲养水平，甚至可停喂精饲料，使乳汁分泌量下降。当仔鹿吮乳时，会使母鹿产生厌恶感，使仔鹿在分群前就能较多地利用精粗饲料，在母仔分群时降低仔鹿对母鹿的思恋性，有利于适应新环境。仔鹿断乳后按仔鹿的性别、出生先后、体质强弱等分成若干个仔鹿群，每群以 40~50 头为宜。断乳分群时最好把仔鹿留在原圈而将母鹿拨出，好处在于可以减轻对原环境的思恋，减少拨鹿时对仔鹿的伤害。分群后仔鹿尽量远离母鹿，减轻仔鹿对断乳的不适应，缩短仔鹿的适应期。

仔鹿 4~5 月龄时进入越冬期。圈养鹿应按性别、个体大小分群，每群 40~50 头。加强巩固驯化成果，每天驱赶其运动 2 次，上下午各 1h，由于冬季粗饲料多为干枝叶、干草和农副产品，所以应在日粮中加部分多汁饲料，注意添加矿物质、维生素，做好防寒保温工作，使仔鹿在一个良好的饲养管理条件下安全越冬。

（3）育成鹿期

1）育成鹿期的特点。出生后第二年开始至成年这一阶段的幼鹿称为育成鹿。此时的鹿已经完全具备了采食和适应饲养环境的能力，处于生长发育的旺盛阶段，体躯、体重、消化器官等生长发育的速度很快，所以育成阶段的鹿对营养水平要求较高。育成鹿是幼鹿转向成年鹿的一个关键阶段，育成期饲养的好坏，会在很大程度上影响生产性能。因此，做好育成期的饲养管理，培育出体质健壮、生产力高、耐粗饲和利用年限长的理想型鹿群，是育成阶段饲养的目标。

2）育成鹿期的饲养。做到精粗饲料比例适当，合理搭配。精饲料过多，影响消化器官的发育，导致鹿对粗饲料的适应性差。精饲料过少，不能完全涵盖幼鹿生长发育所需要的各种营养物质，直接影响个体的健康和生产性能。育成阶段满足其营养需要的日粮蛋白质水平为23%左右，应尽量增加饲料容积，保证育成鹿的瘤胃得到充分发育。有条件的在5~10月进行放牧饲养更有益于育成鹿的生长发育。对于育成鹿的粗饲料供给，从数量和质量上要做到最大限度的满足，并随时注意调整精饲料喂量，以保证育成鹿获得充足的营养，从而保证正常的生长发育。

3）育成鹿期的管理。按照性别和体况分成小群，每群的饲养密度不宜过大，如群太大，干扰正常采食和运动，给幼鹿的发育带来不良影响。因个体差异，育成鹿的性成熟有早有晚，按性别分群可防止因早熟鹿混交滥配而影响发育。育成公鹿在配种期有互相爬跨现象，体力消耗大，有可能造成直肠穿孔乃至死亡，这种情况多发生在天气骤变的时候。因此在阴雨降雪或突然转暖时，应特别注意看管。

发育较好的育成鹿，1~3月即可长出椎角初角茸，此时要进行平茬（墩基），平茬后使基部增粗，为转入成年时长茸奠定基础。方法是在初角茸长到3~5cm时从茸尖高1cm处锯下一块。这样不但在秋季可以再锯一次椎角再生茸，还可以使角的基部增粗，有利于第二年鹿茸增产。加强幼鹿运动对增加采食量、增强体质、预防疾病都有重要作用，可结合放牧达到此目的。不具备放牧条件的鹿场，每天在圈内保证1~2h的驱赶运动。

育成鹿要经过一个越冬期，因其体小、抗寒能力差，所以要将育成鹿安排在避风向阳的圈舍内，保持舍内干燥，及时清除粪便，冬季要有足够的垫草，夜间定时驱赶运动，增强其机体抵抗力。

第五节　鹿茸和其他鹿产品

一、鹿茸角的形态

1. 茸角的种类

茸角是鹿特有的标志，是公鹿的第二性征（副性征）。茸和角是鹿角不同生长阶段的两种称呼。在生长初中期，未骨化的嫩角叫茸，即公鹿额部生长出来的已经形成软骨又尚未骨化的嫩角，俗称“茸角”；到生长后期，已骨化并脱皮裸露的白色骨质物称“角”。

（1）按鹿种　分为梅花鹿茸角、马鹿茸角、驯鹿茸角等。

（2）按收茸方式　分为锯茸和砍茸。锯茸是当茸生长到成熟阶段，用锯将其锯下的茸；砍茸是在鹿生茸期，将死亡和因年老、伤残等不能继续饲养或经济价值下降而被捕杀的鹿，取其头和茸，加以修整、水煮、烘烤而成。

（3）按茸形　根据茸的枝杈数目分为初角茸（椎形茸），二杠茸、三杈茸、四杈茸、五杈茸、畸形茸（怪角茸）等。

（4）按加工工艺 分为排血茸、带血茸。

（5）按收茸茬数 分为头茬茸与二茬茸。1 年中第一次收的茸叫头茬茸；头茬茸锯后再生的茸称再生茸，可进行第二次收获，也称为二茬茸。

2. 茸角的形态

鹿茸角的形态根据大小、分枝多少、分枝位置、主干弯曲度确定，因种类、个体差异而有不同表现，但同一种类的成年鹿茸角形态是相对固定的。茸角的基本形态：茸根、分枝、主干和冠构成；茸外被覆皮肤和毛；均为实角，与牛羊的洞角不同，也与长颈鹿的突角不同，与犀牛的毛角也有区别。

（1）梅花鹿茸角 梅花鹿茸和角的形态特征见图 1-1 和图 1-2。

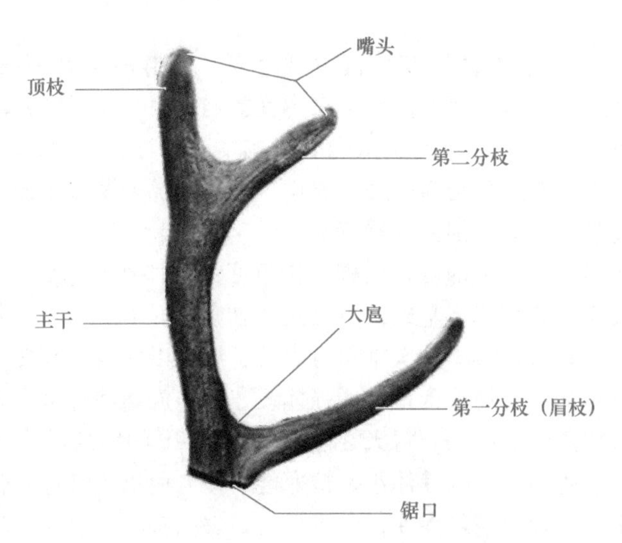

图 1-1 梅花鹿茸（三杈茸）**的形态**

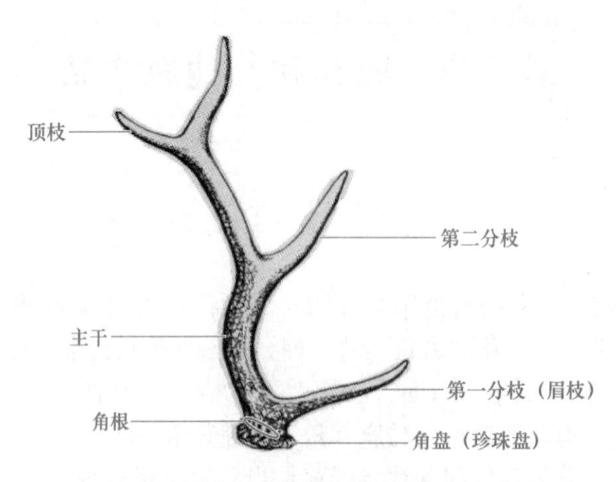

图 1-2 梅花鹿角的形态

梅花鹿的角由主干和眉枝（第一分枝、门桩、护眼椎）等数个分枝构成，角盘（珍珠盘）以上 4~10cm 处生出眉枝，其他分枝从主干上依次分生出来。茸的横断面为圆形；茸皮呈肉红色、棕红色、杏黄色，少数呈黑褐色；毛纤细；主干向两侧弯曲，略呈半弧形；眉枝在头部向前方横抱，尖端稍向内弯曲。眉枝与主干成锐角，眉枝不从茸根直接分出，而在稍高处长出，眉枝与第二分枝间的距离较大；从主干上分出 1 个分枝，此时称“二杠茸”；出现第二分枝时称“三杈茸”；梅花鹿茸完全发育时，从主干上分生出 3 个分枝，称“四杈茸”。主干和眉枝之间的连接部位称大扈口；第二分枝与主干之间连接部位称小扈口；主干顶端与第二分枝顶端部分称嘴头。茸完全骨化时称角。

（2）马鹿茸角 马鹿茸和角的形态特征见图 1-3 和图 1-4。

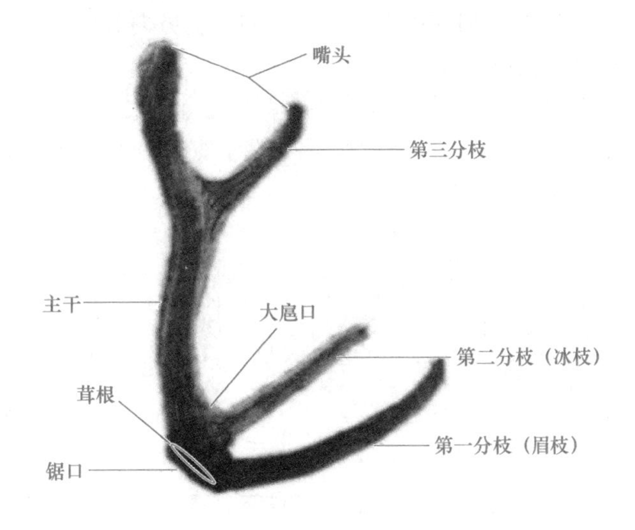

图 1-3 马鹿茸（三杈茸）的形态

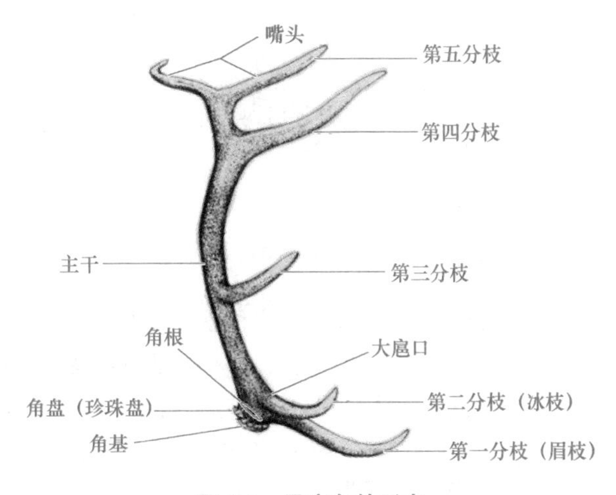

图 1-4 马鹿角的形态

马鹿茸较梅花鹿茸的茸形庞大，分枝多。茸皮呈灰色、褐色、红褐色；毛长而密，呈灰色；主干向后倾斜略向内弯曲；第一分枝（门桩、眉枝）斜向前伸，与主干几乎成直角；第一分枝从角盘（珍珠盘）上方的基部与主干几乎同时分出（俗称坐地分枝），第二分枝（二门桩、冰枝）紧靠第一分枝连续分出，2 个分枝距离很近，第二分枝与其他分枝间的距离较远。茸完全骨化时为角。

3. 茸角的形态变化

公鹿一般从2岁开始锯茸，2岁公鹿的茸角称为初角茸。初角茸一般不出现眉枝，到3岁时有眉枝的产生。成年公鹿茸角的产生、骨化和脱落同初角公鹿一样，每年重复进行。

公鹿脱盘后露出新茸组织。茸的皮肤向心生长，渐渐在顶部中心愈合，称为“封口”。20d左右鹿茸长到一定高度，开始向前方分生出分枝，马鹿连续分生2个分枝。随着主干与眉枝向粗长生长，至50d左右茸顶膨大，梅花鹿开始分生第二分枝（上门桩）；马鹿则分生第三分枝。继续长到70d左右，梅花鹿将要由主干向内侧方向分生第三分枝；马鹿此时将分生第四分枝，85d左右可生长成四杈茸。

根据鹿茸生长发育过程所处不同阶段，其外部形态也随之发生变化。在养鹿生产实践中，根据鹿茸外部形态的变化情况，形象地把各个生长阶段称为“老虎眼”“磨脐子”“茄包”“鞍子”“莲花”“二杠”“三杈”等（图1-5和图1-6）。

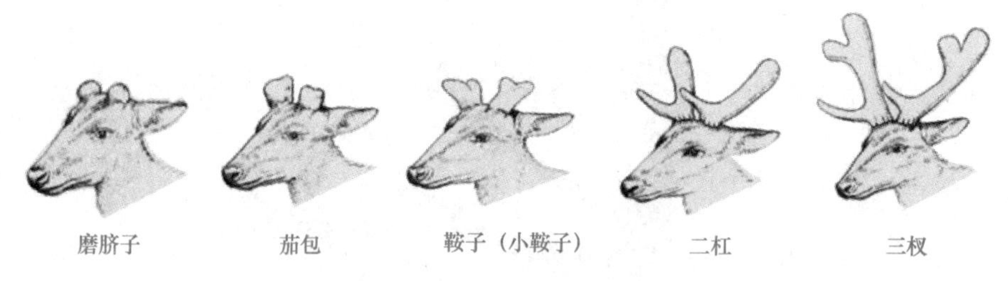

图1-5　梅花鹿生茸期茸的形态变化

图1-6　马鹿生茸期茸的形态变化

角盘脱落以后，角基上有凝固的血迹，处于这种状态时称为“老虎眼”，以后茸芽组织由四周皮部向内生长，与中间的血痂融合在一起，形成微凹的碗状，称为“灯碗子”。在角基上面，茸的分生组织茸芽初期向上生长的情况称为“拨桩”。鹿茸生长至高1.5~2cm时叫“磨脐子”。经过10d左右再向上生长3~4cm时称为“茄包”。自鹿茸主干（大挺）分生出眉枝不久，因形似马鞍子，称为“鞍子”。生长初期称为“小鞍子”，当主干生长比眉枝高的情况称为“大鞍子”。继续向上生长至一定高度称为“小二杠”。当主干比眉枝高出6~7cm时从外形上看像黄瓜，称为“角瓜”。主干生出第二分枝的初期称为“小嘴三杈”，生出第二分枝的中期称为“大嘴三杈”，再生长一个阶段至分生第三分枝前称为“三杈”，即在形态上表现出主干、眉枝、第二分枝共有3个杈的意思。第三分枝分生之后称为“四杈”。一般认为梅花鹿茸可生长到4~5个杈，也有“花不到五”的说法。骨质化的椎角称为

“毛杠”，脱皮后称为“清枝”，脱皮的三杈称为“清三杈”，脱皮的四杈称为“清四杈”。这种情况在养鹿场很少出现，因为鹿茸达到骨化程度前已被锯掉。

马鹿茸的第一分枝（眉枝）与第二分枝（冰枝）很近，几乎同时发生，生产上称为“坐地分枝”。眉枝处于分生不久的状态称“马莲花”。根据眉枝生长的高度不同，又称“小莲花”和“大莲花”。大嘴三杈在生长10d左右，主干与眉枝高达6~7cm时，顶端呈扁状，凹陷而欲长出分枝时称为“四平头”。继续生长，分枝与主干长短基本相等时称为“四杈”。马鹿茸也有出现“五杈”的情况。从五杈顶端继续生长，尖毛开始变得稀落，具有许多骨化斑，各个分枝端部也极尖细，称为“五杈尖”。马鹿的角形大，分枝多，一般都能生长出6~7个分枝，在4~5岁以前其分枝是逐年增加的。一般来说，3岁时有3个分枝，4岁时有4个分枝，5岁时有5个分枝。但角的分枝不一定与鹿的年龄相吻合，6岁以后往往就不一致了。

茸角的整个生长过程为100~120d，脱茸皮的时间为1~3周。茸角在发情前3~4周即骨化。茸角发育最好的时期为6~8岁。

马鹿茸从脱盘时算起，13~17d时可出现第一分枝，23~30d时出现第二分枝，46~52d时出现第三分枝，66~75d时出现第四分枝，84~90d时出现第五分枝。从脱盘开始到锯茸为止，马鹿茸四杈锯茸生长66~75d，五杈锯茸生长84~90d。梅花鹿二杠锯茸生长48~53d，三杈锯茸生长60~65d。

鹿12~14岁时衰老。马鹿茸的分枝开始减少，眉枝出现退化，在生长眉枝的位置出现嵴突，其他分枝消失，有时仅剩下主干和不发育的眉枝，角变得短而轻。

生产上是在茸生长结束前进行锯茸，第一次锯茸后还能长出二茬茸。大部分二茬茸没有固定的形状，仅少数马鹿的二茬茸能出现规整的主干和分枝。二茬茸像未锯掉的茸角一样，也有骨化、脱皮和脱角过程。

二、鹿茸加工

1. 基本原理

目前鹿茸加工主要采取水煮、烘烤、风干相结合的方法，核心是通过各种工艺手段，排除茸内水分，达到干燥、防臭、灭菌、便于长期保存的目的。

（1）水煮 水煮是鹿茸加工中极其重要的步骤。新鲜鹿茸含水量达60%~70%，并且水以游离态和结合态两种形式存在。新鲜茸皮致密，水分散失缓慢。通过沸水煮炸，使构成茸皮的蛋白质收缩变性，增大了组织的间隙，而且水煮加热使分泌并贮存在皮肤中的油脂溢出皮表，溶于水中，增加了茸皮的通透性，为茸内水分向外扩散打开了通道。同时，水煮使鲜茸收缩，通过挤压脱去部分水分。对于排血茸，水煮受热还可使残留在茸内的血液随膨胀的空气和水汽一起从锯口排出，利于血液排净，提高排血茸的品质。水煮是间歇式的，这样做的原因是热量有一个由外向内逐渐传导的过程，可以加速水分子向外扩散及汽化的速度；同时，茸皮热量也向外扩散，防止因茸皮过度加热造成组织结构破坏严重而松散，失去茸形。

经过烘烤后还需要回水。回水煮炸是为了防止茸内部与外层茸皮水分扩散不同步，外层水分散失过快会引起茸皮破裂。回水可给茸皮补水，增加其弹性和韧性。

鲜茸水煮可使茸皮在急剧收缩时压迫皮肤血管排出皮血，使茸色鲜艳美观。水煮还可杀灭茸表皮的微生物，预防茸体腐败。但经水煮的鹿茸如不迅速再脱水，微生物还会侵入，使茸腐败变质，所以水煮仅是鹿茸加工的第一步。

（2）烘烤　烘烤是在鹿茸水煮的基础上继续加热脱水的重要措施。经65～75℃干热烘烤，使茸表水分不断蒸发，继而形成由内向外含水量逐渐减少的压力梯度，促使水分渐渐外渗；而且由于受热，水分子向外扩散的速度不断加快，促使鹿茸脱水干燥。外部空气温度越高、相对湿度越低、空气循环速度越快，鹿茸干燥就越快。但烘烤温度要适宜，若温度过高、时间过长，由于外层首先接受热量失水较快会造成茸皮破裂、焦煳，而内部仍有水分，达不到最终干燥的目的；若温度过低，不仅干燥速度慢，而且会形成微生物生长的适宜温度，引起糟皮。所以，为了加速鹿茸干燥，烘烤设备上需安装电扇，在保证箱内温度均衡的同时，促进空气流动；还要安装排湿设备，尽快排出箱内水汽，降低湿度。

（3）风干　风干是鹿茸经水煮、烘烤之后，放在空气中任其自然干燥，蒸发掉部分水分。同时，给茸内部分水分向外部扩散提供充足的时间。

总之，鹿茸加工就是水煮、烘烤、风干的综合利用，使茸内水分和茸外层皮肤水分同步蒸发，从而达到鹿茸干燥、茸皮完整无损、茸形不变的目的。

2. 排血茸的加工技术

排血茸的加工是通过煮前排血、煮炸加工、回水烘烤、风干煮头等，将新鲜锯茸进行处理，促使其排出茸内血液；蒸散水分，加速干燥，获得优质成品茸的过程。由于锯茸的种类、规格和枝头大小不同，煮炸烘烤时间也有差别，需根据实际情况把握。

3. 带血茸的加工技术

带血茸加工是鲜茸不排血，封闭锯口后连续多次水煮和烘烤，使茸内的水分快速散失，并进行煮熟和风干，以获得将血液全部保留在茸内的成品茸。由于茸内液体有效成分不流失或少流失，不仅产品质量提高，而且鲜茸的干燥率增加24%～32%，提高了成品率。

4. 微波与远红外线综合加工技术

利用微波与远红外线加工鹿茸，是以我国传统的鹿茸加工方法为基础，综合国内外现代先进电子技术发展起来的。微波具有穿透性和选择性的加热功能，可使茸内外同时受热，大大缩短了加热时间；远红外线具有很强的热辐射，能使鹿茸迅速加热，水分快速蒸发，大大提高了工作效率。

5. 真空冷冻加工技术

真空冷冻加工技术突破了鹿茸加工中沸水煮炸、高温烘烤、自然风干的传统模式，采用现代生物制品冷冻保鲜真空干燥技术，不仅使鲜茸内的水分在真空条件下速冻直接升华脱水干燥为成品，而且有效地保留了茸的活性成分，提高了产品质量。同时，将零星的分散少量加工，改成批量加工，大大提高了工作效率。

三、其他鹿产品加工

1. 鹿胎的加工方法

（1）酒浸　将鹿胎用清水洗净，晾干后放入60%vol白酒中浸泡2～3d。

（2）整形　取出酒浸的鹿胎风干2～3h，将胎儿姿势调整至如初生仔鹿卧睡状态，四肢折回压在腹下，头颈弯曲向后，嘴巴插到左肋下，然后用细麻绳或铁丝固定好（图1-7）。

（3）烘烤　把鹿胎放到高温干燥箱中的铁丝网上烘烤，开始温度为90～100℃，烘烤2～3h。当胎儿腹部变大时要及时用细竹签或铁针在两肋与腹侧扎眼，放出气体和腹水。到接近全熟时暂停烘烤，切不可移动触摸，防止伤皮掉毛。冷凉后取出放在通风良好处风干，以后风干与烘烤交替进行，直至彻底干燥为止，将干燥的鹿胎装在木箱内，防止潮湿发霉。

烤鹿胎要求胎形完整、不破碎，水蹄明显，毛皮呈深黄色或褐色，纯干、不臭、不焦，具有焦香气味。

图 1-7　鹿胎整形

2. 鹿筋的加工方法

（1）剔筋方法

1）前肢。在掌骨后侧骨与肌腱中间挑开，挑至跗蹄踵部割断，将跗蹄及籽骨留在筋上，沿筋槽向上挑至腕骨上端筋膜终止部割下。前侧的筋也在掌骨前肌腱与骨的中间挑开，向下至蹄冠部带一块长约 5cm 的皮割断，复向上剔至腕骨上端，沿筋膜终止部割下。

2）后肢。从跖骨与肌腱中间挑开至跗蹄，再从蹄踵部割断，将跗蹄与籽骨留在筋上，沿筋槽向上通过跟骨直至胫骨肌膜终止处割下。后肢前面从跖骨前与肌腱中间挑开至蹄冠以上，留一块皮割断，向上剔至跖骨上端到跗关节以上切开深厚的肌群，至筋膜终止部切下。

（2）刮洗浸泡　剔除四肢骨骼后，把肌腱与所带的肌肉放在清洁的剔筋案上。大块肌肉沿筋膜逐层剥离成小块。凡能连在长筋上的肌肉尽量保留，不要切掉，而是逐块把肌肉的筋膜纵向切开，剔去肌肉，切掉腱鞘。将剔好的鹿筋用清水洗 2~3 遍，放入水盆里置于低温阴凉处浸泡 1~2d。每天早晚各换 1 次水，泡至筋膜内部无血色时可进行第二次加工，将筋膜上残存的肌肉刮净，再浸泡 1~2d，用同样方法再刮洗 1 次即可完成。

（3）挂接和烘干　经过加工后，在鹿筋的跗蹄和留皮处穿 1 个小孔，用树条穿过挂起，把零星小块的筋膜分成 8 份，分别接在四肢的 8 条长筋上，接好后 8 条鹿筋的长短、粗细基本一致，阴干 30min 左右，挂到 80~90℃ 的烘箱内烤干。将干燥的鹿筋捆成小把，入库保存。应放在通风干燥处，以防止潮湿和发霉生虫，要经常检查、晾晒。

鹿筋多混等收购，以筋条粗长，色黄透明，跗部皮根完整，不脱毛、无虫蛀的纯干货为好。

3. 鹿尾的加工方法

将鲜鹿尾用湿麻袋片包上，放在 20℃左右温度下 2~3d，用手拔掉长毛，搓去柔皮，放在凉水中浸泡片刻后取出，用镊子和小刀拔净刮光尾皮上的绒毛，去掉尾根残肉和多余的尾骨，用线缝合尾根皮肤，挂在阴凉处风干。在炎热的夏季，为防止腐败，可将鲜鹿尾放在白酒中浸泡 1~2d，然后再按上述方法加工。马鹿尾加工时要进行整形，使边缘肥厚、背面隆起、腹面凹陷。

另外，鲜鹿尾也可以用热水浇烫 1~2 次，摘掉尾毛，刮净绒毛和柔皮，缝好尾根，放到烘箱内烘干，加工梅花鹿尾多用此法。加工后宜盛在罐内，加樟脑以防虫，如出现白霉，可用冷水洗净，冬季可冷冻保存。以冬、春季节加工的鹿尾较佳，尾根呈紫红色，有自然皱褶。夏、秋季节的鹿尾如保存不好常变为黑色。将加工后的鹿尾切成薄片并擦油，用微火烤热，呈黄色，磨粉即可药用。

鲜鹿尾毛呈红黄色，尾根有油和肉。母鹿尾短粗，公鹿尾细长，尾头较尖。

4. 鹿心的加工方法

鹿心加工时需先将血管结扎好，防止心血流失，同时去掉心包膜与心冠脂肪。用80～100℃的高温连续烘烤，快速干燥，防止腐败与烤焦。

5. 鹿肝的加工方法

将鲜鹿肝放入沸水中烫数分钟，针扎不冒血时取出切成薄片，放在70～80℃的烘箱内烘干。

6. 鹿鞭的加工方法

鹿鞭也称鹿冲，由公鹿的阴茎和睾丸部分组成。公鹿被屠宰后，剥皮时取出阴茎和睾丸，用清水洗净。将阴茎拉长，连同睾丸钉在木板上，放在通风良好处自然风干，也可用沸水浇烫一下后入烘箱烘干。将加工后的鹿鞭用木箱装好，置于阴凉干燥处保存。

7. 鹿角的加工方法

鹿角分砍角、锯角、自然脱角和鹿角盘4种。

（1）砍角、锯角 在10月～第二年2月，将鹿杀死后，连同脑盖骨砍下，或自基部将角锯下，除净残肉，洗净风干。

（2）自然脱角 自然脱角又称退角、解角、掉角。为公鹿于换角期自然脱落的角。捡拾即可。

（3）鹿角盘 鹿角盘又称鹿角花盘、鹿角脱盘、鹿角帽等，为公鹿锯茸后留下的残基与第二年脱落的角基，可制成鹿角胶和鹿角霜。

8. 鹿骨的加工方法

剔净鹿骨上残留的皮肉，将骨锯成小段，去骨髓，洗净晾干。

9. 鹿皮的加工方法

鹿皮可制革，也可入药。

（1）制革皮加工 鹿屠宰后，沿腹中线将胸腹部挑开，沿前后肢内侧中线将皮挑开，用钝器将皮剥下，刮净残肉、脂肪，皮板朝上平铺，均匀地撒上盐，向内折叠，冷冻保存或自然阴干保存，送往制革厂加工。

（2）药用皮加工 将剥下的皮，刮净残肉、脂肪和毛，用碱水洗涤，再用清水冲洗，切块，晾干或烘干备用。

第六节 鹿的疾病防治

一、鹿场的环境消毒

根据消毒目的不同，可将其分为以下三类。

1. 预防性消毒

传染病尚未发生时，结合平时的饲养管理，对可能受病原体污染的鹿舍、运动场、用具和饮水等进行的消毒是预防性消毒。

2. 随时消毒

在发生传染病时，为了及时消灭刚从病鹿体内排出的病原体而采取的消毒措施是随时消毒。消毒对象包括病鹿所在圈舍、隔离圈，以及被病鹿分泌物、排泄物污染和可能污染的一切场所、用具、物品等。要定期多次反复进行，病鹿圈应每天定时或随时进行消毒。

3. 终末消毒

在病鹿解除隔离、痊愈或死亡后，或在疫区解除封锁之前，为了消灭疫区内可能残留的病原体所进行的全面彻底消毒是终末消毒。

鹿场常用的消毒方法有化学消毒法和物理消毒法。

二、鹿的常见病防治

1. 传染病

（1）口蹄疫 口蹄疫是由口蹄疫病毒引起的一种急性、热性、高度接触性的人畜共患传染病。

【发病症状】舌表面、四肢皮肤和腕、跗关节部位肿胀、糜烂、溃疡、坏死，母鹿流产。初期伴有体温升高（40~40.6℃），精神沉郁，肌肉战栗，流涎，食欲废绝，反刍停止1~2d后，在舌背面、齿龈、嘴唇、口腔黏膜及鼻镜上发生大小不同的水疱。水疱通常在24h内破裂，水疱上皮脱落，大量流涎，形成浅表性且边缘整齐的红色糜烂面。同时，蹄部也发生水疱，常见于蹄的趾间和蹄冠，水疱很快破裂，出现糜烂，甚至蹄匣脱落，表现为剧烈的疼痛和显著跛行。有的病鹿还出现多种并发症，如皮下、腕关节与趾关节的蜂窝织炎，沿血管与淋巴管的皮肤出现疹块与化脓性坏死性溃疡，产后截瘫等，最后多数会死亡。

【防治方法】疫苗接种是最好的预防方法。常用疫苗有氢氧化铝甲醛疫苗和结晶紫甘油疫苗、兔化口蹄疫及鼠化口蹄疫弱毒苗。

（2）结核病 结核病是由结核分枝杆菌引起的一种慢性、消耗性的人畜共患传染病。病程常为数月至1年以上。

【发病症状】被毛粗乱无光泽，换毛延迟，精神沉郁，运动迟缓，还表现为进行性消瘦和体表淋巴结肿大。久病时呼吸频率增加，体表淋巴结肿大，触之坚硬，严重者破溃流出黏稠的干酪样脓汁。发生肠型结核时，常表现为腹痛、腹泻，甚至混有脓血。发生乳腺结核时，可见一侧或两侧乳腺肿胀，触诊可感知有硬块。

【防治方法】本病治疗困难，疗程长，用药量大，治疗效果不佳，所以很少治疗。以预防为主，结合生产进行检疫，防治病原传入，净化污染群，培育健康群。定期对鹿群进行结核菌素试验，阳性者立即进行隔离观察处理；对发生本病的鹿场，除进行检疫及严格隔离病鹿外，严禁调运鹿，对圈舍、用具等进行严格消毒；平时禁止牛、羊等进入场内，饲养人员要定期检查，患结核病的人不可养鹿；加强饲养管理，杜绝结核病诱因。目前，许多鹿场对新生仔鹿用卡介苗进行预防性免疫，每头皮内注射冻干卡介苗2.25mg，每年1次，连续注射3年。但其效果尚有争议。

（3）布鲁氏菌病 由布鲁氏菌引起的一种慢性、变态反应性的人畜共患传染病。

【发病症状】关节炎，跛行，卧地不起。母鹿表现为流产、不孕、胎衣不下，以及子宫炎和乳腺炎；公鹿表现为睾丸炎。

【防治方法】预防为主，严格进行免疫、检疫、消毒、淘汰病鹿和培育健康鹿群等综合控制措施。定期进行预防接种，疫苗有布鲁氏菌羊型5号菌苗与布鲁氏菌猪型2号菌苗。

（4）魏氏梭菌病 魏氏梭菌病又称肠毒血症，是由A型产气荚膜梭菌引起的一种急性传染病。

【发病症状】多突然发病，临床症状不明显，突然死亡。最急性型见腹部膨大，口吐白沫，倒地痉挛而死，有的排血便，出现神经症状。急性型表现精神沉郁，食欲废绝，离群独卧，肌肉震颤，腹部增大，拉稀血便。病程一般为1~3d，最短只有8h，一般为12~36h。

【防治方法】改善饲养管理，变更精饲料时要逐渐进行，不在低洼处、雨后放牧。污染地区鹿群预防性注射鹿魏氏梭菌病灭活苗。如发病，治疗效果不好，治疗原则是解毒强心。参照配方：静脉注射10%葡萄糖100mL，25%尼可刹米10mL；或者肌内注射链霉素、庆大霉素、氯霉素，同时加维生素B和维生素C；或者混饲磺胺脒。

（5）坏死杆菌病 坏死杆菌病是由坏死梭菌引起的一种常见慢性传染病。

【发病症状】公鹿因蹄部损伤引起感染，初期伤口处热性肿胀，而后出现化脓、溃烂和坏死，并向深部蔓延，外腔充满脓汁，从蹄冠肿胀处许多小孔流出米汤样的污浊恶臭脓汁。有时坏死会波及韧带、关节、蹄匣，严重者蹄匣破碎脱落。仔鹿蹄部、腕关节部、跗关节磨损感染时，常引起骨质增生，出现“大骨节”或跛行。仔鹿因脐带创口感染时，病程长，表现为排尿弓腰、精神倦怠、被毛蓬乱，脐部有梭状硬结，或明显肿大，从脐带处流出米汤样的灰色恶臭脓汁。

【防治方法】局部和全身治疗结合。局部治疗：患部剪毛清（扩）创，创造有氧环境，用3%双氧水（过氧化氢）或1%~5%高锰酸钾冲洗，坏死梭杆菌对氯霉素、四环素、青霉素和磺胺类药敏感，创面撒碘仿和上述药品效果良好，一般处理2~3次，1周内痊愈。出现如衰弱、食欲减退、病灶转移等全身症状时，要对症用药。

（6）巴氏杆菌病 巴氏杆菌病是由多杀性巴氏杆菌引起的鹿败血性传染病。

【发病症状】一般症状表现为咳嗽，呼吸困难，便秘或腹泻，便血。特征性症状有：急性败血型表现为拒食，反刍、嗳气停止，口、鼻流血样泡沫状液体；皮肤、黏膜充血、出血。肺炎型表现为精神沉郁，口吐泡沫，流鼻涕。病程短，潜伏期一般为1~5d，急性经过一般1~2d死亡。

【防治方法】加强饲养、定期消毒，注意鹿舍卫生，以防本病发生。也可接种牛出血性败血病菌苗进行预防。多杀性巴氏杆菌对青霉素、链霉素与磺胺类药物敏感，发病鹿可选此类药物救治。同时，根据病情，给予强心、补液等对症治疗。

2. 常见普通病

（1）仔鹿下痢 仔鹿下痢是由于消化功能障碍或胃肠道感染所致的以腹泻为主要症状的疾病，是新生仔鹿的常见多发病。

【发病症状】仔鹿排出黄色带乳块的粪便，后期排白色粥状物，腹部蜷缩，精神不好，食欲下降或废绝。还伴有新生仔鹿肛门被舔舐的频率变高，或群母舔舐1头仔鹿，或仔鹿肛门松脱，并伴有精神沉郁、离群，喜卧，不吃奶，消瘦等特点。

【防治方法】采取“预防为主、防治结合”的措施。加强饲养卫生、防止病原入侵；保证母鹿营养，提供优质母乳；加强仔鹿的补饲，增强其胃肠功能，提高仔鹿抗病力；加药饮水、预防仔鹿下痢；增强饲养人员的责任心、及时发现病鹿。目前对本病治疗仍是采用促进消化、清肠利酵、调整胃肠机能、抑制病菌、适时收敛及强心补液的药物常规治疗方法，没有其他特效方法。

（2）仔鹿缺硒症 仔鹿缺硒症又称硒-维生素 E 缺乏症，是由仔鹿缺乏硒引起的肌肉细胞发生非炎性的透明变性和凝固性坏死的营养性疾病。地区性缺硒、高寒地区长期缺乏青绿饲料、过食豆科青绿饲料、维生素 E 缺乏都可导致本病发生。

【发病症状】发病初期仔鹿活动减少，继而站立困难，起立时四肢叉开，全身肌肉紧张，出现跛行。多数病例粪便稀，有特殊的酸臭味，食欲废绝，卧地不起，角弓反张，因心肌麻痹及高度呼吸困难而死。

【防治方法】新生仔鹿出生后应及时补硒，出生后 1~3d 肌内注射 0.1%亚硒酸钠 4mL，12d 时再注射 4mL。对病鹿肌内注射 4mL，间隔 1d 再注射 1 次，即可治愈。亚硒酸钠注射太多容易引起中毒，应按说明严格操作。

（3）仔鹿舔伤 仔鹿舔伤是指母鹿产仔后发生过度舔舐仔鹿肛门恶癖的现象，使仔鹿肛门严重损伤，或者将直肠咬断，尾巴咬掉，甚至引起死亡。

【发病症状】肛门周围红肿发炎，排粪困难，常见干粪块堵塞肛门，弓腰努责而排不出。哺乳时后肢开张站立不动、尾巴抬起任母鹿舔舐。有的尾根及肛门周围出血。

【防治方法】无特效疗法。加强母鹿饲养，保证饲料全价，发现有舔仔恶癖的母鹿对其隔离，定时看管哺乳。对被舔肛的仔鹿在肛门周围涂抹消炎软膏（如磺胺软膏）或碘仿制剂（碘甘油）有一定疗效。

（4）鹿咬毛症 鹿咬毛症是由于营养缺乏所致。

【发病症状】病鹿多见于冬末春初，开始时表现为舔舐墙、异物、尿和粪等，尤其喜欢舔舐被粪污染的腹部、腿部被毛。有的甚至背毛几乎全部被咬光，皮肤呈黑色，消瘦，偶有死亡。

【防治方法】改善饲养管理，合理搭配日粮，力求多样化，满足矿物质、维生素、微量元素需要，特别注意搭配钙磷比例，保证盐的供给。将咬毛和被咬的鹿隔离饲养。保持圈舍通风干燥，防止饲养密度过大。

3. 中毒性疾病

（1）发霉饲料中毒

【发病症状】减食，反刍停止，腹泻或便秘，腹痛卧地打滚，伴有神经症状（兴奋或抑制），以急性胃肠炎为主，妊娠鹿流产、早产。

【防治方法】无特效疗法。贮存饲料时防止霉变，杜绝用发霉饲料喂鹿。发现病鹿，立即停喂原有饲料，对症治疗。可用盐类泻剂（如硫酸钠）泻下，再加制酵剂（鱼石脂和酒精）内服，也可静脉放血，同时强心、补液、保肝、镇静。

（2）氰氢酸中毒 氰氢酸中毒是采食富含氰化物的植物（如高粱幼苗、玉米幼苗、木薯、苦杏仁等）引起的一种急性中毒。

【发病症状】发病快，骤死。以高度呼吸困难为特征，呼气有苦杏仁味，可视黏膜呈鲜红色。常伴有口吐白沫、腹痛、呕吐、抽搐与腹泻症状。

【防治方法】防止鹿采食幼嫩的高粱苗或玉米苗，特别是再生苗。木薯与亚麻饼要煮熟后饲喂。治疗采取特效解毒、放血排毒、强心补液的疗法。

（3）亚硝酸盐中毒 亚硝酸盐中毒是由于食入富含亚硝酸盐的饲料造成高铁血红蛋白症，导致组织缺氧而引起的中毒。

【发病症状】发病突然，经过短急，常在采食后1~5h突然相继发病，好抢食鹿发病快。最急性型无明显症状，稍显不安，很快窒息而死。急性型表现为不安、肌肉震颤，步态摇晃，全身痉挛，可视黏膜发绀，呈蓝紫色，躯体末梢部厥冷，末期以呼吸与循环衰竭最为突出，病程为12~24h。

【防治方法】防止食入过多因贮存时间长、腐烂的硝酸盐饲料。发病立即停用可疑饲料，用特效解毒药美蓝（亚甲蓝）、抗坏血酸治疗。

(4) 食盐中毒 食盐为鹿的饲料成分，在配合饲料时，由于剂量不当，添加过多，或搅拌不匀，或长期缺盐后突然补加，造成采食过多食盐发生中毒。

【发病症状】以腹痛和腹泻为主要表现。口干、黏膜充血，有口渴感，找水喝，眼球深陷，皮肤弹性降低，血液黏稠，呈现脱水症状。呈现中枢神经系统兴奋症状，肌肉痉挛、身体震颤。严重时双目失明、后肢麻痹。妊娠鹿发生流产，分娩后容易出现子宫脱落。

【防治方法】通过均匀加喂适量食盐，防止“盐饥饿”，保证饮水来进行预防。出现中毒时应立即停喂食盐饲料，控制饮水量，不可过量饮水，用利尿剂和油类泻剂促进毒物排出，同时进行辅助治疗。

思考与交流

1. 简述仔鹿断乳期特点及关键饲养管理技术。
2. 简述配种期不参加配种的公鹿和种公鹿的饲养管理差别。
3. 如何做到适时合理收茸？
4. 简述鹿茸加工工序和技术要点。
5. 掌握鹿茸相关技术术语。

第二章
羊驼

羊驼也被称为美洲驼，无峰驼，在动物分类学上属哺乳纲（Mammalia），偶蹄目（Artiodactyla），骆驼科（Camelidae），羊驼属（*Lama*）。羊驼原产于南美洲的安第斯山脉，一般生活在海拔3000~4800m的地方。现代理论认为，羊驼是在5000~6000年前由印加人用原驼和骆马杂交、驯化培育出来的品种。在南美洲，羊驼早已被驯化成家畜，后陆续被引入世界各地。欧洲、美国、日本和澳大利亚等国家和地区引入较早，主要用于动物园观赏和提供优质毛纺原料，还作为新的宠物动物风靡全球。我国在2000年引进羊驼，主要做观赏用，而后慢慢被国人熟知，并开始深度研究，后陆续大量引入。

第一节　羊驼场的建设

羊驼已经在南美洲被人工养殖多年，但以野生和半野生放牧养殖为主，而圈养和野生、半野生养殖的环境差别很大。规模化养殖由于养殖数量大，容易造成某些疾病的互相传染和流行，也会因为运动量不够造成疾病；由于羊驼的应激反应及胆小等特点，也易使圈养的羊驼体质下降，食欲不振，体弱多病，导致繁殖能力下降，毛质量下降等。因此，羊驼场必须根据羊驼本身的特点，因地制宜，合理布局，以环保、实用、方便、安全、经济为要素，结合当地的实际情况进行合理规划、设计和建设。

一、羊驼场的场址选择

养殖场地的优劣直接影响羊驼养殖产业的发展和繁育的成功率。科学合理地进行选址，是做好羊驼养殖的前提和必要条件。

1. 基本要求

1）场址要环境适宜，远离居民区和其他养殖区。羊驼是一种温顺胆小的家畜。养殖环境应尽可能安静，养殖区尽量远离城市和居民区，距离最好在1km以外。要远离矿区、水泥厂、碳素厂、化工厂等环境污染所在地；远离机场、铁路等交通主干道，避免各种噪声的影响；远离其他养殖区，以免其他养殖动物传染病的影响。

2）交通便利、水电方便。羊驼的引进、转运等工作需要便利的交通条件，最好有专门的道路，并和主干道相连。水电等基础设施要完善、方便。水质要干净、无污染。

3）饲料丰富、绿色环保。羊驼耐粗饲，蛋白质含量不需太高，但是饲草和精饲料要丰富，而且所使用的饲草要绿色、无农药残留。养殖场内需要有储存饲草和饲料的专门设施。

羊驼吃东西比较仔细，最好能切碎饲草，需要设置相应的饲草饲料加工设备。饲草不能有霉变。

4）气候适宜，土质结实。羊驼属于高寒动物，喜冷怕热，最适宜的养殖区域在我国西部。如果在炎热的南方养殖，需要创造干燥、通风、阴凉、有坡度、排水好的环境。土质要结实，最好是沙土、戈壁荒漠状的土质。

2. 选址注意事项

1）不能建在河道、排水沟、排洪口及土质松软、低洼、潮湿的地方，避免水患和蚊虫滋扰。

2）建在居民区的下风处。目的是减少羊驼场对居民的生活影响。

3）建在有坡度、有沙子的地方，以利于排水、羊驼打滚和清洁卫生，同时可以减少羊驼腐蹄病的发生。

4）要有大树或者凉棚，避免阳光直射，防止发生热射病。在比较热的地方还可以建设降温水池或者凉水喷雾设施。

5）设放置舔砖的设施。羊驼需要舔砖增加食盐和微量元素的摄入。

二、羊驼场的规划与布局

羊驼场的规划和布局要充分考虑羊驼的生物学特点，以及养殖规模、养殖目的、经营方向等，结合当地的实际自然情况，即光照、风向、水源、土地等，合理规划，精心设计，科学建设，最大限度地满足羊驼的生长需要。

1. 生活区

生活区主要是指饲养员的生活住宿区域，包括宿舍、卫生间、洗澡间、食堂及文化娱乐区域。生活区要和生产经营区严格分开。生活区建在养殖场的上风向和高地势区域，以免养殖场的味道、粪便、污水等随风向和雨水混入生活区，造成污染。同时，也避免生活区的日常活动造成生产经营区污染。

2. 办公区

办公区包括办公室、财务室、实验室、会议室、会客室、资料室、车库及相关杂物间。办公区除了本场的饲养人员外，还有外来人员的活动，应该严格管理，严格禁止外来人员随意出入生产经营区。如果是客户拜访，必须经过严格的消毒程序，换专用服装，戴鞋套等，进行喷雾消毒后方可进入生产经营区。规模小的养殖场，可以将饲养员的生活区和养殖场的办公区设置在一起，但必须要进行单元职能化分割管理。

3. 生产经营区

生产经营区主要包括消毒区、繁育养殖区、饲料区、剪毛及初加工区和沙浴区。

（1）消毒区 消毒区设有消毒药物存储间、消毒房、换衣间、消毒垫、消毒池等。饲养人员出入必须严格进行消毒，最大限度地防止将病菌带出或者带入。对外来人员更要严格消毒程序管理。

（2）繁育养殖区 繁育养殖区是整个养殖场的中心，需精心设计，合理规划布局，因地制宜。可细分为羊驼舍、外运动场，种驼舍、育成驼舍、产房、育幼舍等。羊驼舍建在阳坡、下风向、干燥、通风好的地方。根据羊驼喜冷怕热的特点，最好东西横列或者南北纵列建设。羊驼舍要建设得宽敞和高大。舍与舍之间有15~20m的间距，用作外运动场。舍间需建设宽敞的道路，便于饲养人员的工具车出入方便。外活动场边种植高大树木或者搭建遮阳棚，用于夏季遮阳。种驼舍用于安置种公羊驼和种母羊驼，按公母比例为 1∶15 配置。育成驼舍可按 30~50 只为一群进行配置。产房建在育成驼舍和妊娠母羊驼舍中间较好，确保母羊驼生产时安静无打扰。

（3）饲料区 饲料是养殖的重要环节之一，关乎羊驼生长发育、繁育的整个过程，在建设过程中饲料区必须建设在地势较高的地方，并与其他建筑物、养殖区相对独立建设。饲料区要考虑防火、防水、防霉、防鼠、防潮、防污染。饲料区分草料区、精饲料区、草料加工区、预混料区。

（4）剪毛及初加工区 羊驼身上最珍贵的就是羊驼毛，需要有专门的剪毛场所。剪下来的羊驼毛还要保存在储存室，保持羊驼毛的干净整洁。同时，还要进行初加工，一般要加工成毛条，提高羊驼毛的附加值。

（5）沙浴区 羊驼有打滚的习性，尤其喜欢沙浴，因此要在每个外运动场设置干净的沙丘，供其沙浴。沙浴有清洁杂物和污垢、清除寄生虫的功效。沙浴场地的沙子必须干净、干燥、无杂物。

4. 疾病防治隔离区

疾病防治隔离区主要包括兽医室（含药品间）、病羊驼隔离区、粪便处理区、污水处理区和无害化处理区。

根据卫生防疫要求，同时为确保养殖场安全，必须设立疾病防治隔离区。药品间最好安装空调设备，以保证药品不因温湿度的变化而发生潮变和霉变，造成浪费，而且有些药品或者疫苗要冷藏或者冷冻保存，所以需设置冰箱或冰柜。兽医室可以和药品间设置在一起。

隔离区是养殖场必备的场所，新引进的羊驼要进行隔离观察，至少 7d；生病的动物也要在跟大群隔离后隔离治疗。

羊驼粪便要集中在化粪池一起进行发酵处理或者消毒处理，尤其是病兽的粪便，必须经过药物处理后方可集中发酵。

清理圈舍的污水要在固定的化粪池进行处理。化粪池需经常消毒，通过人工处理和水体的自净作用转化为无害化的水体。

5. 饲草种植区

饲草种植区最好靠近养殖区域，并分割成小块地换牧轮牧，既可以充分利用厩肥作为饲草的肥料，还可以就近进行单元放牧，大大节约成本。

三、羊驼场的建筑和设备

虽然羊驼场并不复杂，建设简易的棚舍，或者使用集装箱舍，活动场用铁网围成均可。但想把羊驼养好，还要对养殖场地进行合理规划设计，原则是防暑、通风、干燥、防逃逸和外来生物的侵扰。

1. 羊驼圈舍

根据羊驼温顺、怕热、不怕冷的特点建造圈舍。饲养区域和自然地理环境的不同，需要的圈舍也不同，差异明显。北方一般要用砖砌的圈舍，南方可用棚式圈舍。规模小的场可用单列式圈舍，规模大的场可用并列式圈舍。棚式圈舍相对简单，砖砌圈舍可用轻钢房屋材料。基础墙体可用砖砌，二四墙（宽度为240mm的墙），高度为3m。墙体内预埋固定房顶的钢管或者方钢；南方需防热防潮，因此羊驼舍要建得高一些，一般高4m以上，以保证舍内有足够的空气和良好的通风。舍顶设计成拱形，可以抵抗风沙、用于遮阳，防止雨雪积存。地面一般要高于舍外地面20cm，最好采用三合土（石灰、碎石和黏土的比例为1∶3∶2）。舍内还需设置补饲槽、水槽、草料槽。南方夏季炎热潮湿，可采用楼式圈舍。

羊驼舍要有充足的光线。窗户面积尽可能大，开在两面墙上，距离地面1.3m左右。阳面的窗（前窗）要大于阴面的窗。前窗为双开大窗户，宽1.2m、高1.5m；阴面的窗小些。门设计成推拉门。用钢管焊接门框架，用铁皮铆接成门面。舍门宽2.5~3m、高2m。羊驼舍顶棚一般用彩钢板，坚固轻便。在舍顶安装自动旋转通气天窗，间隔为2m，便于舍内空气的流通。

2. 外运动场

外运动场和围栏属于羊驼舍的一部分。一般运动场面积为羊驼舍面积的2.5倍，建在羊驼舍背阴的位置。外运动场周边用板条或者铁丝网栅作为围栏，高度为1.6m，中间可分隔成多个小运动场，便于分群管理。最好用沙土地面或者草坪，不得高于羊驼舍内地面。周边应有排水沟或地下排水系统，保持外运动场的干燥和便于清扫。

3. 围网

整个养殖区域要用高2m的铁丝网或者砖墙围起来，以保证养殖场地的安全和相对独立。

4. 通道

在羊驼舍内要建有方便进出的通道，以便于饲养员进行舍内饲养管理。外运动场也需有通道，方便饲养人员及饲养车辆等出入。

5. 产房

产房是羊驼场必备的建筑。规模化养殖，产房需要大一些，将待产的母羊驼分隔饲养，便于有效管理和驼羔的安全，提高成活率。

第二节　羊驼的生物学特性及品种

一、羊驼的生物学特性

1. 适应能力强

羊驼对环境的适应能力极强，从戈壁到高山，从草地到河海岸边，从海拔4800m的高原到海拔100m以下的平坦地区，从寒冷的北方到湿热的南方，均能适应，兼有牦牛和骆驼的生态优势。成年公羊驼肩高90~110cm、体长200cm、体重65~75kg；成年母羊驼肩高70~90cm、体长180cm左右、体重达40~50kg。羊驼的头似骆驼，无驼峰，高鼻梁，大眼睛，两耳竖立，脖子细长。

2. 饲料利用率高

羊驼可以利用干草和农作物秸秆，饲料利用率比美利奴羊高25%，放牧时因羊驼的脚垫是肉垫，弹性十足，不会对草场环境造成踩踏性破坏。羊驼一般都是采食牧草的尖部，即使食物缺乏也不会啃食植物根部，同时也不多食，利于保护草场和牧场。羊驼也高度适应采食干燥、多纤维的稀疏植被。

3. 性情温顺，抗病力强，易管理

羊驼性情极其温顺，在极短时间内便风靡全世界，成了人们的新宠。羊驼对潮湿环境有调节能力，易管理，既可以农户小群圈养，也适于牧区放牧管理，可通过轮牧提高草场的利用率。抗病力强，目前未发现传染病史。

羊驼不会鸣叫，偶尔发出“哼哼”声，但交配时公羊驼会发出极为亢奋的“昂昂”声；公羊驼在打架的时候，会发出类似马持续叫的声音。另外，“哨驼”会不时发出“嘘溜溜”的类似特殊哨子的警报声。有研究表明，羊驼的红细胞呈椭圆形、体积小、数量多，红细胞压积（PCV）较小，血液携氧能力强、黏性弱，因此羊驼适宜在低氧环境中生存。而且羊驼耐粗饲，采食量小，仅相当于同体重羊的一半。

二、羊驼的品种

1. 大羊驼

大羊驼又名家羊驼，是印加帝国及其他安第斯山脉地区原住民广泛饲养的家养动物。在南美洲及部分中美洲地区，大羊驼主要用来背负重物、制造纤维及作为食物。大羊驼初生重9~14kg、成年高1. 6~1. 8m、体重127~204kg。大羊驼是群居动物，其所产的纤维非常柔软且没有羊毛脂。它还可以背负其体重的25%~30%的重物行走数千米。

成年大羊驼的耳朵颇长并微微向前弯，没有驼峰，脚趾之间相隔较远，每根脚趾都有底垫；尾巴很短，毛长而柔软。齿列为门齿1/3、犬齿1/1、前臼齿2/2、臼齿3/3，共32颗牙齿。在上颚，近前颌骨的后缘有一颗锐利的门齿，公羊驼的颌骨内部有一颗弯曲的犬齿；前臼齿很细小，臼齿列由3颗阔臼齿组成；在下颚，3颗门齿都很长且扁平，最外侧的门齿细小，紧挨着的是弯曲及接近垂直的犬齿，以及每年替换的圆锥前臼齿，3颗臼齿前另有1颗前臼齿。颅腔及眼窝较大，颅骨的顶骨隆凸则较骆驼的小；鼻骨较短阔，与前颌骨连接；有7节颈椎、12节背部脊骨、7节腰椎、4节骨盆脊骨及15~20节尾椎。

2. 小羊驼

小羊驼头似骆驼，鼻梁隆起，脖颈细长，没有驼峰，耳朵尖长而直立，貌似羊，故称之为羊驼或小羊驼。不会鸣叫，只能偶尔发出“吭吭”声。毛纤维长而卷曲，柔软细润，毛长可达20~40cm、细度可达15~20μm，具有光泽，可形成大卷，轻柔而富有弹性，披覆身体两侧呈波浪形。有弹性很好的肉掌，寿命长达25年。公羊驼体高1m、体重达70kg；母羊驼体高略低，体重40~55kg。

第三节　羊驼的引进

随着发展需要，羊驼的驯养繁殖被逐渐重视起来，虽然在繁育技术上还远没有牛羊的技术成熟，但是人们早就意识到了提高羊驼繁殖技术是羊驼养殖业的关键，因此在繁殖技术上开始了探索和研究。

我国不是羊驼的原产地，需要从原产地或者已经养殖成熟的国家引入种羊驼。目前，羊

驼的种源国主要为秘鲁、智利等南美洲国家，以及羊驼养殖成功的澳大利亚、新西兰和荷兰等国家。

1. 引进手续

进口羊驼引进的手续比较复杂，大致分为以下几个步骤：羊驼隔离场地建设、进口手续办理、进口检疫。

（1）隔离场地建设及要求

1）按照海关的进境动物检疫要求，建设符合要求的隔离检疫场。原则上要远离村庄、路桥、城乡居民生活区，距离在3km以上。周围不能有养鸡场、养猪场和其他动物养殖场。

2）羊驼进口前要对隔离场地严格消毒3次，每次间隔2d。

3）隔离场地的养殖人员在隔离检疫结束前不得离开隔离场地，且海关的检疫人员也必须驻场检疫。

（2）进口手续办理 2020年以前，羊驼作为野生动物，管理归国家林业局。新的《国家畜禽遗传资源目录》颁布后，羊驼进口时只需在海关（国家质量监督检验检疫总局于2019年并入海关总署）办理中华人民共和国进境动植物检疫许可证即可。

（3）进口检疫 引进种羊驼时，供货方要严格按照海关总署颁发的有关羊驼检疫要求进行隔离检疫。隔离检疫时间为21~30d。进口到中国境内的隔离场地后，属地海关做同样的检疫。如发现不合格的个体要做“灭杀”处理，以防相关疾病传入。国内引进的羊驼种源，要由县级以上相关部门开具检疫和消毒证明。羊驼抵达目的地后，要隔离观察，确认没有任何疾病迹象，方可安全使用。

2. 种羊驼的选择

（1）种公羊驼的选择 按照“优胜劣汰，胜中选优”的原则进行筛选。选择的种公羊驼应体格健壮、精力充沛、敏捷活泼、食欲旺盛、好斗护群，头略粗重、大眼睛、长脖子、肌肉发达、四肢粗壮端正，显得雄赳赳、气昂昂，睾丸要大小适中、均匀，叫声响亮（可以人工捕捉测试），毛色多样。种公羊驼要按照130%的数量进行备选，供检疫，挑选检疫合格的个体。年龄最好在2~4岁。

（2）种母羊驼的选择 选择的种母驼应反应机敏、神态自然活泼、行走轻快自如、发育良好、食欲旺盛、外貌清秀、大眼睛、长脖子、体躯高大、步态轻盈有力、健壮不肥，乳房发育良好、圆润紧凑，毛色多样。如在国外挑选，要求供货方按照120%的数量准备，以便检疫，挑选健康、检疫合格的个体，淘汰不健康的。年龄最好在2~3岁。

3. 隔离检疫

供货方要根据要求严格实施隔离检疫。需要注意的是，隔离检疫出口方必须做，等羊驼进口到中国境内的隔离场地，当地的海关还要再做同样的检疫，发现阳性的个体，立即扑杀处理。

4. 运输

隔离检疫完毕后，少量的羊驼可安排有氧货机零担运输；数量大时还需包机运输或者采用船运。国内运输最好选用汽车运输，便于观察和照顾。

（1）相关证明 进口羊驼要有进口检疫许可证明。种源在国内的，运输时需要由县级以上检疫主管部门现场检疫、消毒，并开具检疫证明。证件齐全方可运输。

（2）运输要求 运输前要做好运输方案，并且反复讨论确定方案，设计出最优的运输方案。用结实、通风的运输笼箱运输，还需准备饮水和饲喂设备，准备碘附、双氧水、葡萄糖等常用药物。

装车时最好有装车平台，可以直接将羊驼赶进笼箱，或者直接赶到高栏车上。没有装车平台的可用大木板斜搭在车厢后部，两边用彩条布围起来，直接把羊驼赶上车。

笼箱吊装到车上后，要对笼箱进行有效加固，防止运输途中因为转弯、颠簸、刹车等原因发生移动，造成危险。运输量大时可用高栏车，量少的可用厢式货车运输。运输途中要平稳，不宜太快。运输时间超过 1d 的，每天需给水 2 次，加喂白菜、胡萝卜、大萝卜及少量的颗粒饲料。

车辆到达圈舍或准备好的场地后，利用装车平台，或者搭板卸羊驼。饲养人员最好不要直接进入笼箱或者车厢驱赶，让羊驼慢慢走出来。搭板、平台、圈舍门口等容易滑倒的地方要铺上防滑垫。

羊驼到达的第一天，补给足够的淡盐水，让其慢慢适应环境，4h 后可以加少许饲草料。第二天恢复正常饮食。另外，羊驼喜欢用打滚清理毛和解乏，事先准备好干净的沙子供其打滚。

（3）羊驼运输环节需要注意的几个问题

1）运输工具必须符合国际活体动物运输规则（IATA）要求。

2）笼箱必须按照检疫要求，做好熏蒸处理并在显著位置加盖熏蒸标识。

3）如果是两层楼式的笼箱，则在运输过程中，将年龄小的装在二层，年龄大的装在下面。

4）注意笼箱要结实，将各层笼箱 2/3 以上的部分做成板条状，以利于通风。

5）运输期间要有垫物。

6）笼箱内侧四角要有饮水装置。

7）笼箱宽度不能超过 2m，否则在陆路运输过程中易因超限而发生违规等。

8）羊驼清关后要及时观察是否有被踩踏，若发现要及时营救；在陆路运输过程中要勤观察、给水等。

9）运输前要对参与运输的司机进行临时动物运输的培训，严禁运输途中往车窗外扔烟头，严禁装运别的货物，严禁急刹车。

10）炎热季节不宜运输羊驼。

11）安排专业兽医等技术人员随货押运，出现紧急情况及时处理，减少损失。

第四节　羊驼的繁育

一、羊驼的繁殖特点

公羊驼在 24~30 月龄时达到性成熟期，母羊驼在 12~15 月龄时可繁殖。羊驼的寿命为 20~25 岁，繁育年限为 12~15 年。母羊驼无发情周期，通过交配而诱发排卵，可全年发情。母羊驼产后 2~3 周可交配。1 年只产 1 胎，单羔。妊娠第一个月的流产率比较高，所以繁殖率比较低。

母羊驼发情时阴门肿胀有分泌物。合群饲养时为长日照季节性繁殖，在我国全年都为繁殖季节。公羊驼在1岁半具有繁殖能力，2岁以后可以交配；母羊驼在1周岁、体重达到40kg时可配种，受胎率达85%。

母羊驼妊娠期较长，一般为335~342d。为了降低空怀率，交配成功后，可用B超诊断法和孕酮、硫酸雌酮、松弛素等检测法进行综合妊娠诊断，若确认其妊娠，则要进行适当管理，主要是补充精饲料和矿物质。繁殖期为11月~第二年3月，配种期公、母羊驼比例为1∶(20~25)。

二、羊驼的繁育方法

目前，羊驼繁殖主要采用人工辅助交配的方式。配种的时候，将公、母羊驼安置到一个单独的栅栏中。交配为卧式交配。交配时间存在个体差异，从几分钟至十几分钟，正常情况下15~30min交配完毕。公羊驼在交配过程中诱发卵子排放，一般情况下能保证母羊驼及时妊娠。第一次交配7d后，公羊驼再次被引到母羊驼处。如果母羊驼见到后跑开，就说明已经妊娠。母羊驼妊娠后一般不具有性接受力，因此也可通过试情法鉴别妊娠。母羊驼分娩后2周就可进行交配，但考虑其子宫恢复程度，在产后1个月再进行交配较好。配种时间一般安排在春、夏季节，可以避免母羊驼冬季分娩。

三、羊驼的分娩

分娩时首先出来的是羊驼的前腿和头，要先将其面部上皮膜撕破，并将口内淤积物用手抠出，以使其呼吸顺畅。胎儿娩出30~120min后胎盘排出，发生胎盘滞留则是不正常的，若在生产过程中发现有子宫脱出的现象，必须进行清洗，然后按摩，推宫到位。

羊驼出生时，除了鼻孔、嘴、肛门、母羊驼的阴门和公羊驼的阴茎外，全身被覆着皮膜，这是羊驼适应原始栖息地气候的一种表现，是骆驼科动物所特有的。

四、羊驼的初乳和断乳

当羊驼出生时，自身免疫球蛋白（IgG）的浓度极低或为零，需由初乳供给IgG。羊驼羔吃了初乳后IgG水平迅速增加，出生后24h达到正常浓度（30g/L）。虽然羊驼羔IgG的浓度在8g/L以上时也表现正常，但适于羊驼生存的IgG的最低浓度还未知，因此出生后24h内吮吸初乳对新生羊驼羔的生存至关重要。

羊驼在3月龄时可采食饲草，若不自然断乳，则在6月龄时人工辅助断乳，断乳时将仔羊驼与母羊驼分圈饲养，放牧时将母羊驼与仔羊驼分在不同的草场。

第五节　羊驼的饲养管理

一、羊驼的饲养管理原则

1. 饲养原则

(1) 粗饲为主、补混精料　以粗饲料为主，羊驼可以消化含纤维的各种植物，但还要按照各生产时期的不同，适时补充混合精饲料，尤其是繁殖期要补充胡萝卜、食盐、苜蓿干草、骨粉等。

（2）微量元素不可缺 在羊驼饲养管理中，一定要重视微量元素的补给。一般人工养殖条件下补充微量元素的方法为“舔砖法”，舔砖以食盐为载体，加入铁、铜、锰、锌等微量元素，既促进了羊驼的正常生长，又控制了用量。舔砖一般放置在食槽或者圈舍等羊驼易取食的地方。

（3）少食多餐 羊驼的采食量比较小，因此，一次饲喂饲料不宜太多，尽量按照“少食多餐”的原则进行饲喂，既不浪费饲料，又能给足饲料。

（4）保证饮水 羊驼是耐旱的动物，但是人工养殖条件下不易像自然界那样能在食物中取得所需的水分，因此要有充足的饮水供羊驼饮用。

2. 管理原则

（1）分群管理 公羊驼有追逐母羊驼的习性，因此要尽可能将公羊驼和母羊驼分群饲养，以免影响母羊驼进食。

（2）保证饲料的安全和供给 人工养殖条件下，一定不能饲喂发霉变质的食物。羊驼的采食量小，胆子也小，进食活动易受影响，要保证饲料充足。

（3）加强防疫工作，落实消毒制度 疾病防治是羊驼饲养管理的重点。加强日常管理和消毒，定期进行疾病预防和口蹄疫等疫苗的注射，预防传染病的发生和食物中毒。

（4）创造适宜的生活条件 根据羊驼毛厚密、怕热的特点，保持室内通风良好，防潮湿和日晒，尤其是将羊驼作为宠物饲养的时候，洗澡以后的羊驼要及时吹干全身的湿毛，不能在太阳下暴晒。

（5）增强技术支持 很多羊驼场的饲养员文化素质较低，技术不过关，使得羊驼的繁殖率低，死亡率高，驼毛的质量降低，很难适应羊驼产业的发展需要，因此需要加快人员培训，加强专业化养殖队伍建设，提高养殖人员的技术水平。

二、羊驼的饲料

羊驼的采食量不大，以草为主，而且采食行为斯文，不吃植物的花穗，其肉趾对土地表面的伤害极轻，有固定地点排便的习惯，环境适应性较强，对草场的破坏力远小于羊。据国外报道，如果自由放牧，每公顷草地可放牧羊驼 12~25 只；如果完全圈养，一个 100m^2 的场地可饲养 10 只；若半散放饲养，同时饲喂精饲料，每公顷草地可饲养 750~900 只。

羊驼的口腔结构和消化机能不同于其他家畜，其饲料主要有以苜蓿、白三叶、羊草等干草和鲜草为主的粗饲料，以及胡萝卜、玉米、麸皮、豆粕等精饲料。为了保证羊驼毛的品质，需要保证饲料中碘盐等微量元素充足。

三、羊驼的生产时期划分

根据羊驼的生理特性和新陈代谢特点，并结合生产实际，将其生产时期划分为配种期、妊娠期、育幼期、育成期和剪毛期。育幼期是指羊驼出生到 1 岁的时期，育成期是指羊驼羔发育成长到能够繁殖的时期。羊驼在幼年时期，即在 1 岁以内是不用剪毛的，从育成期开始可以剪毛。剪毛期一般选择在每年的 4~5 月。

四、羊驼生产时期的饲养管理

1. 配种期饲养管理

（1）日粮 粗饲料配方为：夏季每天每只饲喂青草 3.0kg；冬季每天每只饲喂干羊草 1.0kg、苜蓿干草 1.0kg、大白菜 0.5kg、油菜 0.25kg、胡萝卜 0.5~1.0kg。

配种期公羊驼要达到每天每只混合精饲料 1.2~1.4kg、干羊草 2.0kg、苜蓿干草 0.5kg、青绿饲料 0.5~1.5kg、骨粉 5.0~10.0g。母羊驼一旦妊娠，便需精心管理，一般每天每只补饲青干草 2.5~3.0kg，胡萝卜 0.5kg（切片）、混合精饲料 0.4~0.6kg。

精饲料参考配方为：玉米 62%、豆粕 25%、麸皮 10%、骨粉 2%、食盐 0.5%、多种维生素 0.08%、微量元素 0.1%、亚硒酸钠 0.25%、维生素 AD_3 0.07%。

（2）饲养管理要点 在配种期，由于羊驼要参与配种活动，每天需补饲 2~3 次，少给勤添，多次饲喂。

2. 妊娠期饲养管理

（1）日粮 粗饲料配方与配种期一致。精饲料参考配方为：玉米 60%、豆粕 25%、麸皮 10%、骨粉 3%、石粉 1.32%、食盐 0.5%、多种维生素 0.08%、微量元素 0.1%。

每天每只补饲青干草 2.5~3.0kg、胡萝卜 0.5kg（切片）、混合精饲料 0.4~0.6kg。

（2）饲养管理要点 羊驼妊娠分为妊娠前期（前 5 个月）和妊娠后期（后 6 个月）。妊娠前期要加强对妊娠母羊驼的科学管理，防止拥挤和惊群。妊娠前期因胎儿发育较慢，需要的营养物质少，一般饲喂就可满足需要。妊娠后期由于胎儿发育很快，应逐渐增加精饲料的比例，提供充足、全价的营养，并需提供足量的维生素和微量元素。若在母羊驼妊娠后期饲养管理中对维生素和微量元素的重视程度不够，胎儿发育会受到影响，导致羊驼羔的死亡率增加，所以此时维生素和微量元素添加足量尤为重要。

妊娠期不能饲喂霉变、冰冻饲料，并防止母羊驼受惊吓、猛跑，以避免其流产。母羊驼在确认妊娠后，要和公羊驼分群管理，尤其要加强妊娠后期管理，防止流产或死胎。

3. 育幼期饲养管理

羊驼出生后 2h 可以站立，注意使其吃足初乳，这对增强体质、抵抗疾病和排出胎粪具有很重要的作用。7d 后训练其吃草料，以增加营养来源。可以将鲜嫩的青草放到羊驼羔能够吃到的地方，方便其采食。加强运动和光照，保证室外运动时间，以每天 3~6h 为宜。3 月龄时对羊驼羔适时科学断乳。

4. 育成期饲养管理

羊驼需水量较大，应保证饮水的充足、清洁。在放牧和饲喂青粗饲料的基础上，以玉米、豆粕等配制精饲料进行饲喂。也可饲喂全价复合饲料，参考配比为：玉米 30.02%、豆粕 2.50%、苜蓿 16.44%、花生秧 48.3%、食盐 0.15%、磷酸氢钙 1.26%、磷酸二氢钾 0.33%、预混料 1.0%。夏季每天每只可补饲青草 3kg；冬季每天每只饲喂干羊草 1.5kg、大白菜 0.5kg、油菜 0.25kg、胡萝卜 0.5~1.0kg。全价复合饲料建议每天喂 4 次。

5. 剪毛期饲养管理

羊驼一般在 2 岁以后剪毛，选择在每年的 5 月初进行，1 年剪 1 次。饲养管理同育成期，但需在水中加板蓝根冲剂，预防因剪毛引发的受寒反应。

第六节 羊驼的经济价值

羊驼是毛肉兼用型草食家畜，非常适合家庭饲养，具有优良的经济价值。羊驼毛衫的消费主要集中在欧美和日本市场，高档时装主要在德国、意大利等地。和其他养殖项目相比，羊驼养殖具有饲养容易、环保绿色、毛绒市场供不应求、市场前景良好等显著优势。目前，我国羊驼的养殖、加工和利用才刚刚起步，未来的发展不可限量。

一、羊驼毛的价值

公羊驼一年可产毛5kg，按照国际市场的价格计算，每磅（1磅≈454g）原料毛的价格仅30~45美元（1美元≈6.6元人民币）。每磅精加工后的毛纱的价格可达200美元。羊驼毛以其质量与色泽独一无二的特点而闻名于世，其韧性为绵羊毛的2倍，无毛脂，杂质极少，净毛率达90%；绒毛空心、细长，毛层浓密，色泽鲜艳柔和且不会褪色，绝缘性、保暖性较好，优质绒毛的直径为20μm左右，以棕、灰、白、黑为基本色调，有22种不同的天然颜色，可织成各种天然色彩的毛织品，并且容易染色，可与丝绸、细羊毛混纺做成各种衣料。羊驼毛制成的时装，轻盈、柔软、暖和，穿着舒适，垂感好，不起皱，不变形。比羊毛轻、暖且耐用。

近年来，国际市场对羊驼毛的需求量不断增加，日本是世界上最大的羊驼毛消费地，其进口数量已超过了传统的欧洲市场；其次为韩国和中国香港。虽然在整个毛纺工业中，羊驼毛所占比例不高，但全球每年的产量已超过4000t，目前南美洲仍是羊驼毛主要的出口地。羊驼养殖产业被认为是近年来一项新的投资热点。

羊驼的毛纤维粗细决定了其质量和价格，低端和高端的价格差异很大。羊驼毛等级分类见表2-1。

表2-1 羊驼毛等级分类（直径） （单位：μm）

品类	直径规格
皇家极品（Royal）	18（专供高档时装）
婴孩极品（Baby）	19~24
标准羊驼毛（Standard）	24~28
大羊驼杂交种（Huarizo）	28~31
粗羊驼毛（Coarse）	31~33
次等粗毛（Coarse Referred to as Inferior）	33~35
等外品（Very Coarse）	35以上

二、羊驼的肉用和其他价值

羊驼肉的蛋白质含量高，瘦肉多、脂肪含量低（1.33%）、胆固醇含量低，比其他家畜营养更丰富，风味与牛肉相似。成年羊驼的屠宰率为55%~60%，每只羊驼可产净肉35~50kg。1岁以下羊驼的肉味道更加鲜美，羊驼性成熟后具有较强的膻味。

羊驼皮目前只限于用3岁以下的毛坯制作生活用品和日用品，包括各种手工艺品、地毯、毛毯和皮鞋等。羊驼乳可供食用，在质量优良的牧场放牧，每天每只母羊驼产乳量可达0.5kg。

由于羊驼的遗传变异性强，再加上多年的人工选育，体色和体形各异，加上羊驼生性温顺、憨态可掬，所以在国外，特别是在一些美洲国家，羊驼作为动物园的观赏动物或被当作家庭宠物饲养。近年来，我国的一些动物园也纷纷饲养羊驼，效果很好。

第七节　羊驼的疾病防治

一、羊驼的免疫预防

为了减少病原微生物滋生和传播，要保持圈舍清洁、卫生、干燥；做到及时清理粪便和其他废弃物，并在固定地方进行发酵；保持饲草新鲜，防止变质发霉；每年对整个圈舍和养殖区域进行彻底清理，春秋各1次，清理后用消毒液进行彻底消毒。坚持“以防为主，防治结合”的原则，做好疾病防治工作。目前为止，羊驼没有发现传染病，但在日常管理中，要进行口蹄疫免疫接种，目前可用口蹄疫（O型、亚洲1型）二价灭活疫苗，肌内注射1mL/只，15~21d加强免疫1次。

二、羊驼的常见病防治

1. 酸中毒

酸中毒主要是指硝酸盐和亚硝酸盐中毒。这是由于羊驼采食了富含硝酸盐或亚硝酸盐的饲料或者饮水引起高铁血红蛋白血症，从而导致血液输氧功能下降和组织缺氧的一种急性、亚急性中毒病。

【发病症状】精神沉郁，流口水，腹痛腹泻，粪便里偶尔带血；黏膜发绀，眼球下陷，呼吸困难，心跳加快，肌肉震颤，步态蹒跚；很快卧地不起，四肢泳动，全身痉挛，挣扎死亡。

【防治方法】以预防为主，科学存放和调制饲料，防止亚硝酸盐产生。不饲喂刚施过氮肥的青饲料，不饮被污染的水。早期治疗可用小剂量亚甲蓝。治疗方案和羊的相似。

处方1：用水洗胃，越早越好；内服液状石蜡500mL；10%葡萄糖注射液500mL、1%亚甲蓝注射液8mL/kg，静脉注射，2h不见好转再用1次，好转后4h重复1次。呼吸困难时皮下注射樟脑磺酸钠注射液0.2~1g，必要时间隔2h重复1次。

处方2：洗胃，泻下后用10%葡萄糖注射液500mL、维生素C注射液0.5~1g，静脉注射，每天1次，连用3d；或用5%甲苯胺蓝溶液5mL/kg，肌内注射，也可配合葡萄糖注射液静脉注射。呼吸困难时皮下或者肌内注射尼可刹米注射液0.25~1g，必要时间隔2h重复1次，同时用氧气袋进行吸氧。

2. 盐中毒

【发病症状】口渴贪饮，伴有腹泻和神经症状。急性中毒时，食欲减退或者停止，饮水欲望增强，胃臌气；口腔流出大量泡沫，结膜发绀，瞳孔散大或者失明，腹痛腹泻，便中带血，磨牙，肌肉震颤；盲目行走、转圈之后后肢拖地，行走困难，倒地，痉挛，头向后仰，四肢泳动，发作后昏迷，窒息死亡。慢性中毒表现为食欲减退，体重减轻，体温下降，腹泻，逐渐衰弱，最终因衰竭而死。盐中毒多表现为胃黏膜充血、出血、脱落，心内膜、心外膜及心肌有出血点，肝脏肿大、质脆，胆囊扩张，肺水肿，肾脏肿大等。

【防治方法】加强饲养管理，正确调配饲料，添加食盐时防止过量，使用含氯化钠的药物时要防止超量，不饮咸水，提供充足优质饮水。治疗原则是停止饲喂多盐饲料，严格控制饮水，促进钠离子排出，对症治疗。

处方：早期发现时要立即提供充足饮水，降低肠道内的食盐浓度。出现症状时，应该少量多次饮水，加强管理，灌服液状石蜡 100~300mL；5%葡萄糖注射液 500~1000mL、10%葡萄糖酸钙注射液 10~50mL、25%硫酸镁注射液 10~20mL，静脉注射，每天 1~2 次，连用 2~3d。或用呋塞米注射液（速尿针）0.5~1mg/kg，肌内注射，每天 1~2 次，连用 3d。羊驼表现极度兴奋时，用 25%甘露醇注射液 100~250mL，静脉注射。

在治疗后期，用 5%葡萄糖氯化钠注射液 500mL、10%氯化钾注射液 10mL、10%安钠咖注射液 5~10mL，静脉注射。

3. 疥螨病

在炎热潮湿、通风不良、群体拥挤、场地狭小的养殖场，羊驼易患疥螨病，该病具有高度传染性，多发于冬、春、秋末。传播途径是直接接触传播。

【发病症状】始发于被毛短且皮肤柔软的部位，如耳朵、嘴唇、脸部、眼圈等处的皮肤。发病时表现为奇痒、到处乱蹭，在围栏、栏杆、门框等有棱角的地方摩擦，皮肤慢慢发红，因奇痒难耐而焦躁不安，羊驼摩擦过的地方成了新的传染源。多次摩擦的皮肤出现丘疹、结节、水疱并破裂，形成痂皮，有龟裂形成于发病的部位，导致羊驼严重消瘦，随着虫体遍布全身，最后羊驼食欲减退，不吃不喝，衰竭而亡。

【防治方法】以预防为主，加强圈舍管理，保持干燥、光线充足、通风良好，进场的所有羊驼要逐一仔细检查，严禁类似的传染病出现，最好对刚入场的羊驼进行药浴，8~10d 后再药浴 1 次。同时，皮下注射伊维菌素 2 次，2 次之间间隔 1 周，以彻底消灭疥螨。若发现发病羊驼，则对被污染的圈舍和用具用 1%~2%敌百虫溶液喷洒。治疗方法如下：

处方 1：伊维菌素 0.2mg/kg，皮下注射，1 周后再注射 1 次。

处方 2：0.5%~1%敌百虫溶液，或 0.05%双甲脒溶液，或 0.05%辛硫磷浇泼溶液，或 0.05%蝇毒磷溶液，或 0.005%溴氰菊酯溶液，或 0.025%~0.075%二嗪农溶液，全群药浴或者进行喷洒，8~10d 后再进行第二次药浴；并用 1%~2%敌百虫溶液喷洒周围环境，杀灭螨虫。

4. 发烧

由于饲料或者饲喂方式等原因，羊驼可能出现消化不良而引发高烧。如果羊驼出现消化不良的情况，可用维生素 B_1 注射液按照每次 50~100mg 剂量进行肌内注射。此外，洗澡后或者药浴后的暴晒，以及体内外的炎症都会引起发烧。治疗时可采用反刍动物的药物治疗方法。

思考与交流

1. 如何合理规划羊驼的养殖场地?
2. 羊驼的日常饲养管理技术主要有哪些?
3. 羊驼常见的疾病有哪些，怎么防治?

第三章

水貂

水貂在动物学分类上属于哺乳纲（Mammalia），食肉目（Carnivora），鼬科（Musteliae），鼬属（*Mustela*），是小型的珍贵毛皮动物。野生的有美洲水貂和欧洲水貂。目前各国人工饲养的水貂均为美洲水貂的后裔，经济价值极高。

第一节　水貂场的建设规划

一、水貂场的场址选择

场址选择应以适应水貂生物学特性为前提、稳定安全的饲料来源为基础，根据所需的生产规模及发展前景进行全面规划。同时，也需重视饲料、用水、防疫条件、交通、用电等。应建在饲料来源丰富的牧区或附近有丰富水文资源的渔业养殖场附近。此外，畜禽屠宰加工点、肉类加工厂或水产品、冷冻肉类加工厂附近也是首选。需要具备充足的生产和生活用水，饮水宜采用泉水或深井水，不宜选用湖水、池塘水等易被污染的水源。

地势高、地面干燥、向阳背风、利于排水是养貂的良好环境，有利于保持场内温度和干燥，还可以减少冬季寒冷气流对貂的影响。不宜选沼泽或多风沙地带。建场时尽量使用闲置地，用地面积应与貂群的数量及未来发展需要相适应。土质以砂土、砂壤土为优。尽量远离工业区和居民区，但也要保证良好的交通运输条件。用电方便，最好自备发电机。

二、水貂场的规划与布局

选择好场址后，对养殖场各部分建筑进行全面规划与设计，使场内各建筑布局合理。生产区与行政区、生活区分隔开，生产区安排在地势较低处。饲料加工室与棚舍之间既要保持一定距离，又不能相距太远，在确保符合卫生防疫要求的条件下方便饲料运输。饲料贮藏室和饲料加工室距离要近，以方便取用。病貂隔离棚应远离貂群，以防止疫病蔓延。兽医室、毛皮加工室和毛皮烘干室与貂群应有一定距离。办公室、宿舍、发电机房、食堂应建在地势较高处，且离生产区较远。

三、水貂场的建筑和设备

水貂场包括棚舍、貂笼、小室、饲料加工室、饲料贮藏室、毛皮加工室、烘干室、兽医室、化验室等。

1. 棚舍

棚舍能遮挡雨雪、烈阳的建筑，用来安放笼舍。由棚柱、棚梁和棚顶组成，不需要墙壁。可使用各种材料，修建时可就地取材，设计非常灵活。棚舍既要符合水貂的生物学特性，又要坚固耐用，操作方便。棚舍的四周需修建围墙，墙高2m左右。棚舍之间应距离4m左右，以防影响光照和通风。地基要稍稍垫高，周围要设排水沟。走向应根据场地地形及所处的地理位置而定，以朝南或东南为宜，可使棚舍两侧均获得日照，并能避免烈日直射和寒风吹袭。

2. 貂笼和小室

貂笼和小室是水貂采食、饮水、活动、排便、栖息、防寒和繁殖的场所。一般要求利于水貂活动、方便操作、安全可靠、卫生省材、简单耐用。

3. 饲料加工室

饲料加工室应具备清洗、熟制饲料的设备或器具。室内地面及四周墙壁，必须用水泥抹光（或铺、贴瓷砖），并设下水道，以便于洗刷、清扫和排出污水，保持清洁。

4. 饲料贮藏室

饲料贮藏室由干饲料库和冷冻库构成。干饲料库需阴凉、干燥、通风、卫生；冷冻库用来贮藏新鲜的动物性饲料。

5. 毛皮加工室和烘干室

毛皮加工室用于取下貂皮后进行初步加工，应设置皮貂处死机、剥皮台、刮油机、洗皮机等。还要设置烘干室，将室内温度控制在20℃左右。毛皮加工室旁还应建有毛皮质验室。

6. 兽医室和化验室

兽医室负责疫病诊断治疗和卫生防疫；化验室负责饲料的鉴定、毒物分析，并结合生产实践开展相关科研活动。在水貂场大门及各区域入口处，还应设置消毒设施。

第二节　水貂的生物学特性及品种

一、水貂的生物学特性

水貂的人工饲养已有100多年的历史，我国自1956年从国外引进水貂进行人工饲养，距今已有60多年的历史。目前，人工培育的笼养水貂，尽管毛色和体形等都发生了很大变化，但生活习性、新陈代谢、生殖生理及身体构造等，与其野生的先祖相比，基本没有差异。所以，人们在培育水貂的过程中，常将水貂置于仿野生环境中。

1. 形态特征

体躯细长，头小，颈粗短，尾细长，尾毛蓬松，成年公貂体长38~42cm、尾长18~22cm、体重1.6~2.2kg。成年母貂体长34~37cm、尾长15~17cm、体重0.7~1.0kg。肛门两侧有1对臭腺，四肢较短，趾间有微蹼，胸腔发达，具有潜水能力。野生水貂多呈黑色或黑褐色，培育水貂的毛色有灰色、咖啡色、棕色、蓝色等，统称为彩色水貂。

2. 生活习性

野生水貂多穴居于林溪边、浅水湖畔，在夜间活动觅食，除繁殖季节外，其余时间散居或单独活动。人工饲养方式则为笼养。母貂分娩后，对初生仔貂照顾得无微不至，但时间不长。一般仔貂出生后25d学会进食，开食15d后与母貂争食。所以，在仔貂出生后45d左右就可分笼饲养。开始时可以1笼3~4只，之后只能1笼2只或1笼1只。

（1）季节性繁殖　每年2~3月发情交配，4月下旬~5月下旬产仔，年产1胎，人工饲养条件下9~10月龄性成熟，当年育成的种貂，第二年春季可交配，自然条件下寿命达12~15年，种貂一般利用年限3~4年。

（2）性情凶猛，攻击性强　水貂不喜群居，虽经人工驯养，但仍对外界充满敌意。只有在春季交配期，才有很短时间的温顺。母貂一旦怀孕，就又恢复原来的孤僻本性。因此，宜单笼饲养，以防相互撕咬，影响食欲。

（3）肉食性　水貂有锋利的犬齿，消化道较短，胃的容积小，无盲肠，消化速率很快。对动物性饲料的利用率高，对植物性饲料的利用率很低。所以，配制日粮时应注意控制植物性饲料的比例。

（4）怕热耐寒　如果管理不佳，水貂易患感冒或中暑；采食发霉的食物则易患肠胃病，需要注意饲料卫生。食具使用后需清洗，并定期消毒。饲料要新鲜，严禁投喂来源不明的动物肉。此外，水貂采食很任性，日粮搭配和投喂要讲究方法，以确保水貂的食欲正常。

（5）易受惊吓　处于妊娠期或哺乳期的母貂，如遇突发的刺激，容易受惊。因此，在母貂处于妊娠期或哺乳期时，不宜参观，也不能大声吵闹。检查仔貂时，动作要迅速，特别是不能弄乱原窝和带入异常气味。否则，容易使母貂焦虑、受惊，甚至攻击仔貂或致死。

（6）季节性生命活动变化　水貂原产地一年四季的气候变化明显，为了适应当地气候变化，水貂会选择在合适的季节繁殖。这种对环境的长期适应，形成了其生命活动的季节性变化。这也是其生理变化的重要特征之一。

1）物质代谢的季节性变化。动物体重变化曲线可反映出物质代谢的季节性变化。每年的夏季，水貂体重最低，冬季则比夏季体重增加30%左右，有时可达40%。这说明夏季水貂新陈代谢最旺盛，冬季则减弱，水貂的物质代谢程度与体重增减成反比。在中纬度和高纬度地区，一年四季的日照有明显差异。光照对水貂生命活动的季节性变化起到了重要作用。光照的改变，通过复杂的内分泌和神经系统反射影响到水貂身体各部位，在发情交配季节采食量会下降，妊娠产仔期采食量正常，仔貂发育期采食量大。

2）季节性发情。公貂在整个配种季节始终处于发情状态，母貂在此期间一般出现2~4个发情周期。每个发情周期通常为1周左右，其中发情持续期为2d左右，间情期为5d左右。配种期一般都在2月底~3月下旬，耗时1个月左右。

3）生殖器官随季节变化而变化。夏季水貂的生殖器官处于相对静止状态。母貂卵巢中旧卵泡发生退行性变化，子宫角和子宫体呈苍白色，阴道上皮由1~2层多边形上皮细胞组成。每年大致在秋分后，新的卵泡开始缓慢生长，到11月或12月初，卵巢的生长发育较快。与此同时，子宫体积逐渐增大，子宫壁变厚，阴道黏膜也增厚。到1~2月，母貂卵巢里的卵泡生长迅速，并可观察到卵细胞。2月下旬，卵泡壁紧张，卵泡腔中有大量卵泡液并被拉长，可观察到卵泡液中游离的卵细胞。此时期，子宫角和子宫体轻微的肿胀，其上皮呈方形或圆柱形，子宫壁血管略有扩张，阴道壁由多层上皮组成，有黏液，并可观察到脱屑上皮。随着日照时间逐渐增长，生殖器官和内分泌腺活动也增强。3月，母貂卵巢充血，有暗红色的小粒凸出，有些初级卵泡变为成熟卵泡。在此期间，子宫角和子宫体增大，并可观察到透明的星状无核物，在阴道里有大量无核、角化的鳞状上皮脱屑。公貂睾丸的季节性变化与母貂相似。成年公貂配种结束后，睾丸发生萎缩并变轻，精子生长停止。夏季，生精小管仅由很薄的一层细胞组成。每年从1月开始，睾丸体积增大，到12月下旬，可观察到不同发育阶段的精母细胞。到1月末，在有些公貂的睾丸中可观察到精子。性器官的季节性变化，除了受饲养管理条件影响外，日照的变化是重要诱因。许多试验证明，人工延长或缩短光照时间，可使发情提前或推迟。

（7）每年换毛2次 第一次换毛在春分后，配种结束后，冬毛脱落，夏毛开始生长；第二次在秋分后，夏毛脱落，冬毛开始生长。

3. 生殖特性

交配刺激会促使母貂排卵，而交配动作是诱导排卵最主要的刺激因素。通过神经系统反射，使脑垂体的黄体生成素分泌增强来诱导排卵。因此，适当增加交配次数，可以促进母貂排卵，提高产仔数。另外，一部分母貂被公貂爬跨，或人工刺激等，也能引起排卵。

（1）妊娠特点 母貂卵巢中的成熟卵泡排出后，黄体不会立刻开始发育，所以卵巢中不同发育阶段的卵泡可以继续发育并排卵，使母貂继续发情并再次接受交配。黄体的延缓形成，使水貂具有妊娠潜伏期。黄体延缓形成所需时间的长短，直接影响到配种的延续期和妊娠期的长短。黄体延缓形成的时间受日照的影响。配种末期交配的母貂，因交配时的日照时间比早期日照时间长，因而妊娠潜伏期短。生产实践中发现，先交配的母貂比后交配母貂后产仔，或者同时产仔。据资料统计，在我国北方地区，母貂黄体形成大致在春分以后，此时胚胎结束游离状态，并于子宫角着床。据报道，人工增加光照时间，可促使黄体提早发育，缩短妊娠期。若每天人工增加光照1.5h，试验群平均妊娠期为44.2d，对照群则为54.3d。显然，日照的变化与胚胎着床关系紧密。

（2）仔貂的生长发育特征 初生仔貂体重较轻，约10g，体长6cm左右，体裸无毛，眼闭无齿，无听觉，腿短，胸宽，头大。出生1周后生长迅速，3周左右长出牙齿，28~30d睁眼，25d左右开始采食，1月龄时长出全身被毛，此时体重可达200g左右。4~5月龄时，体温调节中枢仍不完全，仔貂的体温很大程度上随着外界温度的变化而变化。性成熟需要10个月左右。

前3个月生长速度非常快。在此期间，若饲养管理不当，则影响仔貂的正常生长。营养不良的仔貂，头大身短，被毛蓬松，呈侏儒状态。由于幼年水貂体温调节很不完善，其体温受气温影响较大，所以无论气温过高或过低，凡超越临界温度，必然会影响到其生长和新陈代谢。

二、我国水貂的主要养殖品种

经多年的选育，水貂毛色加深，多为黑褐色，即标准水貂。水貂以其优质的毛皮和独特的皮张颜色等特点备受消费者喜爱。随着水貂培育技术水平的提升，彩色品种接连出现，目前已有30多个毛色突变种，并且通过各种组合，使毛色组合增加到百余种。

1. 标准水貂

（1）金州黑色标准水貂 辽宁省金州珍贵毛皮动物公司以美国短毛黑色水貂为父本、丹麦黑色标准水貂为母本，成功培育出的优秀水貂品种。具有体形大，毛绒品质优良，毛色深黑，背腹毛色一致，全身无杂毛，光泽感强，背、腹部毛绒长度几乎无差异，针绒毛的长度比例适中，针毛平齐发亮，绒毛浓密柔软。具有生长发育迅速，繁殖能力强，遗传性能稳定，耐粗饲，抗病力和适应性强等特点。

（2）美国短毛黑色水貂 我国于 1997 年从美国引进的品种，也是目前饲养规模最大的水貂品种。能适应我国不同地区的各种气候。毛皮品质优于我国地方品种，被毛短而黑，光泽感强，全身毛色一致、无杂毛，毛峰平整、分布均匀、有弹性。

（3）加拿大黑色标准水貂 与美国短毛黑色水貂相似，但毛色不如美国短毛黑色水貂深，体躯较紧凑，体形修长，背腹毛色不相同。

（4）丹麦标准水貂 与金州黑色标准水貂体形相近，被毛呈黑褐色，针毛粗糙，针绒毛的长度比例较大，背腹部毛色不一致，但适应性强，繁殖力高。

2. 棕色水貂

丹麦深棕色水貂的特点是在光亮环境下，针毛呈黑褐色，绒毛呈深咖啡色，并且会随着光照角度和亮度的变化而发生毛色变化。其体形与金州黑色标准水貂相似。丹麦浅棕色水貂体形较大，针毛呈深棕色，绒毛呈浅咖啡色。

3. 彩色水貂

（1）咖啡色水貂 被毛呈浅褐或深褐色，体形较大，体质好，繁殖能力强，但个别貂会出现歪脖、被毛粗糙的现象。这种水貂在组合色型上具有重要地位。

（2）蓝色水貂 蓝色水貂又称青玉色貂，有银蓝和青蓝 2 对纯合隐性基因，被毛呈金属灰色，接近天蓝色，毛皮品质佳，但繁殖能力和抗病性很弱。

（3）米黄色水貂 被毛呈浅棕黄色至浅米黄色，眼呈粉红色，体形较大，繁殖性能优良，培养组合型彩色水貂时常用此貂。

（4）珍珠色水貂 1978 年从瑞典引进，有银蓝和米黄色 2 对纯合隐性基因。体形较大，繁殖性能尚佳。被毛呈棕灰色，眼呈粉红色。

（5）红眼白水貂 红眼白水貂又称帝王白，有咖啡色和白化 2 对隐性基因，我国于 1956 年从丹麦引进。其被毛呈白色，眼呈粉红色。虽外形美观、经济价值高，但生活力弱、繁殖能力差、适应性不强、死亡率高。

4. 十字水貂

（1）黑十字水貂 毛色特征为黑白相间，黑色被毛在背部和肩部构成明显的黑十字图案，毛绒浓密而富有光泽，针毛平整，针绒毛层次分明，毛皮成熟较早，11 月中下旬即可取皮。

（2）彩色十字水貂 由黑十字水貂和彩色水貂杂交选育而成，在各种彩色水貂的基础上头背部兼具黑十字水貂的黑褐色色斑。

三、我国水貂的培育品种

1. 吉林白水貂

吉林白水貂又称吉林白貂，1982 年 2 月通过吉林省农业厅组织的鉴定。1966—1981 年中国农业科学院特产研究所，以苏联深咖啡色和黑褐色标准水貂为母本，红眼白水貂为父本经过杂交选育而成。中心产区位于吉林省吉林市，后推广到辽宁省沿海地区、山东省烟台地区及河北省、内蒙古自治区、黑龙江省等地饲养。吉林白水貂背腹毛一致白色，外观洁净、美观。公貂头圆大、略呈方形；母貂头纤秀、略圆，嘴略钝，眼睛呈粉红色，体躯粗大而长。毛色均匀一致，被毛丰厚灵活，光泽较强，针毛平齐且分布均匀，毛峰挺直。除具有抗病力强、适应性广、繁殖力高的特点外，还具有耐粗饲、饲料利用率高等超亲本特性，适合在我国广大北方地区推广饲养。

2. 金州黑色十字水貂

金州黑色十字水貂由辽宁省金州珍贵毛皮动物公司（原辽宁省畜产进出口公司金州水貂场）与辽宁大学协作，历经8年培育而成。1980年11月通过辽宁省对外贸易局鉴定。其父本为比利时黑色十字水貂，母本为来源于丹麦的黑色标准水貂。中心产区为辽宁省大连市金州区，推广到辽宁省、山东省、河北省、吉林省、黑龙江省、山西省、北京市、江苏省、宁夏回族自治区、内蒙古自治区等地。后受市场需求等因素影响，饲养数量下降。其头形轮廓明显，面部短窄，嘴唇圆，鼻镜湿润，眼圆而明亮，耳小直。公貂头形粗犷而方正；母貂头形小而纤秀，略成三角形。颈短、粗、圆，肩、胸部略宽，背腰略成弧形，后躯丰满、匀称，腹部略垂。四肢短小、粗壮，前后足均具五趾，趾间有微蹼，爪尖利而弯曲，无伸缩性。尾细长，尾毛蓬松。公貂尾长（22.12±1.22）cm，母貂尾长（18.45±1.15）cm。毛皮有黑、白两色，颌下、颈下、胸、腹、尾下侧、四肢内侧和肢端为白毛；头、背线、尾背侧和体侧的毛黑白相间，并以黑毛为主；头顶和背线中间均为黑毛，肩侧黑毛伸展到两侧前肢，呈明显的黑十字形。绒毛为白色，但在黑毛分布区内，绒毛为灰色，耳为黑褐色，眼睛为深褐色。毛色纯正，毛绒丰厚而富有光泽，被毛丰厚灵活，针毛平齐而毛峰挺直，缺点是体形不够匀称，黑十字图案幅度差异较大，公貂利用率、母貂的胎产仔数不够理想，应在繁殖力、体形及毛皮质量等方面加强选育。

3. 山东黑褐色标准水貂

山东黑褐色标准水貂也称山东标准貂，是以瑞典引进的黑褐色水貂为父本，经过风土驯化的苏联黑褐色水貂为母本，采用级进杂交的方法培育的。中心产区为山东省沿海地区，山东省其他地区及周边的河北省、江苏省、河南省、天津市等省市也有饲养。其绒毛色稍浅，背腹毛色趋于一致；个别个体下颚有白斑或少量白针；针毛基本平齐；光泽性较好，毛丰厚且柔软致密。头形较圆且大，嘴略短，嘴唇圆，鼻镜有纵沟，眼圆而明亮，耳小。公貂体形较粗犷而方正，结实；母貂体小较纤秀，略呈三角形。颈短、粗、圆，肩、胸部略宽，背腰略呈弧形，后躯丰满、匀称，腹部略垂。公貂尾长21.5~24.0cm，母貂尾长16.5~19.0cm。能适应沿海地区温暖的海洋性气候、以海杂鱼为主的饲料条件，同时具有耐粗饲、发病率低、生命力强等特点。母貂发情较早，一般在2月下旬即可放对配种，交配顺利；具有母性强，繁殖力高、适应性强、饲料利用率高、生长发育快等优点。

4. 东北黑褐色标准水貂

东北黑褐色标准水貂又称东北标准水貂。中心产区为黑龙江省、吉林省和辽宁省，后被推广到山东省、河北省、山西省、宁夏回族自治区、内蒙古自治区等省区。由苏联普希金养兽场、谢里卡养兽场引入的黑褐色水貂，经过选育和风土驯化，作为母本，由丹麦引入的黑褐色标准水貂为父本，通过杂交选育形成。20 世纪 70~80 年代是国内饲养的主要品种。头形稍宽大，呈楔形，嘴略钝，鼻镜乌黑褐色的占 60%左右，体躯粗大而长，全身毛色深黑，背腹毛色一致，底绒呈深灰色，少量个体下颌有白斑，全身无杂毛；全身毛色基本一致，呈黑褐色，具有良好的光泽，优良个体的毛色近似于黑褐色，针毛平齐，光亮灵活，绒毛丰厚，柔软致密。生活力较强，能适应比较广泛的饲料和气候条件，对以鱼类饲料、肉类副产品饲料及水产副产品饲料都能较好适应。耐粗饲，抗病力强。

5. 米黄色水貂

米黄色水貂又称米黄水貂。中心产区在吉林省吉林市。目前辽宁省大连市及周边地区饲养量多。在吉林省、河北省、黑龙江省、山东省等地也有少量饲养。被毛为浅黄色，个别个体毛色较浅，为奶油色，尾部的毛色稍深一些。头圆长，嘴略尖。眼睛为棕黄色的居多，个别为粉红色。公貂头形较粗犷而方正；母貂头形小而纤秀，略呈三角形。颈短、粗、圆，肩、胸部略宽，背腰略呈弧形，后躯丰满、匀称，腹部略垂。体躯粗而长。耳小，有短的浅黄色绒毛，听觉敏锐，乳头有 6~8 个。体质健壮。公貂的利用率高，母貂的母性好，泌乳力强。

6. 金州黑色标准水貂

金州黑色标准水貂又称金州标准水貂。是辽宁省金州珍贵毛皮动物公司历时 11 年（1988—1998 年）培育的新品种。1999 年通过国家家畜禽遗传资源管理委员会审定。金州黑色标准水貂的中心产区为辽宁省大连市金州区，经过 20 年的推广，已成为我国水貂饲养业的当家品种。目前，主要在辽宁省、山东省、河北省、吉林省、黑龙江省等地饲养，山西省、宁夏回族自治区、内蒙古自治区等地也有少量分布。体形大，毛绒品质优良，毛色深黑，背腹毛色一致，毛绒长度差别不明显，下颌无白斑，全身无杂毛，光泽感强，生长发育快，抗病力和适应性强，繁殖力高，胎平均产仔数 6.23 只，仔貂成活率达 90%以上。遗传性稳定，针绒毛长度、胎产仔数及体重和体长等主要经济性状的变异系数均能够稳定在较小的变异范围。

7. 明华黑色水貂

明华黑色水貂是以纯种美国短毛黑色水貂为育种素材，由大连明华经济动物有限公司和中国农业科学院特产研究所经过风土驯化和连续 4 个世代的选育而形成的水貂优良新品种。2014 年通过国家畜禽遗传资源委员会审定。体躯大而长，头稍宽大、呈楔形，嘴略钝，毛色深黑、光泽度强，背腹毛色一致，针毛短、平、齐、细、密，绒毛丰厚，柔软致密，适应性强，繁殖成活率高，抗病力强，遗传性稳定。

8. 名威银蓝水貂

名威银蓝水貂是由中国农业科学院特产研究所、大连名威貂业有限公司、中国农业科学院饲料研究所等单位，以丹麦银蓝水貂为育种素材，通过品种内高强度选育而形成的水貂新品种，2017 年通过国家畜禽遗传资源委员会审定。公、母貂体重分别超出育种素材 31.2%和 14.9%，体长超出育种素材 14.5%和 3.3%，生长速度明显加快；下颌白斑由原种的 35.1%降至低于 0.5%，腹部白裆由原种的 19.9%降为无白裆；在保持毛绒品质稳定的同时，繁殖力、适应性、抗病力显著增强。头稍宽大、呈楔形，嘴略钝，全身被毛呈金属灰色，底绒呈浅灰色，针毛平齐，光亮灵活，绒毛丰厚，柔软致密。

第三节　水貂的繁育

一、水貂的繁殖规律

1. 性成熟期

9~10 月龄性成熟，性成熟的公、母貂，睾丸和卵巢随季节、光照变化而发育消长。春分过后，光照时间延长，公貂的睾丸逐渐萎缩；秋分以后，光照时间缩短，睾丸发育。母貂的卵巢也从秋分开始发育，产仔后卵巢开始缩小，性周期完成。

2. 发情期

水貂是季节性多次发情动物，母貂在配种季节有 2~4 个发情周期，1 个发情周期为 7~10d，其中发情持续期为 1~3d，在此期间交配有更好的配种效果，间情期为 4~6d。水貂开始发情后，行为有所变化，可根据行为表现大致判断发情程度。公貂主要表现在睾丸膨大、下垂，具有弹性，阴茎时常勃起，活泼好动，经常在笼中走来走去，有时翘起后肢斜着往笼网上排尿，经常发出求偶声。母貂发情前期阴毛开始分开，阴门逐渐肿胀，外翻，到发情前期的末期肿胀程度最大，形近椭圆形，颜色开始变暗。挤压阴门，有少量稀薄的浅黄色分泌物流出，在发情期中阴门的肿胀程度不断增加，颜色暗，阴门开口呈“T”形，出现较多黏稠的乳黄色分泌物。到了发情后期，阴门肿胀减退，收缩，黏膜干涩，分泌物很少但浓黄。发情时表现为行为不安，走动增多，食欲减退，排尿频繁，经常用笼网摩擦或用舌舔外生殖器，发情盛期时，精神极度不安，食欲减退或废绝，不断发出急促的求偶叫声。

3. 妊娠期和产仔期

母貂最后一次交配结束后，即进入妊娠期。妊娠期平均为 37~83d，由于个体不同差异很大，原因是水貂特有的胚胎滞育现象。交配后胚胎发育到囊胚时就进入滞育阶段，游离于子宫中停止发育，胚胎激活和光照影响的催乳素分泌有关，个体之间差别较大。3 月初发情配种，4 月末开始陆续产仔，一般集中产仔期是 5 月初，直到 5 月末停止产仔。每胎产仔平均 6~8 只。

二、水貂的繁育方法

生产上经常采用的配种方式是周期复配、连续复配及周期连续复配。周期复配是相邻的 2 个、3 个或 4 个发情周期各交配 1 次，每 2 次交配间隔 7~8d。连续复配是在同一发情周期内每天或隔天交配 2 次。周期连续复配，即周期复配与连续复配相结合，先周期、后连续交配 3 次，先连续再周期交配 3 次。实践证明，在配种时期连续交配 2 次，或先周期后连续保证 3 次配种的母貂，受配率最高。交配次数越多，空怀率越低，但对产仔数并无影响。

三、水貂的选种选配

1. 选种

水貂繁育的一项重要工作就是选种，选种可以保持良好的性状，提升生产性能。一般每年进行 3 次选种，包括初选、复选、精选。

（1）初选 初选时凡是符合选种条件的成年水貂可全部留种，仔貂留种量应比计划量多30%~50%。初选后将种貂和皮貂分开饲养。

初选在每年6月中旬、幼崽分窝前后进行。仔貂选择：双亲表现良好，产仔早，毛色正常，出牙、采食和发育正常，系谱清晰，20日龄体重120g以上。成年公貂繁殖后的再选择［目前许多养殖场在交配后取皮，再选择是在培育新品种（系）的过程中进行的］：继续选择交配早、不择偶、交配能力强、精液质量好、空怀率低、产5胎以上，5岁以下的公貂。成年母貂繁殖后的再选择：正常发情，交配顺利，产仔早而多，成活率高；将发情晚、难以进行交配、流产、难产、后代少、母性差、产奶量少、后代发育异常、死亡率高的淘汰。不符合留种条件的可植入褪黑素，以提前取皮，降低饲养成本。

（2）复选 9~10月进行复选，多留20%~25%。淘汰个别体质差、恢复慢的种貂，其余的一般都留下。对于仔貂的选择，继续选留生长发育好、采食量大、体形大、体质好、换毛早的个体；淘汰经常食欲不振、发育迟缓、体质差、患病、换毛晚、毛质差的个体。为了防止水貂阿留申病的传播，应进行血液检测以淘汰阳性个体。

（3）精选 屠宰前根据毛绒品质、体尺、体况、健康情况、繁育能力、谱系、后代鉴定等综合指标，逐只仔细观察判定，反复比较，最终选出最佳的留种。特别要注意淘汰有遗传缺陷的个体，如有浓密颜色的针毛、毛皮上有暗影和斑点、腹部有血色和棕色的毛皮、后裆部卷毛和缺毛。

2. 选配

（1）个体鉴定 如果是个体表现型可以反映基因型的性状，且环境条件对该性状的影响较小，则个体鉴定能获得较好的结果。

（2）家系鉴定 确定每个家族（同胞和半同胞群体）的平均表型。适合用家系鉴定选择遗传力低的性状。

（3）系谱鉴定 根据祖先和后代的质量和表现来鉴定亲代的特征。在三代祖先的鉴定中，双亲的质量对后代的影响最大，通过对子一代表型的鉴定，可以进一步了解亲本的遗传情况。这种鉴定是基于遗传的基本规律的，所以在品质性状方面，可以根据亲本和后代的表型，了解其基因型，从而有效地选择优良性状，同时也有效地消除有害基因。

（4）选配的类型 根据育种目标进行综合考虑，尽量选择亲和力好的个体交配，公貂的品质等级要高于母貂，不要随意近交，体形相差过大不宜交配，不同毛色之间不适合交配。

1）同质选配。为了巩固和发展优良性状，应选择体形大、繁殖力强、毛皮品质相近的公、母貂交配。

2）异质选配。选择具有不同优势的公、母貂进行交配，以获得兼有双亲不同优势的后代。也可选择品质不同的水貂交配（公貂的品质必须优于母貂），以提高后代的品质和性能。

3）亲缘选配。原则上，在以生产为目的养殖场应避免近亲繁殖，三代以内有亲缘关系的公、母貂不允许近亲繁殖。

4）年龄选配。年龄大小对生产效果有一定影响。一般2~3岁时能够将性状稳定遗传，选配的结果也好。因此，在年龄选择上，成年公貂和母貂交配的年龄为2~3岁，或用年龄稍小的公貂与成年母貂交配，成年公貂与年龄稍小的母貂交配。应尽量减少幼年公、母貂之间的交配。

5）体形选配。原则上应大貂配大貂、大貂配中貂、中貂配小貂。不能大貂配小貂、小貂配大貂或小貂配小貂。

3. 繁育方法

（1）纯种繁育 通过去劣存优，以品质优良的水貂作为貂种，进行同类型的繁殖，可以提升貂群品质，达到育种目的。

（2）改良杂交 为改良水貂品种，引进国外公貂与当地母貂杂交，获得第一代杂交种。从杂交一代开始，选择品质较好的母貂，第二年与同一品种的国外公貂杂交，获得第二代，然后用同样的方法获得第三代和第四代，直至品质与国外水貂相近。

（3）三系杂交 在两个品种杂交的基础上，选出生产性能较好的种母貂，与另外的一个优良品种的公貂交配，获得杂交后代。

（4）轮回杂交 用两个纯系的水貂进行交配，获得杂交后代，从中选出优良的母貂与两个纯系中之一的公貂交配，这样轮回杂交下去，即称两系轮回杂交。三个纯系参加的称为三系轮回杂交。

第四节 水貂的饲养管理

一、水貂的生产时期划分

根据不同生物时期水貂的生理特性及繁殖、生长和被毛变化，分为准备配种期、配种期、妊娠期、产仔哺乳期、种貂恢复期、仔貂育成期和冬毛生长期。

1. 准备配种期

在12月底~第二年2月初，注射犬瘟热和病毒性肠炎疫苗，并严格检查水貂的身体状况，加强运动，减少脂肪积累。使公貂养成玩耍的习惯，保持70%~80%的脂肪（体重指数以24~26为宜），以免过度肥胖影响发情和交配。

2. 配种期

在2月中旬~3月中旬，饲喂全价饲料，提供全面营养保障，饲料中应添加杂鱼、鸡蛋、瘦肉等动物性蛋白质，并补充氨基酸。可以在繁殖期在饲料中添加大蒜、葱、胡萝卜和淫羊藿，以促进发情。

3. 妊娠期

精细管理，防止饲料霉变，防止中毒，避免外界刺激，防止流产，饲料中应添加保胎药、维生素E和孕酮。

4. 产仔哺乳期

4月中旬开始产仔，进入哺乳期。这是最难控制的时期，死亡率较高。母貂产仔数差异较大，最多达12只，最少的只有4只，平均为6~8只。产仔数越多，仔貂的死亡率越高，分娩后2周内死亡率可达50%，最高可达70%以上。可以用奶粉、豆浆和鸡蛋来饲喂仔貂和哺乳母貂，加强营养。

5. 种貂恢复期

种貂恢复期是指公貂交配结束、母貂泌乳结束，性器官逐渐恢复的时期。母貂在怀孕和哺乳期的体质消耗量很大，为尽快恢复其体质，为第二年的正常繁殖和生产打下良好的基础，应在一段时期内提供优质饲料。对育种核心群的公貂最好饲喂母貂繁殖期的日粮，对母貂饲喂仔貂育成期的日粮，不控制饲喂量。为了降低饲养成本，可充分利用动物性干饲料。

6. 仔貂育成期

仔貂在20~25日龄睁开眼睛后就可以采食饲料。当仔貂开始进食时，母貂的泌乳能力下降很明显，40~45日仔的仔貂能独立采食，母貂的泌乳能力降得更低。如果同窝水貂发育均匀、采食能力强，可一次断乳分窝。若同窝水貂发育不平衡，应根据其体形和采食能力分批断乳。体质好、采食能力强的先分窝，体形小、采食能力弱的要多留一段时间。分窝前，笼具、食盆、水盆等应彻底清洗消毒，最好用火焰喷灯彻底消毒。分窝时应进行系谱登记。

7. 冬毛生长期

冬毛生长期为9~11月，9月以后仔貂已接近个体成熟，由生长体长转为以生长肌肉和沉积脂肪为主。同时，随着秋分以后日照时间变短，转为冬毛生长和成熟。饲养管理的主要任务是满足水貂的营养需求，提高毛皮品质，促进毛皮生长发育。保证日粮中蛋白质充足，并添加含硫氨基酸。日粮中谷物饲料占10%~15%，蔬菜占5%~14%，动物性饲料占45%~65%。不同生产时期以重量比为基础的日粮营养配比见表3-1。

二、水貂的饲料

1. 动物饲料的使用

1）品质应新鲜，不应使用腐败、酸败和氧化的饲料。

2）来源可靠，需经兽医部门检疫。

3）轻度变质的饲料，经蒸煮、消毒等处理后，可用于非繁殖期水貂，但不能用于繁殖期水貂。

4）肉质鲜美的畜禽肉和一些副产品（心脏、肝脏、脾、肾脏、血液）可以生食，其他应煮熟。

5）新鲜的海鱼及鱼头和鱼骨（鱼排）可以生吃，其他应该煮熟。

6）有毒鱼类（如河豚、江豚等）和易产生组胺的鱼类（属于蓝皮红肉鱼类，如鲐鱼、鲅鱼等）不能使用。

7）新鲜的禽肉、禽副产品（肠除外），经检疫合格的，可以生食；经检疫合格的肠，饲喂前应清洗、高温煮熟。

2. 植物饲料的使用

1）玉米和小麦应煮熟饲喂。常用方法是膨化、蒸煮和煮沸。大豆可制成熟豆浆，也可膨化和粉碎。

2）符合GB 13078—2017《饲料卫生标准》规定的玉米干酒糟（DDG）和玉米干酒糟及其可溶物（DDGS）饲料可直接饲喂。

3）霉变潮解的玉米饲料不能使用。

4）果蔬饲料中的叶菜和水果应生吃，块根和块茎可生吃或煮熟。

表 3-1　水貂不同生产时期以重量比为基础的日粮营养配比（每只每天量）

生产时期	月份	日总量/g	可消化蛋白质/g	日粮组成（%）					添加饲料（%）			
				鱼、肉类	乳、蛋类	谷物	水果、蔬菜	水或豆浆	酵母	麦芽	骨粉	食盐
准备配种期	12 月～第二年 2 月	250～300	23～30	55～60	5～10	10～15	8～10	10～15	1.0～2.0	4.0	1.0	0.4
配种期	3	220～250	23～28	60	5～10	10～12	8～10	10～15	2.0	4.0	1.0	0.4
妊娠期	4	260	27～35	55～60	5～10	10～12	10～12	5～10	2.0	4.0	1.0	0.4
产仔哺乳期	5～6	300～1000	25～80	50～55	5～10	10～12	10～12	5～10	2.0	4.0	1.0	0.4
仔貂育成期	7～8	180～370	18～30	55～60	10～15	10～15	12～14	15～20	1.0		1.0	0.4
种貂恢复期（公）	4～8	250	22～28	50～60		10～15	10～14	15～20	1.0		1.0	0.4
种貂恢复期（母）	7～8	250	22～28	50～60		10～15	10～14	15～20	1.0		1.0	0.4
冬毛生长期	9～11	350～400	30～35	45～55		15～20	12～14	15～20	1.0		1.0	0.4

3. 饲料添加剂的使用

饲料添加剂的添加量小，应准确称量后使用。投料前，应加入待混合饲料中，并逐级混合，注意饲料添加剂的理化性质与其他饲料的拮抗关系，避免发生导致有害物质产生、活性和利用率降低或完全失效的物理、化学反应。

4. 全价配合饲料的使用

使用正规厂家的合格产品，在保质期内使用，保管时注意防霉、防潮、防虫、防鼠。使用前应浸泡，夏季浸泡时间为0.5h，冬天配合饲料与水的比例为3∶7。颗粒饲料可直接饲喂，但要保证饮水足够。

第五节　水貂皮的生产和加工技术

一、水貂的取皮技术

1. 季节皮取皮时间

在正常饲养和管理条件下，水貂正常饲养至冬毛成熟后所剥取的皮张称为季节皮。适宜取皮的时间一般在节气小雪至大雪（11月中旬~12月上旬），但受品种、饲养管理和毛绒生长的影响，如果饲养管理好、毛绒成熟早，可以适当提前取皮。如果饲养管理欠佳，会使冬毛成熟和取皮时间延迟。过早取皮，会造成皮板发黑、针毛不齐；过晚取皮，会造成毛绒光泽减退、针毛弯曲。取皮前，要对个体的毛皮成熟度进行鉴定，成熟一个取一个，成熟一批次取一批次，以保证毛皮的品质。

2. 激素皮取皮时间

植入褪黑素的水貂通常在植入后3~4个月取皮。如果4个月以上还不取皮，就会脱毛。取皮前应做好所有的取皮准备工作。

二、判断水貂冬皮成熟的标志

1. 观察毛绒

全身夏毛褪净，冬毛换齐，针毛光亮灵活，绒毛厚密，当水貂弯转身躯时，可见明显的毛裂。全身毛峰平齐，尤其是头部、耳缘针毛长齐，毛色一致，颈部、脊背毛峰无凹陷，尾毛膨开，全尾蓬松粗大。

2. 观察皮肤

将毛吹开，看活体皮板颜色（除白色水貂外），如果皮板呈浅粉红色或白色时，说明色素已集中于毛绒，即为成熟毛皮。

3. 试剥观察

正式取皮前要先剥几只，看看毛皮的成熟情况，以免盲目剥皮带来损失。

三、常用的水貂处死方法

1. 折颈法

抓起水貂，放在坚固的桌板上。先用左手按住其肩膀和背部，然后用右手把住下颌，把头向后拧。同时，用右手按压头部，将头部快速有力地向前和向下按下。当手感觉到颈椎错位时，水貂便伸直而亡。

2. 药物法

通过注射 1%氯化琥珀胆碱（司可林）0.2mL，可在几分钟内无痛苦死亡。

3. 窒息法

在密封的空间中，通入一氧化碳，3~5min 可致死。

四、剥皮方法

按商品皮张规格要求剥成头、尾、后肢齐全的筒状皮，切勿开成片皮。

1. 挑裆

从一只后脚的掌心底部用尖刀切下，沿背腹长短毛分界线将皮肤剪开到肛门前缘，然后向另一只后脚的掌心底部挑去。从尾腹中线的中间切下，沿中线将毛提起至肛门后缘。

2. 抽尾骨

将尾骨两边的皮剥离至尾下部，用左手或剪刀固定皮肤，拔出尾骨，然后将尾皮剪至尾尖。

3. 剥离后肢

将爪部留在皮板上，把后肢的皮肤剥到爪部。

4. 翻剥躯干部

将两条后肢挂在钩子上，双手握住后裆部的毛皮，从背部向前（或从上到下）剥皮板至前肢，将皮板与前肢分开。

5. 翻剥颈、头部

在皮板的颈、头交界处，找到耳根，切下耳朵，继续剥皮，切下眼睑和嘴角，剥到鼻子，在切下鼻骨时，保持皮板上耳鼻嘴的完整，而且要注意不要使劲割耳孔和眼孔。

6. 机械剥皮

大中型养殖场采取机械剥皮法。

五、貂皮的刮油方法

剥下的皮应立即刮油。如果没有时间立即刮油，应将皮板翻到内侧、毛朝外存放，以防油脂干燥，造成刮油困难。刮油的目的是除掉皮板上的油脂和残肉，以便皮张的上楦和干燥。

将新鲜皮板毛向内、皮板朝外套在专用刮油棒上，使皮板充分铺展平整、无褶皱。用刮刀刮掉皮板上的油脂。颈部、后裆部和尾部的脂肪必须刮掉。刮油时，在手上和皮板上多擦些锯末，防止油脂污染毛绒。大中型养殖场应采取机械刮油，提升加工质量和劳动效率。

六、貂皮的修剪和洗皮

除去头部至耳根的油脂和后裆部的残余油脂，适当扩大耳孔。不要把皮板戳出洞。修整后，用锯末抖净皮板，准备上楦。上楦要求：头要摆正，左右对称，裆部与背、腹部皮缘平齐。

七、貂皮的干燥

干燥的目的是使鲜皮内的水分蒸发，使其干燥成形并利于保管贮存。但干燥温度应保持在25~28℃，不宜高温干燥，以防皮板受热掉毛。待皮张基本干燥成形后，及时下楦。

八、貂皮的风晾

风晾是指下楦后在室温下使皮张干燥直至完全干燥的过程。风干时，毛皮应成把或成捆挂在风干架上自然晾干。干透的毛皮应该用锯末清洗一次，以彻底清除污渍和灰尘。如有缠结，应仔细梳理。

九、貂皮的包装贮存

按毛皮品质等级、大小等分类，把相同类别的皮张放在一起。经初步检验分类后，同一种皮片应背对背、腹对腹捆扎或装入纸箱、木箱临时存放，每捆或每箱应用标签标明等级、性别和数量，经初加工的皮应该尽快出售和处理。当需要临时贮存时，应严格防虫、防火、防潮、防鼠、防盗。

第六节　水貂的疾病防治

一、水貂的免疫预防

1. 食具消毒

每天用清水冲洗食盆，然后用5%碳酸钠溶液浸泡30min，再用清水冲洗。春、夏、秋季每天洗1次食盆，每周洗1次水盒（夏季每2天洗1次），每周用5%碳酸钠溶液消毒1次，每次浸泡30min，然后在使用前用清水冲洗，如有需要可进行煮沸消毒。每年分别在交配前、分娩前和取皮后进行全场消毒1次。

2. 卫生防疫

进行犬瘟热和水貂病毒性肠炎疫苗接种，每年2次，接种时间为1月和7月。进行水貂阿留申病筛查（碘试剂法）或者采用自然淘汰法，在一年中最冷的天气下禁食2~3d，能在恶劣天气下存活的水貂就应该是健康的，没有阿留申病毒。

3. 环境消毒

（1）笼舍消毒　水貂场应具有明确的消毒程序，由于冬季水貂的毛绒会附着在笼子里，一般采用火焰消毒法。夏季或疾病高发时增加消毒频率，冬季每周1次，夏季每周2~3次。将粪便、垫料（草）等清扫出的废弃物，堆积压实发酵（最好在离场舍较远的干燥处，挖专用发酵坑密封消毒），地面、墙壁、门窗等根据传染病的种类，选择适宜的消毒液进行彻底喷洒和清洗。

（2）饮水消毒　在1000mL饮水加氯胺0.5~1g，将溴氯海因粉（抗毒威）、癸甲溴铵（百毒杀）等按比例加入消毒即可。也可加含25%有效率的漂白粉（含氯石灰）2~4g。

二、水貂的常见病防治

1. 常见传染病

(1) 水貂阿留申病 水貂阿留申病又称浆细胞增多症，是水貂的慢性病毒性传染病。病貂有终生病毒血症、全身淋巴增生，并常常伴有肾炎、肝炎、动脉血管炎症。由阿留申病毒引起。

【发病症状】潜伏期较长，经常为2~3个月，长的可达6~9个月，最长的可能在1年以上。症状如下：一是体重快速下降，精神萎靡，食欲不稳定，忽高忽低。二是出血和贫血，表现为出血明显，出现许多出血点和血斑，集中在口腔、舌根、齿龈及软硬腭处；内脏出血，且有消化道症状，粪便呈焦油状；因出血症及造血器官损坏，有贫血症状，全身各处有贫血迹象。三是饮欲增强，肾脏受损，水分消耗增加，因此临床上表现为高度口渴，出现"暴饮"症状。四是一旦病毒侵害神经系统，则有抽搐、痉挛、后躯麻痹等症状，2~3d死亡。

【防治方法】目前尚未开发出特异性的治疗办法，必须采用综合措施方能控制或扑灭。饲养管理要严格，给予优质、新鲜的全价饲料，提高机体抵抗力，争取将发病率控制到最低。严格执行水貂场卫生制度，可有效避免本病的暴发和蔓延。笼舍和用具定期用火焰喷灯消毒，地面经常用10%漂白粉或2%氢氧化钠溶液消毒，用5%福尔马林（甲醛溶液）消毒金属器械，禁止病貂引入水貂场。

定期检疫，对病貂进行严格隔离和淘汰，每年应在打皮季节和配种前对所有水貂进行检查，严格淘汰阳性水貂。临时性的解救办法是注射青霉素、维生素 B_{12}、多核苷酸，以及给予肝制剂等，但只能改善病貂自身状况，而不能达到治愈的目的。

采用异色型杂交方法，在一定程度上可减少本病的发病率。多年来，国内许多水貂场采用了此种方法取得较好效果。

(2) 犬瘟热 犬瘟热病毒是引起水貂犬瘟热的主要原因。

【发病症状】表现双向型发热，鼻镜呈干燥状，初期流清鼻涕，发展至中后期则转变为脓性鼻涕，而且眼有分泌物造成眼睑粘连，爪出现肿大，感染初期有便秘症状，而疾病后期则排血便或者是呈煤焦油状的黑色粪便。病貂会出现卡他性肺炎、皮肤湿疹和神经系统症状。根据病程主要可以分为最急性、急性和慢性3种类型。

【防治方法】目前尚无特异性的治疗药物，最有效的预防方法为接种疫苗，完善科学的饲养管理、严格落实消毒制度、尽早隔离治疗与定期接种疫苗，对于防治犬瘟热的发生十分重要。应用科学的饲料配方，既可以防止水貂出现营养不良的症状，又可以提高水貂的抵抗力。依性别、年龄不同分组饲养，尽量减少不同饲养组水貂接触。有疫病发生就采取封闭措施，减少场内外来人员，对病貂及时隔离，以防发生继发感染。按照病貂个体大小、体重等不同条件灵活制订标准，定量注射犬瘟热高免血清，配合抗生素类药物进行治疗。严格按照免疫程序接种疫苗，是预防犬瘟热的有效手段。水貂场应在母貂配种前和幼貂断乳后进行接种免疫，并可对断乳后的幼貂适当增加免疫剂量与次数。为防止继发感染，应对病貂进行对症治疗，可使用磺胺类和抗生素药物控制细菌引起的并发症。可使用红霉素、氧氟沙星等眼药水，治疗病貂的眼、鼻炎症。对于发生肠胃炎的病貂，可在饲料中加入卡那霉素进行治疗，每天2次，每只水貂每千克体重用7mg。对于发生肺炎的个体，为控制疾病发展，应每天注射青霉素和链霉素 15 万~20 万 IU。

（3）水貂病毒性肠炎 本病病原体为水貂细小病毒。

【发病症状】潜伏期大多为 4~9d。症状为腹泻。在液状粪便内，有无光泽的呈粉红色、浅黄色、少见绿色的黏膜圆柱是本病主要特征。病貂精神沉郁，活动量降低，食欲不振，饮欲增强，时伴呕吐，体温升高（40~40.5℃）。而呈慢性经过时，病貂蜷身耸背，被毛蓬松，有的眼裂变窄且斜视，排粪频繁、稀而量少，常混血液。病貂极度虚弱，常常四肢伸展平卧。用显微镜观察粪便，发现有大量纤维素、白细胞和脱落的黏膜上皮。呈地方性流行时，在开始出现本病症状后 4~5d 死亡。在流行盛期，常有突然死亡。个别病例病程长达 1~2 周，显著消瘦死亡或逐渐恢复健康。病愈后长期带毒，生长发育滞后。

【防治方法】目前尚无有效方法或特异性药物，继发细菌感染时可选用抗生素和磺胺类药物进行治疗，少数有效的预防办法是免疫接种。目前，常用的疫苗有：同源组织灭活苗、同源组织灭活苗和肉毒梭菌中毒症联合疫苗、猫肠炎病毒弱毒活毒苗与肉毒梭菌类毒素二联苗。种貂一般于 1~2 月接种疫苗，幼貂在 6 月末或 7 月初接种疫苗。在发病的水貂场里，流行初期可紧急进行疫苗接种。

有病例出现时，应停止其他工作，隔离病貂，对症治疗，将病愈后的水貂留在隔离室内，一直到取皮时淘汰。对其余全部水貂实行疫苗紧急接种。隔离室应由专门人员负责，对尸体及被污染的锯末等进行焚烧处理。对污染用具器械严格进行消毒处理。对饲养过病貂的笼子及护理用具，要用 2%福尔马林或氢氧化钠溶液消毒，地面要用 20%漂白粉或 10%氢氧化钠溶液消毒，粪便先用 3%碱性溶液或 20%漂白粉溶液处理，然后堆积或深埋在距离水貂场至少 250~300m 的地方。工作人员要备有 2 套工作服和 2 双胶靴，在入口处及各班组貂棚内要设置预先蘸以 3%氢氧化钠溶液的消毒槽，工作服每周要用肥皂水煮沸 1 次。从最后患病的水貂痊愈或死亡之日起，经 30d 无本病发生，方可宣布解除封锁。然后对水貂场实行 1 次全面的消毒，在取消封锁的 1 年内，水貂场应禁止输出和输入水貂，在本场内也不得从污染群向安全群串动。被病毒性肠炎污染的水貂场，应在水貂发情前 3~4 周内接种病毒性肠炎疫苗。

（4）李氏杆菌病 水貂李氏杆菌病是主要以败血症经过，伴有内脏器官（心内膜炎、心肌炎）和中枢神经（脑膜脑炎）系统发病，单核细胞增多为特征的急性细菌性传染病。

【发病症状】仔貂发生李氏杆菌病，表现沉郁与兴奋交替进行，食欲减退或拒食。兴奋时表现共济失调，后躯摇摆和后肢不全麻痹。咀嚼肌、颈部及枕部肌肉震颤，呈痉挛性收缩，颈部弯曲，有时向前伸展或转向一侧或仰头。部分出现转圈运动，从口中流出黏稠的液体，常出现结膜炎、角膜炎、呕吐和下痢。成年水貂还伴有咳嗽、呼吸困难，呈腹式呼吸。仔貂从出现症状起 7~28d 死亡。

【防治方法】新霉素每只 1 万 IU，混于饲料中饲喂，每天 3 次，可取得较好的效果。或者用庆大霉素每只 25 万 IU，肌内注射，每天 2 次。搞好环境卫生，灭鼠，加强防疫。

2. 常见普通病

（1）水貂黄脂肪病 水貂黄脂肪病又称脂肪组织炎，肝脏、肾脏的脂肪变性。是幼龄水貂的一种以非化脓性脂肪炎和皮下水肿为特征的营养性疾病。7~9 月多发，有时发病率高达 70%，死亡率为 50%左右。

【发病症状】最急性病例往往食欲正常，不显任何症状就突然死亡。急性病例初期食欲减退、拒食，精神沉郁，可视黏膜黄染，后躯麻痹，最后发生痉挛，昏迷死亡，死前多排出红褐色尿液。亚急性和慢性病例多伴有胃肠炎、腹泻，排黏稠的煤焦油样便，触摸腹股沟两侧脂肪硬结、发板、缺乏弹性，呈片状、绳索状或条块状，病程为1周左右。剖检可见皮下有渗出液，皮肤有色斑，脂肪黄染，黏膜出现贫血现象。

【防治方法】 停止饲喂脂肪酸败的饲料；注射复合维生素 B_1 2mL、维生素 E 0.3~0.5mL、维生素 B_{12} 30~100μg，分别肌内注射，每天1次，食欲恢复后，可隔天注射1次，直到脂肪硬节消失。个别病貂体温升高，可肌内注射青霉素10万IU。如有胃肠炎症状，可内服土霉素0.5g，维生素E 5mg，泛酸15mg。

（2）自咬症 自咬症多发生于3~4月和7~8月，常突然发作，1d发生数次。微量元素（硒、钴、铬）的缺乏是造成自咬的主要原因之一，建议补充微量元素。除了微量元素缺乏，还要考虑含硫氨基酸，尤其是蛋氨酸缺乏，以及氨基酸平衡问题。治疗时使用盐酸氯丙嗪25mg、乳酸钙0.5g、复合维生素B 0.1g、葡萄糖粉0.5g。

（3）水貂乳腺炎

【发病症状】 母貂患有乳腺炎后不愿护理仔貂，常停留在运动场上，仔貂得不到足够的乳汁会发出不正常的叫声。若检查母貂乳房，可发现乳房红肿、结块、发热，乳头或乳房被咬破，个别的会破溃。

【防治方法】 青霉素20万IU左右，肌内注射，每天2~3次。对未破溃化脓的可热敷治疗，用温热的0.3%乳酸依沙吖啶溶液浸湿纱布后敷在乳房上进行按摩，每天2次。对已经化脓的不进行热敷，要用0.3%乳酸依沙吖啶溶液洗净创面，并涂油质青霉素。

思考与交流

1. 简述水貂的繁殖生理特点。
2. 简述水貂育成期的饲养管理。
3. 简述水貂的选种时间和选种方法。
4. 简述配种期母貂的饲养管理。

第四章 狐

狐在动物分类学上属于哺乳纲（Mammalia），食肉目（Carnivora），犬科（Canidae），狐属（*Vulpes*）或北极狐属（*Alopex*）。我国人工饲养数量较多的有狐属的赤狐、银黑狐和北极狐属的北极狐，还有由狐属和北极狐属各种突变型或突变组合形成的蓝霜狐、琥珀色狐和铂色狐等彩狐。狐属于大毛细皮品种，被毛细柔丰厚、色泽鲜艳，皮板轻便、御寒性强。其毛皮产品在国际裘皮市场上占有重要地位。

第一节 狐场的建设规划

目前，狐的养殖方式已从传统的散放饲养转变为高密度、集约化的大规模养殖，环境的好坏直接影响狐的健康。为狐创造一个更好、更稳定的生产环境，才能充分发挥其生产潜能，进一步促进狐养殖业健康发展。因此，场址选择与环境建设在狐生产活动中尤显重要，狐场建设必须精心考虑，统筹规划，合理设计。

一、狐场的场址选择

场址选择是否得当，直接关系狐场发展、管理改善和经济效益提高。狐群可以调动，狐场则不能轻易搬迁，所以建场之前对场址选择一定要有周密考虑、统筹安排和长远规划，必须与当地农牧业发展规划、农田基本建设规划等结合起来，必须适应于现代化狐养殖业发展的需要。

1. 自然环境条件

场址的自然环境条件必须符合狐的生活习性，使其能正常繁育、换毛及提供优质产品。我国适合狐生活、繁殖和毛皮成熟的地区多是北方，纬度以不低于30°为宜。此外，狐场的自然环境条件还包括地形、地势、风向、水源、土质条件。

1）地形、地势。狐场应修建在地势稍高、地面干燥的地方，如背风向阳的山麓南面或东南面、能避开强风吹袭和寒流侵袭的山谷、平原。在山坡下建场，要注意避开山洪冲刷和山口风侵袭，以免冬季寒流侵袭，导致仔狐大量死亡。

2）风向。考虑当地的风向，风向直接关系到狐舍的冬季防寒和夏季通风防暑。北方应注意狐舍的防寒问题，由于北方冬季大多为西北风，所以狐棚应坐北朝南或坐西北朝东南。南方夏季东南风较多，应使狐棚的长轴对着东南以便在炎热的夏季获得更多的穿堂风。

3）水源。因加工饲料、清扫冲洗、动物饮水等，狐场的需水量较大。因此，场址应尽量选在有丰富、清洁地下水的地方。要求水质符合饮用水标准，绝不能使用死水或被污染的水。一般来说，地下水没有污染，还含有某些对动物和人类有益的微量元素，是良好的水源。

4）土质。砂土、砂壤土或壤土的透水性较好，最适宜修建狐场。

2. 饲料条件

应建在饲料来源比较广泛的地区，保证动物性饲料丰富、充足是狐场的基本条件。狐场应建在肉类加工厂附近，或肉、鱼类饲料取得比较容易的地区，如畜禽屠宰厂、沿海渔场等，以保证饲料供应。也可建设自己的养鱼场、养鸡场等，以保证狐场动物性饲料供给。

3. 社会环境条件

1）交通。应建在交通便利的地方，可保证饲料及其他物质的运输。离公路和交通要道300m以上，不远于500m。如自己不建冷库，距离冷库不要太远，便于贮存动物性饲料。

2）电力。是狐场重要的能源。可配备小型发电机，以备停电时应急。

3）环境卫生。要远离居民区和畜禽养殖场，距离居民区500m以上，大型狐场和村庄距离应在1km以外，以预防同源疾病传染。如果当地发生过畜禽传染病，则必须经过严格的消毒灭菌处理，符合卫生防疫要求才能建场，狐场在大门口设消毒石灰槽，周围和场内要绿化。

4）土地资源。不能占用耕地，可利用贫瘠土地或闲置地。

5）环境保护。应考虑到狐场对环境的污染。狐场的主要污染物是粪便及清扫冲洗后的污水，前者应经发酵处理，做成农田的有机肥料。污水不能直接排入江、河、湖泊，应进行无害化处理后再排放。

4. 技术条件

养狐是一项技术性很强的工作，必须事先培养技术力量或外聘技术人员来指导本场的技术工作。

二、狐场的建筑和设备

1. 常用建筑

从生产角度考虑，必须有狐棚和饲料加工室等常用建筑，有条件的大型狐场还应配备冷库、干饲料仓库、皮张加工室和兽医室等。选好场址后，建场前应全面、科学地设计各建筑物的结构、面积及具体位置，便于合理布局。

2. 笼舍建筑

（1）狐棚 材料可因地制宜、就地取材。可用三角铁、水泥墩、石棉瓦建造，也可用砖木结构。走向和设置与当地的温度、湿度、通风和光照等关系较大。设计时应考虑夏季能遮挡太阳的直射光，通风良好；冬季使狐棚两侧均获得光照，避开寒流的吹袭。走向一般根据当地的地形地势及所处的地理位置而定。普通狐棚只需修建棚柱、棚梁及棚顶盖，不需要修建墙壁。长度不限，以操作方便为原则。

（2）笼舍 狐笼和小室（窝室）统称为笼舍，是狐活动和繁殖的场所。规格式样繁多，但设计要求均要与狐的正常活动、生长发育、繁殖和换毛等生理活动相适应。原则是节省材料，构造简单耐用，符合卫生要求，不易跑狐，饲养管理操作方便。狐笼和小室一般分别制作，统一安装于狐棚两侧。

1）狐笼。可采用14~16号的铁丝编织成网，铁丝最好镀锌，粗2.0~2.5mm，网眼规格为笼底为3cm×3cm、盖和四周为3.5cm×3.5cm。也可采用网眼规格为1.5cm×1.5cm的14号镀锌电焊网。狐笼规格为：长100~150cm、宽90~100cm、高80~100cm。狐笼的正面设门，便于捕捉狐和喂食，宽40~45cm、高80~100cm。狐笼的一侧可做成活板，以便随时取下清扫脏物。

2）小室和产箱。小室可用木质板材制作，也可用砖或水泥板砌成地上或半地下式，密封性要好。产箱要用木质板材制作，一般要求长80cm、宽50cm、高50cm。木制小室的规格为：长60~70cm、宽不小于50cm、高45~50cm，砖砌的小室可稍大些。小室顶部要设一活动的盖板，以利于更换垫草及消毒。小室正对狐笼的一面要留25cm×25cm的小门，以便和狐笼连为一体，利于清扫和消毒。公狐小室可小些，长50cm、宽50cm、高45cm。制作产箱的木板厚2.0cm，要求光滑、衔接处尽量无缝隙，或用纸或布将缝隙糊严密，不漏风，并且在产箱门内要有一块挡板。用砖砌成的小室，其底部应铺一层木板，以防凉、防潮。

第二节　狐的生物学特性及品种

一、狐的生物学特性

1. 栖息环境

野生赤狐的栖息环境较为多样，包括森林、草原、沙漠、高山、丘陵和平原，常以石缝、树洞、土穴或灌木丛为洞巢。北极狐多分布在很少下雪的海岸和接近北冰洋的沼泽地区及部分森林沼泽地区。

2. 生活习性

野生狐昼伏夜出，白天隐藏在洞穴内休息，晚间出来活动。不善爬树，但有时也爬到树干上睡觉。行动敏捷，善于奔跑。嗅觉和听觉灵敏，能发现0.5m深雪下掩盖在干草堆中的田鼠，能听见100m内老鼠轻微的叫声。汗腺不发达，以张口伸舌、快速呼吸的方式调节体温。在繁殖季节成小群活动，其他时期则单独生活。

3. 食性

狐食性较杂，食物的种类因季节、环境和地形地势不同而改变。通常以动物性食物为主，以中小型哺乳动物、爬行动物、两栖类、鱼类、昆虫的腐肉为食，也能捕捉鸟类，以鸟类、鸟蛋为食，有时还会采食浆果、植物籽实、茎、叶。北极狐主要以海鸟、鸟蛋、旅鼠、北极兔和其他小型啮齿类为食，常形成小群寻找食物。一般晚间出来觅食，但是，当饥饿时，白天也寻食。

4. 繁殖习性

狐是季节性发情动物，每年发情1次。不同狐种发情期不同，即使同一种狐，因生存的区域不同发情期也会发生变化。在出生后9~10个月达到性成熟。母赤狐每年1~3月发情配种，妊娠期为60d，平均产仔5~6只；银黑狐1~3月发情配种，妊娠期为51~53d，平均产仔4~5只；北极狐2~5月发情配种，妊娠期为49~58d，平均产仔8~10只。

5. 寿命与天敌

野生狐寿命为10~14年，主要天敌是狼、猞猁、鹰和鹫等，繁殖年限为6~8年，人工养殖的最佳繁殖年限为2~5年。

二、狐的品种

1. 赤狐

赤狐在狐属中分布最广、数量最多，又称草狐或红狐。赤狐身体细长，嘴巴尖长，大耳，四肢细长，尾长。公狐体重一般为6~8kg、体长65~95cm，母狐体重5.5~7.5kg、体长65~75cm。典型赤狐体背毛为赤褐色，头部一般为灰棕色，耳背面为黑色或黑棕色，唇部、下颏至前胸部为暗白色，体侧略带黄色，腹部为白色或黄色，四肢的颜色比背部略深，外侧具有宽窄不等的黑褐色纹，尾毛蓬松，尾尖为白色。

每年换毛1次，从3~4月开始，次序为从前向后，首先从头部开始，然后是脖、前肢，最后到臀部和尾，到7~8月冬毛基本脱完。随着脱毛，新毛也开始生长，7月末开始长出新的针毛，新毛生长次序与脱毛次序相同，绒毛开始大量生长，夏天的毛色比冬天的灰暗并且短而稀疏。赤狐皮成熟较晚，一般在12月中旬，大雪后才能完全成熟。赤狐成熟毛被丰满、绒毛密度大、针毛光亮并富有弹性。

2. 银黑狐

银黑狐又名银狐，原产于北美洲北部和西伯利亚东部地区，包括东部银黑狐和阿拉斯加银黑狐，是北美赤狐的一个毛色突变色型。银黑狐体形与赤狐相仿，体长63~70cm、体重5~8kg。

头部较长，吻长，耳直立倾向两侧，眼睛圆大、明亮，鼻孔大，轮廓明显，鼻镜湿润。颈部和躯干协调，肌肉较发达，胸深而宽，背腰长而宽直；四肢粗壮，伸屈灵活，后肢长，肌肉紧凑；尾呈宽的圆柱形，末端为纯白色。

全身被毛均匀地掺杂白色针毛，绒毛为灰黑色。体表每根针毛的颜色均分为3段，即毛尖为黑色，靠近毛尖的一小段为白色，根部为灰黑色。吻部、双耳背面、腹部、四肢均为黑色，背部、体侧部均为黑白相间的银黑色。在嘴角、眼周围有银色毛，形成“面罩”。银黑狐是目前人工养殖的主要品种。

3. 北极狐

北极狐又名蓝狐，人工养殖历史较长，在我国也有一定的饲养量。由于北极狐的毛色变异较大，因此又被称为彩色狐育种的主要基因库。北极狐较银黑狐四肢短而肥胖，吻短宽，耳宽圆，毛绒丰足、细软稠密，针毛平齐、分布均匀，毛色浅蓝且均匀。胸宽，背腰长而宽直，臀部宽圆，肌肉发达，尾呈宽圆柱形。毛绒颜色与全身一致。北极狐属彩狐，我国主要有白色北极狐和阴影狐。

第三节　狐的繁育

由于狐1年只生产1次，因此，繁殖效率直接影响养狐的经济效益。为此应在扎实掌握狐繁殖特性的同时，采用合理高效的繁殖技术，以提高狐的配种率和产仔率。

一、狐的繁殖特点

1. 性腺发育和性周期

性腺发育是指公狐和母狐个体生殖系统的发育和周期性的发育过程，性周期是指狐的繁殖周期。

（1）公狐的性腺发育和性周期　公狐的性周期分为性静止期和发情期。交配期过后，公狐的睾丸很小，处于静止状态，重1.2~2.0g，质地坚硬；此时的精原细胞不能产生成熟精子；从外观上看不到阴囊。8月末~9月初，睾丸开始逐渐发育，11月则明显增大。第二年1~2月进入发情期，睾丸直径可达2.5cm左右，阴囊被毛稀疏，松弛下垂，直观易发现。此时的精原细胞可产生成熟精子，狐有性欲要求，可进行交配。

（2）母狐的性腺发育和性周期　母狐的性周期分为性静止期和发情期。分娩后，母银黑狐的卵巢和子宫等生殖器官的体积逐渐变小。从8~10月开始，在下丘脑释放的促性腺激素释放激素的作用下，卵巢体积增大，卵泡开始发育，而黄体开始退化，到1月~3月中旬的发情期后，促黄体激素在1~2d内迅速增加而诱发排卵。排卵后，卵泡分化为黄体，黄体产生孕酮。母北极狐生殖器官的上述变化较母银黑狐相对滞后，发情期为2月中旬~4月下旬。

2. 母狐的发情期

母狐的发情期是指母狐阴门等外生殖器官开始出现变化至其接受交配的时期，发情期分为发情前期、发情持续期、发情后期和休情期。

（1）发情前期　发情前期有时又分为发情前一期和发情前二期。

1）发情前一期。进入发情季节后，开始发情的母狐阴门肿胀，阴毛微分开，阴门露出，外阴稍露，阴道流出具有特殊气味的分泌物，不安好动。一般持续2~3d，但也有的持续1周左右或更长时间。

2）发情前二期。母狐阴门高度肿胀光亮并外翻，外阴部暴露明显，触摸时硬而无弹性，阴道分泌物颜色浅。行动不安，徘徊运动增加，食欲减退。放对时，相互追逐，嬉戏玩耍。公狐欲交配爬跨时，不抬尾，并回头扑咬公狐，拒绝交配。持续1~2d。

（2）发情持续期　母狐阴门肿胀程度减轻，肿胀面光亮消失而出现皱纹，触摸柔软，富有弹性，颜色变浅，呈暗红（银黑狐）或粉红色（北极狐）。阴道流出较浓稠的白色分泌物，早晨检查时会发现裂缝面上凝结有白色长条状分泌物。食欲下降或废绝，排尿变频繁，用舌舔外生殖器，不断发出急促的求偶叫声。公、母狐放对时，母狐表现安静，当公狐走近时，母狐主动把尾抬向一侧，接受交配，此时为最适宜的交配时期。银黑狐持续2~3d，北极狐持续3~5d。

（3）发情后期　母狐外阴部逐渐萎缩，外阴部呈白色，放对时，对公狐表现出戒备状态，拒绝交配，此时应停止放对。

（4）休情期　指母狐发情后期结束至下一个发情周期开始的较长一段时间。从性表现上看，母狐处于非发情期，没有明显的性欲，也没有很突出的性表现特征。

二、狐的繁育方法

狐的繁育方法是指采用人工的措施，提高母狐配种率和产仔率的一系列与母狐繁殖效率相关的技术方法。

1. 发情鉴定

（1）公狐 从群体上看，公狐发情比母狐早，比较集中，1月末~5月末均有配种能力。发情时睾丸膨大、下垂，具有弹性。活泼好动，经常发出“咕、咕”的求偶声。此外，通过触摸睾丸也可判定其有无交配能力。当睾丸膨大，质地松软且富有弹性，并下降至阴囊时，表明已具有交配能力，否则，通常没有配种能力。

（2）母狐 与公狐的发情鉴定相比，母狐的发情鉴定较为复杂。在非繁殖期内，母狐的外阴部被阴毛覆盖，到了发情初期，阴毛才分开。常结合应用外阴部观察法、放对试情法、阴道涂片法和测情器法等综合鉴定。

2. 精液品质检测

精子密度、精子活力和异常精子比例等直接影响交配后的受精率。因此，对于种公狐，应在其第一次交配后，通过收集母狐阴道内的精子检测精子品质，即将经消毒的直径为0.5cm、长约15cm的带尖端吸管，轻轻插入刚经交配的母狐阴道内5~7cm处，吸取少量阴道内容物，然后迅速送回室温为20℃以上的检验室，将阴道内容物涂在载玻片上制作涂片。然后将涂片置于100~400倍显微镜下观察精子活力和精子密度。若精液品质正常，公狐可用于配种。通常，初次交配的公狐，应经3次精液品质鉴定后决定使用或淘汰。

3. 配种

狐是季节性单次发情动物，1年发情1次。发情季节未能配种，再次配种需要等到第二年的发情期。因此，在狐的繁殖季节，准确把握配种时机进行配种，可提高母狐的繁殖效率。

（1）最佳配种时机 一般情况下，笼养银黑狐的发情配种期为1月中旬~3月下旬，北极狐发情配种期为2月中旬~4月下旬，初次进入发情配种期的种狐比经产狐的发情配种期延后1~2周。最佳配种日期受地区、气候、光照和饲养管理等影响，其中光照和饲养管理是主要的影响因素。已有研究证实，环境温度、噪声等因素对自然交配的母狐妊娠产生影响。种狐一般在早晨、傍晚和凉爽天气性欲旺盛，活动较为频繁，配种成功率高，是放对配种的好时机。如果早晨配对未成功，可在傍晚凉爽时再配。应避免在中午炎热时段进行配对；放对时尽量保持周围环境的安静，并在喂食后半小时进行。

（2）配种方法 配种方法包括自然交配和人工授精。人工授精需掌握熟练的采精、精液稀释和输精等技术，适合在配备有专业技术人员的大型饲养场采用；自然交配操作简单，目前不同规模的养殖场普遍采用该方法。

1）自然交配。分为合笼饲养交配和人工放对交配两种方法。

① 合笼饲养交配法。是指在配种季节内，将选好的公、母狐放进同一个笼子饲养，在发情季节任其自由交配。由于这种方法要求有和母狐数量一致的公狐，且不易推断预产期，所以目前很少采用。对那些不发情或放对不接受交配的母狐可采用该方法，以尽量减少空怀母狐。

② 人工放对交配法。是目前最常用的配种方法。方法为平时公、母狐隔离饲养，在母狐发情期间，将处于发情旺期的母狐放到公狐笼内进行交配，交配结束后再将公、母狐分开。如果母狐胆小，也可将配种能力强的公狐放入母狐笼内交配后再分开，以保证配种成功。

银黑狐每天可交配 1 次，连续交配 3d；北极狐应间隔 1d 进行交配；1 只种公狐每天可配 2 只母狐，2 次配种时间要间隔 4h 以上。

在发情期，母狐的卵泡成熟后即刻排卵，排卵可持续 3d，而精子在母狐生殖道内仅能存活 24h。因此，应连续或隔天用同一只公狐进行复配，以提高受胎率。复配次数不宜过多，银黑狐复配 1~2 次，北极狐复配 2~3 次。此外，也可以采用不同公狐复配；对初配母狐最好连续放对几天；采用人工放对交配的狐场公、母狐比例为 1：(3~6)。

2）人工授精。人工授精技术是当今养狐业的一种新技术，已在养狐业发达的芬兰和挪威等国家广泛普及。通过人工授精技术，不仅能够减少公狐的饲养数量，而且能提高良种公狐精液的利用率，加速优良基因的扩散。此外，人工授精技术可用于狐属与北极狐属远缘杂交，解决两属动物因配种时间不一致而造成的生殖半隔离问题；与此同时，通过人工授精可以克服自然交配困难母狐的繁殖，并减少疾病传播。

人工授精包括精液采集、精液稀释及保存和人工输精几个步骤。

① 精液采集。

a. 采精前的准备。采精前准备好公狐保定架、集精杯、稀释液、显微镜、阴道开张管、电刺激采精器，以及水浴锅、冰箱、液氮罐等。采精室要清洁卫生，用紫外灯照射 2~3h 进行灭菌，室温保持在 20~35℃。

b. 采精公狐的选择。公狐必须具有高质量的毛皮和良好的遗传性能。选择种公狐的标准为性行为好、产生有活力精子的持续时间长、精子质量好、无恶癖。

c. 采精方法。分为按摩采精法和电刺激采精法。按摩采精法也称徒手采精法。采精时，先将公狐固定于采精架内或由辅助人员将狐保定，使狐呈站立姿势。用温水洗过的毛巾擦狐的下腹部，操作人员用一只手有规律地快速按摩公狐的阴茎及睾丸部，使阴茎勃起，然后捋开包皮把阴茎向后侧转，另一只手的拇指和食指轻轻挤压龟头部刺激排精，用无名指和掌心握住集精杯，收集精液。此法简单，但要求技术熟练。初次采精时避免急躁，必须经过一定时间的训练后，公狐才能形成条件反射。每隔 1~2d 可采精 1 次。

电刺激采精法是使用牛羊采精器改进的电刺激采精器采精。采精时，将采精器插头涂上润滑剂，插入公狐直肠内约 10cm 处，然后以适当电压、电流和频率刺激阴茎区域，诱发公狐阴茎勃起和射精。

d. 采精次数。人工采精每天 1 次，每次排精量为 0.5~1.5mL，精子数为 3 亿~6 亿个。根据公狐体况，在连续采精 2~3 次后应停 1~2d 再采精。采精后要对精液的品质进行检查。当精液的品质优良时，冷冻保存或直接用于人工授精。

② 精液稀释及保存。将采集到的品质优良的精液，用稀释液进行稀释。稀释倍数可根据精子密度来确定。精液保存分为常温保存、低温保存和冷冻保存。

③ 人工输精。

a. 输精前的准备工作。输精前预先准备好输精器、保定架和水浴锅等。将输精器材消毒后放在消毒容器内备用。输精器应每只狐用一只，避免交叉使用。输精时，用温肥皂水清洗母狐外阴部。低温保存的精液，使用前 10~15min 要先在水浴锅内升温至 10~40℃，如果是小容器分装的精液，也可置于 25℃室温条件下自然升温，一般需放置 30min。对冷冻保存的颗粒精液，从液氮中取出后导入含有 1~2mL 解冻液的试管中，并置于 30~40℃温水解冻。解冻后检查精子活力，当精子活力高于 0.7 时，可用于人工授精。

b. 输精时间。当母狐进入发情期后，或者经阴道内容物涂片法检测，观察到大量多角形、无核、肥大、透明的角化细胞时进行人工输精。

c. 输精量和次数。每次输精量为1~1.5mL、精子数不少于3000万个；对每只发情母狐输精2次，第一次输精后经24h进行第二次输精。若精子品质达不到优良时，可连输3d，每天1次。

d. 输精方法。主要采用针式输精器法，用开张器撑开狐的阴道，将输精针轻轻通过子宫颈插入子宫后注入精液。该法操作简便、受胎率高，是当前狐人工授精最常采用的方法。

4. 妊娠与保胎

（1）妊娠期 母狐经交配后精子和卵子结合形成合子即进入妊娠期。

（2）母狐变化 当妊娠期达到30d时，可观察到腹围增大，稍向下垂，越到后期越明显。在妊娠期，由于胎儿的发育需要，母狐的新陈代谢旺盛、食欲增加、体重相应增加、毛色显得光亮。母狐表现出性情温顺、胆小，对周围异物、异声反应敏感，行动迟缓，喜欢卧着休息和晒太阳。

（3）保胎 为保证母狐的正常妊娠和胎儿的安全发育，除按妊娠期营养标准供给所需饲料外，还要尽量保持狐场的安静，杜绝参观人员和机动车辆的进入。饲养人员要细心看护，严防跑狐。

5. 产仔和哺乳

（1）产仔 银黑狐产仔从3月中旬开始，多集中在3月下旬和4月上旬。北极狐产仔从4月上旬开始，多集中在4月下旬和5月上旬。母狐产前一般停食1~2顿，自行拔毛絮窝或叼草造窝。母性较强的狐，遇到风寒天气常用草将产箱门封住。产前频繁出入产箱，通常在夜间和清晨产仔，分娩过程一般需要2~3h。胎儿出生后，母狐将胎衣吃掉，咬断脐带，舔干仔狐身上的黏液。银黑狐每胎平均产仔4~5只；北极狐每胎平均产仔6~8只，有的达18只。

（2）哺乳 仔狐出生后即能吮乳，母狐多会精心照顾仔狐，对个别初产、无乳或缺乳的母狐要采取措施保活仔狐。注意观察分娩产仔时脐带是否被咬断和缠身、胎衣是否被母狐吃掉和仔狐是否吃上母乳等。当仔狐脐带没断或缠身和带有胎衣时，应及时处理；当母狐乳头没有暴露时，应将乳头周围的被毛拔掉；要及时捡出死胎并处理；对不会照顾仔狐或弃仔的母狐、产仔多的母狐、无乳的母狐，要选择母性强、产仔数少的同期分娩母狐进行代乳。对人工哺乳的仔狐应注意保温，哺乳期为55~60d。

6. 提高产仔率的综合措施

（1）培育优良种狐群 引入种狐的生产性能不够理想时，应在实际生产中加强选育，淘汰生产性能低、母性差、毛色差的种狐及其后裔。种群的年龄构成应为：2~4岁的种狐约占70%，仔狐约占30%。

（2）增强母狐排卵和卵子受精的能力 进入配种季节前，对狐给予合理的饲养管理，保证各种营养物质的供给，使狐进入配种期时能正常发情、交配和排卵。

（3）预防流产和减少胚胎死亡 严禁饲喂变质和发霉的饲料，保证饲料的品质和新鲜，饲养水平应适宜，以防止死胎或胚胎被吸收现象的发生。

（4）预防常见病 定期检疫和进行免疫接种，淘汰病狐，净化狐群，尤其对繁殖力有直接影响的布鲁氏菌病、钩端螺旋体病、狐阴道加德纳氏菌病要彻底清除。同时，积极预防其他疾病的发生，以减少疾病对繁殖率的影响。

第四节 狐的饲养管理

人工饲养狐的生存环境、饲料及日常的管理都直接影响其生长、繁殖和生产性能。因此，必须根据狐的生长发育特性，进行科学管理，以获得最大的经济效益。

一、狐的生产时期划分

狐生命活动呈现明显的季节性，如春季繁殖交配，夏、秋季哺育幼仔，入冬前蓄积营养并长出丰厚的被毛等。因此，在人工饲养狐的过程中，根据生命活动的季节特性及一年内不同的生理特点，划分成年公狐、成年母狐和仔狐的相应生产时期。

1. 成年公狐

生产时期包括准备配种期（第一年12月~第二年1月）、配种期（第二年2~4月）、恢复期（第二年4~8月）和准备配种前期（第二年9~11月）。

2. 成年母狐

生产时期包括准备配种期（第一年12月~第二年1月）、配种期（第二年1~3月）、妊娠产仔哺乳期（第二年4~8月）和准备配种前期（第二年9~11月）。

3. 仔狐

生产时期包括仔狐哺乳期（3~6月）、育成期（7~9月）和冬毛生长期（10~12月）。从仔狐中筛选出种狐后，余下的仔狐作为皮用狐饲养，通常将7~12月作为皮用狐的饲养期。

二、狐的饲料种类及利用

可利用的饲料种类广泛，根据饲料来源等，可分为动物性饲料、植物性饲料、添加剂类饲料及全价配合饲料。

1. 动物性饲料

狐的犬齿发达，消化道短，胃容积小，无盲肠，食物通过消化道速度快，而且消化腺分泌的淀粉酶少、脂肪酶较多。因此，狐的饲料应以动物性饲料为主，特别是动物性蛋白质饲料在日粮中应占很大比例。

（1）鱼类 各种海杂鱼和淡水鱼是狐动物性蛋白质的主要来源之一。我国海域广阔，沿海地区、内陆江河、湖泊及水库出产大量的鱼类，其中有许多小杂鱼可用来饲喂狐。新鲜的海杂鱼含有较多的脂溶性维生素，蛋白质消化率达90%左右，适口性强，容易吸收，可以全部生喂；有些淡水鱼内脏和鳃里含有硫胺素酶，能破坏饲料中的维生素 B_1（硫胺素），一般应熟喂。

（2）肉类 畜禽肉类是营养价值很高的全价蛋白质饲料。新鲜肉类应生喂，用雌激素处理过的肉类不能使用，否则引起狐内分泌机能失调，影响受胎率、产仔率，甚至全群受配不孕。肉类在日粮中可占动物性饲料的15%~20%，最多不超过动物性饲料的50%。

（3）畜禽及鱼副产品 畜禽及鱼副产品饲料可用来满足部分蛋白质需要，这类饲料中除心脏、肝脏和肾脏外，大部分的蛋白质消化率较低，生物学价值不高，原因是结缔组织和无机盐含量高，某些氨基酸含量过低或比例不当。

1）畜禽副产品。包括畜禽的头部、四肢下端及内脏等，也叫畜禽下杂。肝脏是较理想的动物性饲料，心脏、肾脏、肺的蛋白质和维生素含量都十分丰富，适口性好，消化率高，略次于肝脏。

2）鱼副产品。我国沿海地区和水产制品厂有大量的鱼头、鱼骨架、内脏及其他下脚料资源，这些废弃物都可用于养狐。新鲜骨架可以生喂，繁殖期的喂量不能超过日粮中动物性饲料的20%；仔狐育成期和冬毛生长期可增加到40%。动物性饲料的其余部分应尽量选择质量好的海杂鱼或肉类，否则易因营养不全价而造成不良的生产效果。

（4）乳类 包括牛乳、羊乳、马乳、脱脂乳和乳粉等。乳类营养丰富，是狐的优质饲料。鲜乳一般含水量为87%~89%，蛋白质含量为3.5%~4.7%，乳糖含量为4.5%~5%，矿物质含量为0.60%~0.75%，还含有适量的维生素A、维生素D和维生素B_1等。鲜乳要在70~80℃加热15min后使用。用全脂奶粉时，应先在少量温水中搅匀，再用开水稀释7~8倍，调制后2h内喂完，以免酸败变质。乳汁中矿物质丰富，用量不要超过日粮的20%，过量则易引起腹泻。

（5）蛋类 主要是家禽的蛋，以鸡蛋为主要的动物性饲料属于高营养饲料，几乎含有狐必需的所有营养成分。

（6）干制动物性饲料 常用的干制动物性饲料有干鱼、鱼粉、肉粉、肉骨粉、肝渣粉、血粉、蛋粉和蚕蛹粉等。

2. 植物性饲料

适宜饲喂狐的植物性饲料主要有农作物籽实类饲料如谷物类饲料、豆类饲料、油料作物类饲料、籽实类加工副产品饲料，以及果蔬类饲料等。

（1）谷物类饲料 谷物类饲料包括玉米、高粱、小麦、大麦等。狐对生谷物淀粉的消化率很低，如对生玉米的消化率仅为74%左右，而对熟制后的玉米消化率可达91%以上，所以谷物类饲料要求彻底粉碎、蒸（煮）熟后饲喂。狐的日粮中，谷物类饲料每天每只供给15~30g，一般不超过50g，大多采用多种谷物饲料混合饲用，这样既降低了饲料成本，又保持了营养平衡。

（2）豆类饲料 豆类饲料有两类，一类是高脂肪、高蛋白质的油料籽实，如大豆、花生等，一般不直接用作饲料；另一类是高碳水化合物、高蛋白质的豆类，如豌豆、蚕豆等。生的豆类籽实含有一些不良物质，如大豆中含有抗胰蛋白酶、尿素酶、引发甲状腺肿的物质、皂苷与血凝素等。这些物质降低了饲料适口性并影响狐对饲料中蛋白质的使用及狐的正常生产性能，使用时应经过适当的热处理。大豆是植物性蛋白质的重要来源，且含有一定的必需氨基酸，还含有一定的脂肪类物质。一般习惯上把大豆粉与肉类、玉米粉混合应用，豆类饲料在日粮的农作物籽实类饲料中占20%~25%，最多不超过30%。

（3）油料作物饲料 油料作物饲料主要包括油菜、花生、向日葵、亚麻籽、芝麻等。在狐的生长期添加适量油料作物饲料，能提高毛皮质量和增强被毛光泽度。通常将油料作物饲料捣碎、熟化，在日粮中按每千克体重3~4g添加。

（4）籽实类加工副产品饲料 籽实类加工副产品饲料包括禾本科谷物的糠麸和油料作物的油渣、油饼等。油料作物副产品中富含蛋白质和其他营养物质，日粮中添加量为每只

4~6g，占日粮中农作物籽实类饲料的15%~20%。应特别注意：农作物籽实类及其加工副产品饲料一定要晒干且妥善保存，以确保其不发霉变质，否则极易引发狐消化不良、消化道疾病或中毒。特别是妊娠母狐，会因饲料霉变而流产或因胚胎吸收而产生死胎或烂胎。

（5）果蔬类饲料 主要包括蔬菜、野菜、块根块茎及瓜果类饲料。单纯以青绿饲料为日粮不能满足狐的能量需要；青绿饲料的蛋白质品质较好，含必需氨基酸较全面，生物学价值高，尤其是叶片中的叶绿蛋白，对哺乳狐特别有利。青绿饲料幼嫩多汁，适口性好，消化率高，还具有轻泻、保健作用。果蔬类饲料主要供给狐维生素、矿物质、可消化性纤维，此外还可起到改善饲料的适口性、增强狐食欲的特殊效果。

3. 添加剂类饲料

添加剂类饲料包括维生素、矿物质等，主要是用以补充狐生长发育必需的但在一般饲料中不足或完全缺乏的营养物质。

（1）维生素饲料 目前使用较多的有鱼肝油、小麦芽、棉籽油、酵母及其他富含维生素的饲料，也可使用各种维生素精制品，但潮解或变质、过期的饲料不能喂狐。

1）鱼肝油。鱼肝油是维生素A和维生素D的主要来源。可按每天每只800~1000IU投喂，最好在分食后滴入盆内饲喂。如果饲喂浓缩或胶丸状的精制鱼肝油时，需用植物油低温稀释。如果常年用肝脏或海杂鱼饲喂，可不喂或少喂鱼肝油。

2）小麦芽。小麦芽是维生素E的重要来源，并含有磷、钙、锰和少量的铁，在狐的繁殖期可用以提高繁殖力。小麦芽的制作方法：将淘洗干净的小麦放入加有少许食盐的清水中，浸泡10~15h捞出，平铺于木盘内，约1cm厚，盖上纱布，放于15~20℃的避光处培养，每天洒水2次，要求保持麦粒湿润，经3~4d即可生出浅黄色的小麦芽。

3）棉籽油。棉籽油是维生素E的重要来源，每千克棉籽油一般含维生素E 3g，喂狐时应采用精制棉籽油，因为粗制棉籽油中含有棉酚等毒素，使狐食后会中毒。

4）酵母。酵母不仅是维生素B的主要来源，而且是浓缩的蛋白质饲料，还可起到助消化和健胃作用。经常使用的有面包酵母、啤酒酵母、纸浆酵母、药用酵母和饲料酵母等。使用酵母时，除药用和饲料酵母外，均应加温处理，以便杀死酵母中的大量活酵母菌，否则狐采食活酵母菌后会发生胃肠膨胀，严重时可引起死亡。此外，不加温处理的酵母利用率极低，仅有17%的维生素能被利用，经加温处理后的酵母，其维生素可被全部利用，但维生素B遇碱或热都会被破坏，所以灭菌时用70~80℃热水浸泡10~15min即可。

（2）矿物质饲料 狐所需的各种矿物质，大部分都能从饲料中获得，一般需要补加的主要有骨粉和食盐等。骨粉是狐所需钙和磷的主要来源，需常年供给，尤其是繁殖季节；对母狐或育成狐更为重要，应提高供给量，一般每天每只10~15g。

（3）其他添加剂类 还有一些添加剂既不是狐生命活动中所必需的营养物质，也不是饲料中的营养成分，但是对饲料的贮存、品质改进或狐机体健康具有良好的作用，如抗氧化剂是抑制饲料脂肪酸败的物质，在狐日粮中少量供给，可提高狐群的成活率，防止发生脂肪组织炎。维生素E具有防止脂肪氧化的作用，应尽量保证常年供给含维生素E的添加剂饲料。

4. 全价配合饲料

根据狐不同性别、不同生物学时期对营养物质的需要，科学制订一只狐每天的营养需要量，从而制订出营养价值全面的饲料配方，再根据配方将各种饲料原料按一定比例均匀混合的饲料产品，称为全价配合饲料。全价配合饲料分粉料和颗粒料两种，保存和运输都很方便，适合缺少新鲜鱼类饲料来源、不具备鲜肉类饲料来源和不具备鲜饲料贮存条件的养殖场使用。

三、狐的饲料配制技术

1. 干饲料的加工配制

由于狐的牙齿对饲料的研磨能力较差、消化道较短、食物通过消化道速度快，在其干饲料的加工调制方面亦有其特殊性，主要表现在农作物籽实类的糊化处理及细粉碎工艺方面。

2. 原料的细粉碎

各种粒状原料均需经细粉碎处理后方可用于干饲料的配制，一般粉碎至直径为2mm以下。狐饲料的加工工艺流程有抽检配方原料，看是否符合卫生标准；将主料中的农作物籽实类熟化后再细粉碎入贮料仓，豆粕等原料可直接细粉碎。鱼粉、酵母等细原料可直接称量下料，提升进混料机。从料口加入含有多种维生素、微量元素、氨基酸、抗菌剂及抗氧化剂等的预混料，混匀后，加脂肪继续混合至成品。

3. 鲜饲粮的加工调制

鲜饲粮的加工调制，直接影响其适口性和营养价值。因此，其调制方法是狐场十分重要的工作。

（1）原料的预处理 鲜动物性饲料原料加工调制前需进行品质和卫生鉴定，严防变质饲料投入加工。先将新鲜动物性饲料充分洗涤，去除肉中过多的脂肪，连同各种副产品高温煮熟后冷却备用。鱼类饲料先解冻，洗净表面黏液并蒸熟。蔬菜类饲料调制前去杂整修后可用。也可用高锰酸钾液消毒后洗涤备用。玉米、高粱、豆粕等植物性饲料细粉碎后按配方称出各自所需要量，混匀加水蒸制成窝头备用。

（2）绞制 按饲料单将准备好的各种原料用绞肉机绞制。绞制饲料的蓖孔通常不应太细，以5~8mm的蓖孔为好。边绞边加水，然后在大铁槽或锅内充分拌匀。鲜饲料易腐败变质，调制后不宜放置时间过长，要及时饲喂。

四、狐的营养需要与饲养管理

狐为了维持生命、生长发育和繁衍后代都必须摄入饲料，从饲料中获得生存和生产产品所需要的各种物质。研究狐的饲养，必须知道饲料中各种营养物质的作用及各种动物对各种营养物质的需要量。

1. 营养需要

（1）育成期 育成期仔狐新陈代谢旺盛，对饲料的消化率高，因此日粮营养要全价、适口性好、品质好。日粮中的动物性饲料要占65%~70%，其中1/2应是肉类及其副产品，其余为海杂鱼或淡水鱼、毛鸡、毛蛋等，以及其他动物性饲料。此时的饲料应营养丰富，添加易于消化的蛋、奶、肝脏，并调制成粥样。2~4月龄的仔狐生长发育迅速，日粮中必须供给维持和继续生长的能量需要，并随着体重和日龄的增加而上升，直到7月龄为止。当育成狐的日粮中可消化蛋白质的能量低于代谢能的28%~30%这一标准时，仔狐虽体重增长正常，但体长增长速度减慢。此外，为防止营养缺乏病的发生，应同时补充相应的矿物质和维生素。

（2）准备配种前期和准备配种期　准备配种前期饲养应以促进生殖器官发育，促进毛绒生长和保证健康体况、安全越冬为目的。饲料中可消化蛋白质和可消化脂肪的供给量要提高到每天每只40~58g和14~24g。到了准备配种期，日照时间由短到长，北极狐的生殖系统迅速发育，饲料供给以达到中上等体况为目的。饲料在保证蛋白质供应的同时，要注意维生素和矿物质的添加，有条件时，日粮中要添加动物脑15~30g，繁殖效果较好。

（3）配种期　发情配种的种狐情欲冲动，活动量增加，受性活动影响，食欲减退，所以为补充和满足其营养需要，必须提供营养全价、新鲜和适口性强的饲料。饲料供给量要少些。其日粮的供给量在600~700g，其中鱼类占40%、肉类占20%、蔬菜占8%~10%，谷物类占30%左右，还要每天每只添加维生素A 2500~3000IU、复合维生素B（以维生素B_1含量计算）5~10mg、维生素E 25~30mg、酵母10~15g、维生素C 20~30mg。每天喂2次，种公狐中午要进行一次补饲，一般每天每只补饲鱼、肉类50~70g，肝脏20~30g，牛奶50g。

（4）妊娠期　妊娠狐营养需要量高，且机体的生理变化非常复杂。要求饲料营养要全价，饲料品种保持稳定，品质新鲜，适口性强，易消化。妊娠前4周日粮一般控制在550~600g；妊娠后期由于胎儿生长发育加快，饲料日粮的供给提高到600~700g，其中动物性饲料占70%，日粮中要添加维生素B_1 5~10mg、维生素C 30mg、维生素A 2500~3000IU、维生素E 30mg。

（5）仔狐哺乳期　仔狐在3周龄内完全靠母乳来满足其生长发育的需要，北极狐胎产仔数多，泌乳量很大，应保证优质全价的饲料，同时供给量要足。饲料组成中动物性饲料占70%，适当增加部分动物性脂肪成分，其营养需要中可消化蛋白质为60g左右，脂肪供给量为15~20g，饲料喂量不加以限制。从妊娠到产仔，母狐机体发生了很大的生理变化，应加强母狐的饲养，充分保证泌乳和其自身的营养需要。其日粮标准必须考虑胎产仔数和仔狐的日龄，使日粮供给量随之逐渐增加，尤其是应更加注意产仔多的母狐。

仔狐初生时胎毛短而稀，7~8周龄时胎毛生长停止。在此期间由于仔狐生长发育快，饲料应以营养丰富，易于消化的蛋、奶、肝脏和新鲜的肉类为主。3周龄时可每天每只补饲70~125g，4周龄时补给180~200g，5周龄时补给200~250g，7周龄时补给30g。

（6）恢复期　到了恢复期，日粮中的动物性饲料占50%~60%，日粮供给量在600~700g。随着种狐逐渐恢复，食欲增强，采食量增加，注意控制种狐的肥胖度，特别是种母狐，这关系到第二年的发情早晚及产仔泌乳。饲料供给以达到中等体况为目的，饲料在保证蛋白质供给的同时，要注意维生素和矿物质的添加。每天每只狐供给维生素C 3~5mg、维生素E 3~5mg、维生素A 500~800 IU、维生素B_1 3~5mg、食盐2g、青绿蔬菜15~30g。

2. 各生产时期的饲养管理

人工饲养过程中，狐的饲料和生活条件完全由人来提供。人工环境是否合适、提供的饲料是否能满足其生长发育的需求，即饲养管理的好坏，对狐的生命活动、生长、繁殖和生产毛皮影响极大。因此，必须根据狐的生长发育特性进行科学管理，才能提高狐的生产力。

（1）准备配种期　配种前1.5~2个月为准备配种期，实际上公狐从配种结束、母狐从断乳以后、仔狐从8月末就进入下一个繁殖季节的准备配种期。准备配种期狐的生理特点是：冬毛生长，生殖器官由静止状态转入迅速发育状态。

1）饲养。饲养任务是供给狐生殖器官发育和换毛所需的营养并贮备越冬期所需的营养物质。此时的仔狐还处于生长发育后期，成年种公狐在配种期和种母狐在产仔哺乳期体力消耗很大，需要有一个恢复体力阶段，为了加快种狐体力恢复，种公狐配种结束后、种母狐断乳后10~15d内，饲料仍要保持原有的营养水平。8月末~9月初，公狐的睾丸和母狐的卵巢分别开始发育，日粮的营养水平要有所提高，银黑狐每418kJ代谢能需要可消化蛋白质9g；北极狐每418kJ代谢能需要可消化蛋白质8g，并补加维生素E 5~10mg。

2）管理。除应给狐群适当增加营养外，还应加强饲养管理。

① 增加光照。为促进种狐性器官的正常发育，要把所有种狐放在朝阳处的自然光照下饲养，不能放到阴暗的室内或小洞内。光照有利于性器官发育、发情和交配，但没有规律地增加光照或减少光照都会影响生殖器官的正常发育和毛绒的正常生长。

② 防寒保暖。在准备配种后期气候寒冷，为减少种狐抵御外界寒冷而消耗的营养物质，必须注意加强小室的保温工作，保证小室内有干燥、柔软的垫草，对于个别在小室里排便的狐，要经常检查和清理小室，勤换或补充垫草。

③ 保证采食量和充足的饮水。在准备配种后期由于气温逐渐降低，饲料在室外很快结冰，影响采食。因此，在投喂饲料时应适当提高饲料温度，使狐可以吃到温暖的食物。另外，在准备配种期应保证狐群饮水供应充足，每天至少2~3次。

④ 加强驯化。通过食物引逗等方式进行驯化，尤其是声音驯化，使狐不怕人，这对繁殖有利。

⑤ 做好种狐体况平衡的调整。种狐的体况与其发情、配种和产仔等生产性能密切相关，身体过肥或过瘦，均不利于繁殖。因此，在准备配种期必须注意种狐体况平衡的调整，使种狐保持标准体况。在生产实际中，鉴别种狐体况的方法主要是以眼观、手摸为主，并结合称重来进行。

⑥ 异性刺激。在准备配种后期，把公、母笼间隔摆放，增加接触时间，刺激性腺发育。

⑦ 做好配种前的准备工作。银黑狐在1月中旬、北极狐在2月中旬以前，应周密做好配种前的一切准备工作，维修好笼舍并用喷灯消毒1次。制订配种计划和方案，准备好配种用具，如捕兽钳或捕兽网、手套、配种记录和药品等，并开展技术培训工作。

（2）配种期 配种期是狐场全年生产的重要时期。管理工作主要是使每只母狐都能准确适时受配。银黑狐的配种期一般在每年的1月下旬~3月上旬，北极狐的配种期则稍后，在2月下旬~4月末。进入配种期的公、母狐，由于性激素的作用，食欲普遍下降，并出现发情、求偶等行为。

1）饲养。中心任务是使公狐有旺盛、持久的配种能力和良好的精液品质，使母狐能够正常发情，适时完成交配。此时的公、母狐性欲冲动，精神兴奋，表现不安，运动量增大，加之食欲下降，因此应供给优质全价、适口性好和易于消化的饲料，并适当提高日粮中动物性饲料的比例，如蛋、脑、鲜肉、肝脏、乳，同时加喂多种维生素和矿物质。由于种公狐配种期性欲高度兴奋，行为活跃，体力消耗较大，采食不正常，每天中午要补饲1次营养丰富的饲料，或给0.5~1枚鸡蛋。配种期间可实行每天1~2次喂食制，若在早食前放对，公狐补充饲料应在中午前喂；若在早食后放对，公狐补充饲料应在饲喂后半小时进行。

2）管理。

① 防止跑兽。由于配种期的公、母狐性欲冲动，精神不安，运动量大，故应随时注意检查笼舍牢固性，严防跑狐。在对母狐进行发情鉴定和放对操作时，要方法正确并注意力集

中，否则易发生人狐皆伤的事故。

② 做好发情鉴定和配种记录。在配种期首先要进行母狐的发情鉴定，以便掌握放对的最佳时机。发情检查一般 2~3d 进行 1 次，对接近发情持续期者，要天天检查或放对。对首次参加配种的公狐要进行精液品质检查，以确保配种质量。

做好配种记录，记录公、母狐编号、每次放对日期、交配时间、交配次数及交配情况等。在种母狐配种结束后 3~5d 内要检查有否重复发情。若发现阴门又出现肿胀，说明前期配种失败，要进行第二次配种。

③ 加强饮水。公、母狐运动量增大，加之气温逐渐由寒变暖，狐的需水量日益增加。此时每天要保证水盆里有足够的清水，或每天至少供水 4 次。

④ 区别发情和发病。种狐在配种期因性欲冲动而食欲下降，尤其是公狐在放对初期、母狐在临近发情时，有的连续几天不吃，要注意同发生疾病或外伤的狐相区别，以便对病、伤狐及时治疗。此时要经常观察狐群的食欲、粪便、精神、活动等情况。

⑤ 保证配种环境安静。种狐在配种期间，要保证狐场安静，谢绝参观。放对后要注意观察公、母狐的行为，防止咬伤，若发现公、母狐互相有敌意时，要及时把它们分开。

（3）妊娠期　从受精卵形成到胎儿分娩的这段时间为狐的妊娠期，此时母狐的生理特点是胎儿发育，乳腺发育，开始脱冬毛，换夏毛。

1）饲养。妊娠期是母狐全年营养水平要求最高的时期，除了要保持自身的新陈代谢之外，还要供给胎儿生长发育所需要的各种营养物质，同时还要为产后泌乳蓄积营养。此时饲养管理的好坏不仅直接关系到母狐是否空怀和产仔率，也关系到仔狐出生后的健康。特别是妊娠 28d 以后胎儿长得快，吸收营养也多，妊娠母狐的采食量逐渐增加，对添加剂和蛋白质缺乏非常敏感，稍有不足，便产生不良影响，如胎儿被吸收、流产等。所以除应保证其有营养丰富、全价和易消化的饲料外，还要求饲料多样化，以保证对必需氨基酸的需求。在妊娠母狐的日粮中补充硫酸亚铁，可预防初生仔狐缺铁症；在饲料中补充钴、锰、锌可降低仔狐的死亡率。妊娠期气温逐渐转暖，饲料不易贮存，要求饲料品质新鲜，并保持饲料的相对稳定，否则腐败变质的饲料会造成胎儿中毒死亡。饲料的喂量要适度，可随妊娠天数的增加而递增，并根据个体情况（体况、食欲）不同灵活掌握。妊娠期母狐的体况不可过肥，否则会影响胎儿的发育。

2）管理。主要是给妊娠母狐创造一个安静舒适的环境，以保证胎儿的正常发育。为此，应做好以下几点：

① 保证环境安静。禁止外人参观，饲养人员操作时动作要轻，不可在场内大声喧哗，以免母狐受到惊吓而引起流产、早产、难产、叼仔和拒绝哺乳等。为使母狐习惯与人接触，产仔时见人不致受惊，从妊娠中期开始饲养人员要多进狐场，对狐场内可能出现的应激要加以预防。

② 保证充足饮水。母狐需水量大增，每天饮水不能少于 3 次，同时要保证饮水的清洁卫生。

③ 搞好环境卫生。妊娠期正处于致病菌大量繁殖、疫病开始流行的时期。因此，要搞好笼舍卫生，每天刷洗饮、食具，每周消毒 1~2 次。饲养人员每天都要观察狐群动态，发现有病不食者，要及时请兽医治疗，使其尽早恢复食欲，免得影响胎儿发育。

④ 妊娠阶段观察。妊娠 15d 后，母狐外阴萎缩，阴蒂收缩，外阴颜色变深；初产狐乳

头似高粱粒大，经产狐乳头为大豆粒大，外观可见 2~3 个乳盘；喜睡，不愿活动，腹围不明显。妊娠 20d 后，外阴呈黑灰色，恢复到配种前状态，乳头开始发育，乳头部皮肤呈粉红色，乳盘放大，大部分时间静卧嗜睡，腹围增大。妊娠 25d 后，外阴唇逐渐变大。产前 6~8d，阴唇裂牙，有黏液，乳头发育迅速，乳盘开始肥大，呈粉红色，外观可见较大的乳头和乳盘，母狐不愿活动，大部分时间静卧，腹围明显增大，后期腹围下垂。

⑤ 做好产前准备。按时记录好母狐的初配日期、复配日期和预产日期。一般母孤妊娠 52~54d 产仔，应做好记录，便于做好母狐临产前的准备工作。预产期前 5~10d 要做好产仔箱的清理、消毒及更换垫草等工作，准备齐全并检查仔狐用的一切用具。对已到预产期的母狐更要注意观察，看其有无临产征候、乳房周围的毛是否已拔好、有无难产的表现等。

⑥ 加强防逃。饲养人员要注意笼舍的维修，防止跑狐。一旦跑狐，不要猛追猛捉，以防机械性损伤而造成流产或引起其他妊娠狐的惊恐。

⑦ 加强观察。经常观察母狐的食欲、粪便和精神状态，发现问题要及时查找原因和采取措施。如个别妊娠母狐食欲减退，甚至拒食 1~2 次，但精神状态正常，鼻镜湿润，则应是妊娠反应。应尽量饲喂它喜欢吃的食物，如大白菜、黄瓜、番茄、新鲜小活鱼和鸡蛋等。

⑧ 准备好产仔箱。在母狐配种 20d 后要将消毒好的产仔箱挂上。产仔箱挂上后不要打开箱门，临产前 10d 再打开小箱门。如果在寒冷地区，可在产仔箱中添加垫草，垫草要用大锅蒸 20min，晒干后再垫，垫草除具有保湿作用外，还有利于仔狐吸乳。不是寒冷地区，产仔箱中就不需要垫草，狐产仔但天气仍然较冷时，产仔箱可用彩条塑料布包好，既保温又可防雨水。

（4）产仔泌乳期 产仔哺乳期是从母狐产仔开始直到仔狐断乳分窝为止的时间。银黑狐产仔期一般在 3 月下旬~4 月下旬，北极狐产仔期一般在 4 月中旬~6 月上旬。此时母狐的生理变化较大，体能消耗较多。这个时期的中心任务是确保仔狐成活和正常发育，达到丰产、丰收的目的。

1）饲养。确保仔狐正常发育的关键在于母乳的数量和质量，狐乳的营养非常丰富，特别是初乳中除含有丰富的蛋白质、脂肪、无机盐外，还含有免疫抗体。母狐日泌乳量较大，一般占体重的 15%左右。影响母狐泌乳能力的因素有两个：一是母狐自身的遗传性能；二是产仔哺乳期的饲料组成。此时的日粮营养水平，大致与妊娠期一致，即银黑狐每 418kJ 代谢能需要可消化蛋白质 10g；北极狐每 418kJ 代谢能需要可消化蛋白质 11g。可在妊娠期饲料的基础上增加 2%~3%的乳品饲料，对母狐泌乳大有好处。母狐产仔后最初几天食欲不佳，但 5d 以后，特别是到哺乳的中后期仔狐会吃食时，食量大增。因此，要根据仔狐日龄增长并结合母狐食欲情况，随时调整母狐的饲喂量，以保证仔狐正常生长发育的需要。

2）管理。

① 保证母狐的充足饮水。母狐生产时体能消耗很大，泌乳又需要大量的水。因此，产仔哺乳期必须供给狐充足、清洁的饮水。同时，由于天气渐热，渴感增强，饮水还有防暑降温的作用。如果天气炎热，还应经常在狐舍的周围进行洒水降温。

② 临产拔毛。临产前要拔乳毛，母狐在产仔前会自行拔掉乳头周围的毛，若拔得很少，可以人工辅助拔毛，同时检查是否有乳汁产生，必要时要投放催乳片或打催乳针。

③ 做好产后检查。这是产仔保活的重要措施之一，检查仔狐一般在天气暖和的时候进行，天气寒冷时、夜间和清晨不宜进行。母狐产后应立即检查，最多不超过 12h，对有惧怕

心理、表现不安的母狐可以推迟检查和不检查。检查的主要目的是看仔狐是否吃上母乳。初生仔狐眼紧闭、无牙齿、无听觉，身上披有黑褐色胎毛，而且毛较稀疏。吃上母乳的仔狐嘴巴黑，肚腹增大，集中群卧，安静，不嘶叫；反之，未吃上母乳的仔狐分散在产箱内，肚腹小，不安地嘶叫。检查时，动作要迅速、准确，不可破坏产窝。检查人员手上不能有刺激性较强的异味，如汽油、酒精、香水和其他化妆品气味，最好拿一些狐舍的垫草将手反复撮几次，让手上带有狐舍特有的气味。

④ 精心护理仔狐。初生仔狐体温调节机能还不健全，生活能力很弱，全靠温暖良好的产窝及母狐的照料而生存。因此，小室内要有充足、干燥的垫草，以利于保暖。对乳汁不足的母狐，一要加强营养；二是以药物催乳，可喂给 4~5 片催乳片，连续喂 3~4 次。经饲喂催乳片后，乳汁仍不足的母狐，需将仔狐部分或全部取出，寻找保姆狐代养。

⑤ 适时断乳分窝。断乳一般在 50~60 日龄进行，但是若母狐泌乳量不足，有时也会在 40 日龄断乳，具体断乳时间主要依据仔狐的发育情况和母狐的哺乳能力而定。过早断乳，因仔狐独立生活能力较弱，影响仔狐的生长发育，易出现疾病甚至死亡；过晚断乳，由于给仔狐哺乳，使母狐体能消耗过度而不易得到恢复，影响第二年的生产。断乳方法分为一次性断乳和分批断乳两种。如果仔狐发育良好、均衡，可一次性将母狐与仔狐分开，即一次性断乳；如果仔狐发育不均衡，母乳又不太好，可将仔狐中体质壮、体形大、采食能力强的仔狐先分出去，体质较差的弱仔留给母狐继续喂养一段时间，待仔狐发育较强壮时，再行断乳，即分批断乳。

⑥ 保持环境安静。在母狐的产仔哺乳期内，特别是产后 20d 内，母狐对外界环境变化反应敏感，稍有动静都会引起母狐烦躁不安，从而造成母狐咬仔狐，甚至吃掉仔狐，所以给产仔母狐创造一个安静舒适的环境是十分必要的。

⑦ 重视卫生防疫。母狐产仔哺乳期正值多雨季节，阴雨天多，空气湿度大，加之产仔母狐体质较弱，哺乳后期体重下降 20%~30%，因此，必须重视卫生防疫工作。狐的食具、饮具每天都要清洗，每周要消毒 2 次，对笼舍内外的粪便要随时清理。

（5）恢复期　恢复期是指公狐从配种结束到性器官再次发育这段时间（银黑狐是 3 月下旬~8 月；北极狐是 4 月下旬~9 月中旬）。母狐从断乳分窝到性器官再次发育的时期为：银黑狐 5~8 月，北极狐 6~8 月。种狐经过繁殖季节的体能消耗，体况较瘦，采食量少，体重处于全群最低水平（特别是母狐）。因此，恢复期的主要任务是保证经产狐在繁殖过程中消耗的体能得以充分的补给和恢复，为下个年度的生产打下良好的基础。

1）饲养。为促进种狐的体况恢复，以利于第二年生产，在种狐的恢复期初期，不要急于更换饲料。公狐在配种结束后 10~15d 内，母狐在断乳分窝后的 10~15d 内，应继续给予配种期和产仔哺乳期的标准日粮，以后再逐渐转变为恢复期日粮。

2）管理。种狐恢复期时间较长，气温差别很大，管理上应根据不同时间的生理特点和气候特点，认真做好以下各项工作。

① 加强卫生防疫。炎热的夏、秋季节，应妥善保管各种饲料，严防其腐败变质。饲料加工时必须清洗干净，各种用具要洗刷干净，并定期消毒，笼舍、地面要随时清扫或洗刷，不能积存粪便。

② 保证供水。此时天气炎热，要保证饮水供给，并定期给狐群饮用 0.01%高锰酸钾溶液。

③ 防暑降温。狐耐热性较强，但在异常炎热的夏、秋季时也要注意防暑降温。除加强供水外，还要为笼舍遮蔽阳光，防止阳光直射发生热射病等。

④ 防寒保暖。在寒冷的地区，进入冬季后，就应及时给予足够的垫草，以防寒保暖。

⑤ 预防无意识的延长光照或缩短光照。狐场严禁随意开灯或遮光，以避免光周期的改变而影响狐的正常发情。

⑥ 开展梳毛工作。在毛绒生长或成熟季节，若发现毛绒有缠结现象，应及时梳整，以防止其毛绒粘连而影响毛皮的质量。

⑦ 淘汰母狐。如果有产仔少、食仔、空怀、不护仔、遗传基因不好等方面的母狐，下个年度不能再用作种狐。

（6）仔狐育成期 这是指仔狐脱离母狐的哺育，进入独立生活的体成熟阶段。此时是仔狐继续生长发育的关键时期，也是逐渐形成冬毛的阶段。该时期的特点是仔狐生长发育快、体重增长呈直线上升。成年狐体形的大小、毛皮质量的优劣，完全取决于育成期的饲养管理。

1）饲养。仔狐育成期是其一生中生长发育最快的时期，但在不同阶段（日龄）其生长发育的速度并不完全一致。随着日龄的增长，仔狐生长发育的速度逐渐减慢，达到体成熟后，生长发育几乎停止。生长期间，被毛也发生一系列的变化。仔狐出生时有短而稀的深灰色胎毛，50~60 日龄时胎毛生长停止，银黑狐 3~3.5 月龄时针毛带有银环。8 月~9 月初银毛明显，胎毛全部脱落，在外观上类似成年狐。

为保证仔狐育成期的生长发育和被毛的良好品质，仔狐育成期的日粮标准为：每 418kJ 代谢能需要可消化蛋白质 7.5~8.5g，并补充维生素和钙、磷等矿物质。刚断乳的仔狐，由于离开母狐和同伴，很不适应新的环境，大都表现出不同程度的应激反应，不想吃食。因此，分窝后不宜马上更换饲料，一般在断乳后 10d 内，仍按哺乳期的补饲料饲喂，以后逐渐过渡到育成期饲料。

对于留种的仔狐，在其育成期后期，饲料逐渐转为成年种狐的饲养标准，但饲料量要比成年种狐高 10%，并每天每只增加维生素 E 5mg。而不留作种用的取皮狐，从 9 月初到取皮前，在日粮中适当增加脂肪含量高和硫氨基酸含量高的饲料，以利于冬毛的生长。

2）管理。

① 适时断乳分窝。断乳前根据狐群数量，准备好笼舍、食具、用具、设备；同时，要进行消毒和清洗。适时断乳分窝，有利于仔狐的生长发育和母狐体能的恢复。断乳太早，由于仔狐独立生活能力差，对外界环境特别是饲料条件很难适应，易出现生长受阻。断乳过晚，仔狐间常常出现争食咬架现象，影响弱仔的生长，母狐的体能也很难恢复，并且浪费饲料。

② 适时接种疫苗。仔狐分窝 15~20d 后，应对犬瘟热、狐脑炎、病毒性肠炎等重要传染病实行疫苗预防接种，防止各种疾病的发生。

③ 断乳初期的管理。刚断乳的仔狐，由于不适应新的环境，常发出嘶叫，并表现出行动不安、怕人等。一般应先将 2~4 只同性别和体质、体长相近的同窝仔狐放在同一笼内饲养，1~2 周后再逐渐分开。

④ 定期称重。仔狐体重的变化是生长发育的指标，为了及时掌握仔狐的发育情况，每月至少进行 1 次称重，以了解和衡量育成期饲养管理的好坏。在分析体重资料时，还应考虑

仔狐出生时的个体差异和性别差异。

⑤ 做好选种和留种工作。挑选一部分育成狐留种，原则上要挑选早出生（银黑狐4月5日前出生、北极狐5月5日前出生）、繁殖力高（银黑狐产5只以上、北极狐产8只以上）、毛色符合标准的后裔作为预备种狐。挑选出来的预备种狐要单独组群，专人管理。

第五节　狐皮的剥取与初步加工

狐皮的剥取与初加工是养狐生产中的最后环节，包括屠宰、剥皮、初加工、整形和包装等一系列工序，只有认真掌握皮张加工的技术要领和操作规程，才能确保产品质量和经营者的经济效益。

一、狐的取皮季节与毛皮成熟鉴定

狐的屠宰时间，主要取决于毛皮的成熟程度，而毛皮的成熟期受各地气候条件、各狐场的饲料和饲养管理，以及动物的健康情况、性别、年龄等条件的影响。因而，需要根据饲养狐被毛的生长情况和皮板色泽鉴定毛皮的成熟程度，从而决定屠宰时间。适时屠宰不仅可以获得优质毛皮，也能够节省饲料，降低饲养成本。

目前，我国各狐场多采用观察活体毛绒特征和进行试屠宰并观察皮板颜色相结合的方法，进行毛皮成熟鉴定。

观察动物活体毛绒时应注意，毛皮成熟的狐全身夏毛已脱净，特别是臀部，是狐毛绒秋季脱换的最后部位，也是毛绒最后成熟的区域，如果这个部位被毛已换好，说明被毛成熟。成熟的毛皮（冬毛）毛绒丰厚，针毛直立，丰满平齐，被毛灵活而有光泽；尾毛长而蓬松，尾明显粗大。当狐活动特别是身体弯曲时，如果毛密度达到最高值，周身毛绒会出现一条条裂纹（俗称毛裂），颈部尤为显著。

试屠宰并剥皮观察时，冬毛成熟的狐皮，皮板呈乳白色，皮下组织松软，形成一定厚度的脂肪层，皮肤易于剥离，去油省力。反之，毛皮尚未成熟。

另外，成年狐较仔狐毛皮成熟早，公狐早于母狐。体弱多病、体况过瘦或过肥的狐毛皮成熟最晚。因此，屠宰狐时不可一刀切，要根据个体成熟情况，成熟一批屠宰一批。狐皮成熟季节大致是每年农历小雪到冬至前后，银黑狐取皮一般在12月中下旬；北极狐略早一些，一般在11月中下旬。

在毛皮成熟鉴定时，一定要把握住毛绒成熟程度的分寸，否则将产生毛绒过成熟的情况，这将使毛绒光泽减退，被毛的平齐度降低，影响毛皮质量。

二、狐的处死

在剥皮之前要将狐处死，处死的方法很多，以狐能迅速死亡、毛皮质量不受损伤和污染为原则。以药物法、心脏注射空气法和电击法较为实用。

1. 药物法

一般常用肌肉松弛剂氯化琥珀胆碱，剂量为每千克体重0.5~0.75mg，皮下或肌内注射。注射后3~5min即死亡，死亡前狐无痛苦、不挣扎。因此，不会损伤和污染毛皮，残存于体内的药物无毒性，不影响尸体的利用。

2. 心脏注射空气法

一人用双手保定住狐，术者左手抓住狐的胸腔心脏位置，右手拿注射器，在心脏跳动最明显处针刺心脏，若见血液向针管内回流，即可注入空气10~20mL，狐因心脏瓣膜损坏而迅速死亡。

3. 电击法

将连接220V火线（正极）的电击器金属棒插入狐的肛门，待狐前爪或吻唇接地时，接通电源，狐立即僵直，5~10s即死亡。

三、狐的剥皮

处死后的尸体，应置于洁净的盘中或木架上，切勿扔在地面上，以免污染毛皮；也不要将尸体堆积在一起，避免闷板脱毛。一般在处死狐后半小时，待血液凝固后再剥皮。过早剥皮，易出血污染毛皮；过晚剥皮，则因尸体冷凉而造成剥皮困难。

狐皮按商品规格要求，剥成筒皮。筒皮要求皮形完整，保持动物的鼻、眼、口、耳、后肢和尾部完整无缺。具体步骤如下：

1. 固定胴体

用线绳拴紧狐的尾部，固定在操作台上或拴在操作架上。

2. 挑裆

用挑裆刀从一侧后肢掌心开始，沿后肢内侧长短毛交界处，向上挑至距肛门2cm处；再从另一侧后肢掌心，用同法挑至两刀口会合。挑裆线要正，否则影响毛皮长度和美观。

3. 剥离

挑裆后，先用锯末洗净挑出的污血，然后剥离，剥离时从两后肢用手或刀柄将皮与肉分离，剥至后肢掌心时用力拉皮，拉至能将爪翻过来为止，剪断趾骨，在皮内只留1~2块趾骨，爪尖要保持完整。然后将后肢挂在固定的钩上，将后肢和臀部的皮翻过来向下拉至前肢，前肢也进行筒状剥离，在腋部向前肢内侧挑开3~4cm的开口，以便翻出前肢的爪和足垫。一般在前肢第二趾关节处剪断，并要注意保留爪尖完整。剥完前肢后，两手用力拉皮至头部，先切断耳根，再剥离双眼，切断鼻骨和口唇，即成一完整的筒皮。

四、狐皮的刮油与修剪

刮油就是将皮张上的残肉、脂肪刮掉。剥下的皮张应立即刮油，若放置过久，脂肪干燥则不易刮净。若不能立即刮油时，应将皮张翻至毛朝外放置，或置于低温处保存。刮油包括手工刮油和机械刮油两种方法，同貂皮的刮油和修剪方法。

洗皮、上楦和狐皮的干燥，方法同貂皮的处理方法。

五、狐皮的整理和包装

干燥好的狐皮需要再一次用锯末清洗。先逆毛洗，再顺毛洗，遇上缠结毛或大的油污等，要用排针做成的针梳梳开，并用新鲜锯末反复多次清洗，最后使整个皮张蓬松、光亮、灵活，给人以活皮感为准。也可用清洁的毛巾擦拭毛面，直至光亮无污物为止。场内技术人员对生产的毛皮应根据商品规格及毛皮质量（成熟程度、针绒完整性和有无残缺等）初步验等分级，然后分别用包装纸包装后装箱待售。箱的大小以皮长为限，严禁放在麻袋中。保管期间要严防虫害、鼠害。

第六节 狐的疾病防治

当前，在我国的养狐业中，危害最严重的主要是传染性疾病。由于对狐的某些生理指标尚未掌握，其疾病诊治存在一定困难，有些疾病则尚无有效的药物治疗方法，故防治狐的疾病应坚持“预防为主，防重于治”的方针。

一、狐场的环境消毒

1. 消毒分类

（1）预防性消毒　预防性消毒指平时对圈笼舍、场地、用具及饮水等进行定期消毒，以达到预防一般传染病的目的。

（2）疫源地消毒　疫源地消毒指对当时存在或曾经发生过疫病的疫区进行消毒，目的是杀灭由传染源排出的病原体。根据实施消毒的时间不同，可分为随时消毒和终末消毒。随时消毒是指疫源地内有传染源存在时实施的消毒措施，消毒对象是病狐或带菌（带毒）狐的排泄物，以及被其污染的笼舍、用具和物品等，特点是需要多次反复地进行消毒；终末消毒是狐场常用的消毒方法，指被烈性传染病感染的狐群，经过一段时间死亡或淘汰后，全部病狐都已处理完毕，这时对狐场的内外环境和一切用具所进行的全面彻底的大清扫和消毒。

2. 消毒方法

消毒的方法同水貂场的消毒方法。

二、狐的免疫预防

狐的经济价值较高，一旦有传染病发生，就会造成严重的经济损失。因此，狐场必须采取积极有效的综合性防治措施，以杜绝传染病的发生和蔓延。对狐群实行定期预防性疫苗接种和诊断性检查，才能预防传染病的发生。

三、狐的常见病防治

1. 病毒性疾病

（1）犬瘟热　犬瘟热是由犬瘟热病毒引起的犬科、鼠科及部分浣熊科动物的急性、热性、高度接触性传染病。本病严重危害毛皮动物饲养业，被称为毛皮动物三大疫病之一。

【发病症状】自然感染时，狐的潜伏期为9~30d，有时长达3个月。病狐有的具有典型的临床症状，而有的症状不明显。

1）最急性型。常呈神经型，发生于流行初期，病程特别短，往往看不到前期症状。发病后体温高达42℃，突然发病，表现为前冲、狂暴、咬笼、四肢抽搐、尖叫和口吐白沫等神经症状，死亡率高达100%。

2）急性型。流行初期，看不到特征性临床症状。食欲减退，体温升高（40~41℃）持续2~3d，酷似感冒症状。开始出现浆液性、黏液性和化脓性结膜炎。两眼内角出现目眵，或目眵将上下眼睑粘连，或堆积在眼周围呈眼镜样。鼻镜干燥，鼻部的皮肤出现龟裂并被覆干燥的痂皮，有时出现鼻肿胀，流出鼻液并伴有支气管肺炎。有时鼻分泌物增多，分泌物干固将鼻孔堵塞。精神委顿，拒食，呼吸困难。病狐被毛蓬乱，无光泽，消化紊乱，下痢，后期粪便呈黄褐色或煤焦油样。

3）慢性型。病程为14~30d，主要表现皮炎症状，先是趾掌红肿，软垫部炎性肿胀呈硬趾症。鼻、唇和趾掌处皮肤出现水泡，继而化脓溃烂，全身皮肤发炎，有米糠样皮屑脱落。当肺部被侵害时，出现咳嗽。特别是春、秋两季发生本病时，常侵害呼吸器官。消化器官出现卡他性炎症，腹泻，粪便混有血液。北极狐下痢严重时，常出现脱肛，银黑狐则少见。

【防治方法】目前无特异性治疗方法，可用磺胺类药物和抗生素控制细菌引起的并发症，以延缓病程，促进痊愈。当发生浆液性和化脓性结膜炎时，可用青霉素溶液点眼或滴鼻。出现肠炎时，可在饲料中投入土霉素，每天早晚各1次，每头剂量为：仔狐0.05g，成年狐0.2g。并发肺炎时，可用青霉素和链霉素控制，仔狐每天15万~20万IU，成年狐30万~40万IU，分2次肌内注射。对已发生犬瘟热的狐群，唯一办法就是尽早诊断、隔离病狐，做好病狐笼舍和用具的消毒工作，加强饲养管理，固定食具并定期煮沸消毒，以防人为传染。尽快对全群进行疫苗接种，有可能挽救大部分未发病狐。

目前在国外有7种疫苗可用于预防犬瘟热：福尔马林灭活疫苗、通过雪貂致弱的活毒疫苗、通过鸡胚致弱的活毒疫苗、通过细胞培养致弱的活毒疫苗、犬瘟热高免血清和强毒的联合应用、犬瘟热与犬传染性肝炎联合疫苗、麻疹疫苗。对狐的免疫可用狐的含毒组织加福尔马林制成的灭活疫苗或通过鸡胚致弱的活毒疫苗进行免疫接种。

如果在春季配种期发生本病，由于种狐窜笼会增加感染机会，且公狐配种能力下降，母狐大批空怀、死胎和烂胎，并出现大量死亡。因此，一般于12月~第二年1月进行免疫接种。仔狐接种一般在2月龄。

为预防本病流行，狐场应建立严格的卫生防疫制度，严格控制狗、猫等动物进入狐场。犬瘟热病愈后，至少有6个月带毒。因此，6个月内狐场禁止动物进入和输出。特别是在年末发病时，已接近配种期，最好不留作种用，一律取皮淘汰。

（2）狂犬病 狂犬病是由狂犬病病毒引起的多种家畜、野生动物和人的共患病，是以中枢神经系统活动障碍为主要特征的急性传染病。

【发病症状】狐狂犬病与狗一样，多呈狂暴型，病程可分为3期：一是前驱期，呈短时间沉郁，不愿活动，不吃食，此期不易观察。二是兴奋期，患病狐兴奋，呈现攻击性增强，性情反常的凶猛，病狐不觉胆怯，扑咬人和其他动物，狂暴期反复，在笼舍内不断走动或狂躁不安，急走奔驰，啃咬笼壁及笼内食具，不断攀登或啃咬躯体，向人示威嚎叫，追逐饲养员，咬住物品不放，食欲废绝，下痢、凝视、眼球不灵活。三是麻痹期，麻痹过程增强，精神高度沉郁、喜卧，后躯行动不自如、摇晃，最后全身麻痹。体温下降，病狐经常反复发作，或狂躁不安或躺卧呻吟，流涎，腹泻，一直延迟到死亡。

【防治方法】目前无治疗方法。近年来正在研制狂犬病亚单位疫苗，即用化学方法提取病毒粒子囊膜最外层具有抗原性的纤突，试制成抗原并免疫实验动物与人且均已成功。此外，有一些实验室正在应用遗传工程技术制备狂犬病疫苗；将单克隆抗体和干扰素合并使用有助于拖延狂犬病病毒在动物体内的增殖，这一研究成果将对人畜有较大的应用价值。

预防本病应防止野狗、野猫等动物进入狐场，可用较高的篱笆或围墙使狐场与外界隔离。对新购进的狐要隔离饲养观察一段时间后再与原狐群进行混群。

（3）伪狂犬病 伪狂犬病又称阿氏病，是多种动物共患的急性病毒性传染病。本病特点是发热、奇痒，有脑脊髓炎和神经节炎症状。

【发病症状】狐自然感染本病的潜伏期为6~12d，主要症状是拒食1~2次或食欲正常，但症状发展很快，常发生流涎和呕吐。病狐精神沉郁，对外界刺激反应增强，拱腰，在笼内转圈，行动缓慢，呼吸加快，瞳孔缩小。兴奋性显著增高的病狐，常咬笼子和食具等。由于中枢神经损伤严重和脑脊髓炎症，常引起肢体麻痹或不完全麻痹。

【防治方法】目前尚无特效疗法。发现本病后，应立即停喂被伪狂犬病污染的肉类饲料，同时用抗生素控制继发感染。为预防本病，应对饲料要严格检查，特别是喂猪内脏和肉类时更要注意，应煮熟或处理后再喂。当狐场出现伪狂犬病时，应立即排除可疑的饲料，对病狐进行隔离饲养观察，对污染的笼舍和用具进行彻底消毒。

（4）病毒性肠炎 病毒性肠炎是由病毒感染引起的急性、热性、高度接触性传染病，也是一种造成白细胞巨减的胃肠传染病，以呕吐、腹泻、出血性肠炎、心肌炎为主要特征。本病发病急、传播快、流行广，死亡率高，危害性大。

【发病症状】潜伏期为4~9d，一般为5d。急性经过者发病次日即有死亡，以4~14d为死亡高峰期，15d后多转为亚急性或慢性经过。病狐早期症状为食欲减退或废绝，精神沉郁，被毛蓬乱无光泽，饮欲增强，偶尔出现呕吐。粪便先软后稀且多黏液，呈灰白色，少数出现红褐色，逐渐变为黄绿色的水样粪便，有时可见到带条状血样粪便。随着病情逐渐加重，常排出套管状的粪便，即粪便中可看到各种颜色的肠黏膜，呈灰色、黄色、乳白色及黑色煤焦油样。后期多表现为极度虚弱和消瘦，眼窝塌陷，严重脱水，最终衰竭死亡。

【防治方法】目前无特效疗法，已确诊病毒性肠炎的病狐，可用病毒性肠炎疫苗紧急抢救性接种，并对症治疗，可抢救部分健康狐或病狐，抗生素和磺胺类药物只能在本病的早期防止继发细菌感染。为从根本上预防本病，对健康狐必须每年2次（分窝后的仔狐和种狐，7月1次，留种狐在12月末或第二年初1次）预防接种病毒性肠炎疫苗。

2. 细菌性疾病

（1）狐阴道加德纳菌病 本病是我国近年来发现的人、畜及毛皮动物共患的细菌性传染病，以妊娠狐空怀、流产为主要特征。1987年中国农业科学院特产研究所严忠诚等人在狐流产病例中发现本病，经过几年的深入研究，已摸清本病的病原、流行情况、病理机制、症状、诊断及防治方法，并已研制出疫苗。

【发病症状】病狐配种后不久，母狐妊娠前期和中期出现不同程度流产，规律明显，以后每年重演，病势逐年加剧，狐群空怀率逐年增高。银黑狐、北极狐感染狐阴道加德纳菌后，主要引起泌尿生殖系统症状。母狐出现阴道炎、子宫颈炎、子宫炎、卵巢囊肿、肾周脓肿等症状；公狐常出现血尿，在配种前，感染本病的公狐发生包皮炎、前列腺炎和性欲降低。本病病情严重时，病狐表现食欲减退，精神沉郁，卧在笼内一角，其典型特征是尿血（葡萄酒样），后期体温升高，肝脏变性、黄染，肾脏肿大，最后败血而死。

【防治方法】用氯霉素、红霉素、氨苄西林均可治疗。氯霉素每天3次，每次0.25mg（1片），连续投药12d。为了防止出现抗药性，中间可停喂1d。国内外均已研制出疫苗，国内用GVF44菌株制成的氢氧化铝胶灭活疫苗，免疫有效期为6个月，免疫保护率为92%。每年定期注射2次疫苗，可获得有效的保护。

（2）炭疽病　本病是由炭疽杆菌引起的毛皮动物、家畜和人共患的急性、热性、败血性传染病，以脾脏肿大、皮下和浆膜下结缔组织浆液性出血性浸润为主要特征。

【发病症状】潜伏期为1~2d。急性经过者无任何临床表现，刚吃完食就会突然死亡。病程稍长者，表现体温升高、呼吸加快、步态蹒跚、饮欲增强、拒食、血尿、腹泻，粪便内有血块和气泡，常从肛门和鼻孔中流出血样泡沫，出现咳嗽、呼吸困难及抽搐症状，咽喉水肿扩大到颈部和头部，有时蔓延到胸下、四肢和躯干。

【防治方法】可用炭疽血清进行特异性治疗，对成年银黑狐和北极狐皮下注射20~30mL、对仔狐注射10~15mL。药物治疗时，用青霉素有效，每次20万~40万IU，每天3次。

为预防本病，应建立健全的卫生防疫制度，严禁采购、饲喂来源不明或病死的动物肉。疫区每年应进行1次炭疽疫苗接种注射。可疑病狐需进行隔离饲养治疗，病死狐不得剖检取皮，应一律烧毁深埋，被污染的笼舍需用喷灯进行火焰消毒。

（3）巴氏杆菌病　本病又称出血性败血症，是由多杀性巴氏杆菌引起的畜禽和野生动物多发的急性、败血性的细菌性传染病。

【发病症状】突然发病，食欲不振，精神沉郁，鼻镜干燥。有时呕吐和下痢，在稀粪便内有时混有血液和黏液。可视黏膜黄染，病狐身体消瘦，有的出现神经症状、痉挛和不自觉的咀嚼运动，常在抽搐中死亡。

【防治方法】可用青霉素治疗。立即将发病狐和健康狐群隔离，发病狐每只肌内注射青霉素40万IU、链霉素20万IU，2次/天，连用5d；磺胺嘧啶片按0.5%比例混入饲料内连喂7d；饮水中加入畜禽口服补液盐、维生素C片，连续饮水10d。用药后狐发病减少，死亡停止。对未发病的狐，用磺胺嘧啶混入饲料饲喂，预防发病。

（4）结核病　本病是畜禽、毛皮动物和人共患的一种慢性传染病，其特征是在内脏器官内形成酪化及钙化变性的结核结节。

【发病症状】大多数病狐表现衰竭，被毛蓬乱无光泽。当肺部发生病变时，出现咳嗽、呼吸促迫，很少运动。下颌淋巴结或颈浅淋巴结受到侵害时，肿大或溃烂。实质器官（肝脏、肾脏等）被侵害时，常无可见的临床症状。有的病狐发生腹泻或便秘，腹部鼓胀增大，腹腔积水。

【防治方法】尚无特异性预防措施。对患结核病畜禽的肉类及其副产品，需去掉结核病病变器官后，煮熟饲喂。对结核菌素试验阳性牛的奶汁，必须经巴氏消毒或煮沸后才允许饲喂。屠宰前在基础狐群进行结核菌素试验，将结果呈阳性和有可疑反应的狐一律取皮淘汰。对阳性和有可疑反应的狐，一定要隔离饲养，一直到取皮为止。对病狐住过的笼子用火焰喷灯或2%氢氧化钠溶液消毒，地面用漂白粉喷洒消毒。

3. 寄生虫病

（1）弓形虫病　本病是由龚地弓形虫所引起的人、畜及毛皮动物共患的寄生虫病。本病在世界各地广为传播，其感染率有逐年上升的趋势，给人及动物的健康和养狐业带来很大的危害。

【发病症状】食欲减退或废绝，呼吸困难或呼吸浅表、急促，由鼻孔及眼内流出黏液，腹泻、带有血液；肢体不全麻痹或麻痹，骨骼肌肉痉挛性收缩，心律失常，体温升高到41~42℃，呕吐；死前精神兴奋，在笼舍内旋转并发出尖叫。公狐患病不能正常发情和正常交配；母狐妊娠期感染本病，可导致胎儿被吸收、流产、死胎、难产及产后仔狐4~5d死亡。

【防治方法】磺胺嘧啶、磺胺对甲氧嘧啶、磺胺间甲氧嘧啶和磺胺对甲氧嘧啶二甲氧苄啶（敌菌净）等药物对本病均有较好的疗效，但要在发病初期治疗，如果用药晚，虽可使症状消失，但不能抑制虫体进入组织内形成包囊，从而使其变为带虫者。在用磺胺类药物治疗的同时，可用维生素B和维生素C注射液配合治疗，能起到促进治愈的作用。对病狐要隔离治疗，死亡后尸体要深埋。取皮、解剖、助产的用具等进行煮沸消毒，或以1.5%~2%氯胺T（氯亚明）、5%来苏儿溶液等处理其表面。

（2）螨虫病　本病是银黑狐和北极狐等毛皮动物常患的寄生虫侵袭性疾病，特征是侵害皮肤并伴发高度的痒觉、脱毛及皮肤上出现结痂。依病原体的种类不同，可将螨虫病分为疥螨病和耳螨病两种。

1）疥螨病。

【发病症状】病症多先从头部、口鼻、眼、耳及胸部开始，后遍及全身。皮肤发红，有疹状小结节，皮下组织增厚、奇痒。病狐抓挠患部，被毛脱落，在皮肤秃毛部出现出血性抓伤，患部皮肤增厚，有皱褶，或形成痂皮。

【防治方法】选用1%敌百虫或5%浓碘酊，也可用生石灰3kg、硫黄粉3kg，适量水拌成糊状后加水60kg煮沸，取清液加入温水20kg拌匀即可。药液温度为20~30℃，进行涂擦，药量要足，涂抹4~5次，隔6d再进行1次，2次为1个疗程，涂药后应给予充足清洁的饮水。也可采用中草药治疗，即将乳香20g、枯矾80g，混合磨成细面，制成散剂。用时，以1份散剂加入2份花生油混合加热后涂于患处，连涂数次即可治愈。预防本病要注意笼舍的环境卫生，对新引进的狐要进行检疫，发现病狐要及时隔离治疗。

2）耳螨病。主要发生在北极狐和银黑狐的耳部，耳螨侵害耳壳，使其发生炎症，严重者损坏中耳，引发中耳炎，甚至并发脑膜炎。

【发病症状】病狐摇头，以耳壳摩擦小室或笼舍，有时用前肢搔抓患部，皮肤发红，并稍有肿胀。严重时，伤口内有浆液性渗出物流出，继而流出脓性分泌物，渗出物黏结在耳壳下缘的被毛上，形成黄色或黄褐色的痂皮。当耳螨钻进内耳时，鼓膜穿孔，病狐失去听力。病狐食欲下降，头歪斜；当发生葡萄球菌继发感染时，可引起中耳炎、脑膜炎，导致病狐死亡。

【防治方法】耳螨病的防治方法与疥螨病的防治方法相同。

（3）绦虫病　本病主要侵害狐，常寄生于银黑狐、北极狐的肠道中。

【发病症状】初期无明显症状，中期由于虫体快速发育，病狐表现食欲亢进，后期患狐体况衰弱，腹部胀满，被毛蓬乱无光，有时呕吐、下痢，贫血，可视黏膜苍白，最后体力衰竭而死亡。在粪便中可见到排出的成熟白色节片。

【防治方法】不喂含囊尾蚴的肉类，如必须喂时，应进行高温高压处理。同时，处理含囊尾蚴肉的用具也要进行消毒处理，以防将囊尾蚴带入饲料中。治疗可采用驱虫药，如阿苯达唑，每只肌内注射5mL。驱虫后必须用显微镜检查粪便，看绦虫头是否已排出体外。

（4）蛔虫病

【发病症状】身体虚弱，精神萎靡，腹部胀满，消化不良，下痢和便秘交替进行，被毛蓬乱无光。有时呕吐，痉挛，抽搐，有时可看到吐出或便出蛔虫。病情严重的病狐，常因蛔虫过多而造成肠梗阻而死亡，剖检可见到肠内蛔虫阻塞成团。

【防治方法】加强饲料和笼舍的卫生管理。蔬菜要洗干净，畜禽内脏一定要高温处理后再喂。治疗本病可用阿苯达唑伊维菌素片，每天每只1~2片，隔2周后再重复喂1次，或每千克体重用阿苯达唑25~50mg。驱虫一般在仔狐断乳后进行，投药后4~5h后喂食。

4. 普通病

（1）呼吸系统疾病

1）感冒。这是机体不均等受寒引起的病理生理防御适应性反应，是机体全身反应的局部表现，是导致各种疾病发生的基础，属狐的常见多发病。

【发病症状】多发生在雨后、早春、晚秋，即季节交替或突然降温之后。病狐表现精神不振、食欲减退，两眼半睁半闭，有泪，鼻孔内有少量的水样鼻液，体温升高，鼻镜干燥，不愿活动，多倦卧于小室或笼网一角。

【防治方法】多用氨基比林等解热药物，为了促进食欲，可用复合维生素B或维生素B_1注射液。预防并发症常用青霉素或其他广谱抗生素，平时要加强饲养管理，提高机体的抗病能力。气候变化时要注意保温，特别是寒冷季节运输种狐时，要防止冷风侵袭。

2）支气管炎。因患感冒、受异物刺激及其他传染病继发感染等而发生支气管炎症。

【发病症状】可分为急性和慢性。急性支气管炎病狐表现高烧，高度沉郁，战栗，呼吸急促，食欲减退，频频发咳。开始时为干性痛咳，后变为湿咳。当细微支气管发炎时，呈干性弱咳。鼻孔流出浆液、黏液或脓性鼻涕。一般轻症经2~3周治疗可痊愈；严重病例可致死亡或转为慢性。慢性支气管炎的症状与急性支气管炎相似，其主要症状是咳嗽，听诊有干、湿啰音。发生支气管扩张或肺气肿时，呈现呼吸困难。后期营养不良，多发生卡他性肺炎。

【防治方法】改善饲养管理，饲喂新鲜易消化的全价饲料，注意通风，保持场内安静。药物治疗时，每只可肌内注射青霉素20万~40万IU，每天2次。分泌物过多时，每只可口服氯化铵0.1~0.5g。慢性支气管炎治疗的时间较长，在使用青霉素等抗生素药物的同时，可使用兴奋性祛痰药，即使用松节油、松馏油、克辽林、氯化铵等药物。

3）肺炎。按其炎性渗出物性质，可分为格鲁布性肺炎（或纤维蛋白性肺炎）、卡他性肺炎、出血性肺炎、化脓性肺炎、坏疽性肺炎。按其病的发展范围，可分为大叶性肺炎、小叶性肺炎、粟粒性肺炎、间质性肺炎、支气管肺炎、胸膜肺炎等。根据病因的不同，可分为原发性肺炎、传染性肺炎、真菌性肺炎、寄生虫性肺炎、吸入性肺炎和异物性肺炎。

【发病症状】精神沉郁，鼻镜干燥，可视黏膜潮红或发绀。病狐常卧于小室内，蜷曲成团，体温升高至39.5~41℃，呼吸困难，呈腹式呼吸，每分钟60~80次，食欲完全丧失。日龄小的仔狐患本病，多呈急性经过，看不到典型症状，常发出冗长而无力的尖叫声，吮乳无力，吃奶少或吃不上奶，腹部不胀满，很快死亡。成年狐发生本病，多因不坚持治疗而死亡。本病病程持续8~15d，治疗不及时，死亡率较高，特别是仔狐。

【防治方法】应用抗生素效果良好，但需配合使用促进食欲和保护心脏的药物。如用青霉素治疗，其用量为每次用青霉素20万~40万IU、复合维生素B 1mL，每天3次，连续数天可治愈。

（2）消化系统疾病

1）胃肠炎。本病是狐由于饲料或疾病等原因引发的胃肠分泌和运动机能的紊乱及病变等。主要可分为急性卡他性胃肠炎、出血性胃肠炎等。

【发病症状】初期食欲减退，有时出现呕吐。在病的后期，食欲废绝，口腔黏膜充血，干灼发热，精神沉郁，不愿活动。腹部蜷缩，弯腰拱背。腹泻，排出蛋清样的灰黄色或灰绿色稀便，内有未消化的饲料，严重者可看到血便。体温变化不定，也可能升高到40~41℃以上，濒死期体温下降。肛门及会阴部有稀便污染。仔狐常出现脱肛，腹部臌气。下痢严重者，表现脱水，眼球塌陷，被毛蓬乱，昏睡，有时出现抽搐。一般病程急，多为1~3d或稍长些，常因治疗不及时或不对症而死亡。

出血性胃肠炎病狐表现精神萎靡不振，卧于小室内、不活动，鼻镜干燥，眼球塌陷，口渴，食欲废绝，步态不稳，身体摇晃，蜷腹拱腰，下痢，排出煤焦油样或带血粪便。后期体温下降，后躯麻痹，惊厥、痉挛而死。

【防治方法】要着重于大群防治，排除饲料中的不良因素。有条件时，可给病狐一些鲜牛奶或奶粉，在饲料中加入一些广谱抗生素（土霉素和新霉素）或磺胺脒之类的药物。仔狐断乳时要给予易消化、新鲜、营养丰富的饲料。为了恢复食欲，可肌内注射复合维生素B，口服喹乙醇、磺胺对甲氧嘧啶二甲氧苄啶（混于饲料中喂），脱水严重者可补液，皮下或肌内注射5%葡萄糖注射液。还可注射维生素C 0.5~1mL、青霉素或链霉素20万~40万IU。

2）幼兽消化不良。

【发病症状】病狐肛门部被粪便污染；粪便为液状，呈灰黄色，含有气泡；口腔恶臭，舌苔呈灰色；被毛蓬松，缺乏正常光泽。

【防治方法】虽然无高死亡率，但应注意护理和治疗。一般情况下，投给适量促进消化的药物即可。但病情较重者可应用土霉素，每次5~10mg；链霉素每次500~1000IU。颈部皮下注射10%葡萄糖注射液或生理盐水，同时肌内注射维生素B_1、B_6、B_{12}，治愈加快。维生素B_1注射量为0.5mL，维生素B_6注射量为0.2mL，维生素B_{12}注射量为5μg；10%葡萄糖注射液6mL，生理盐水50mL，皮下多点注射。这样治疗可缩短病程，不治疗，7~10d才能痊愈；应用上述方法，4~7d即可治愈。

（3）肠梗阻　本病即肠管内腔被异物阻塞变狭窄，最常见于成年母银黑狐和北极狐。

【发病症状】病狐食欲完全丧失及进行性消瘦。在产仔后母狐不采食，从口腔内排出污白色的泡沫，流涎。常常出现呕吐或呈现要排粪的动作，严重时出现腹痛，时常以腹部摩擦笼网。

【防治方法】用食道探子投给病狐加温至与体温相同并混有消炎药的凡士林油，剂量为150mL，每天1次，反复3~4次，常可见效。严重者可实行剖腹手术。

预防本病必须保证在产仔准备期母狐不拒绝饲料，保持良好的食欲，并保证完全温暖的饮水。饲料要严加检查，除去夹杂物如橡皮块、包装用纸等。

（4）产科病

1）流产。

【发病症状】母狐流产后往往在小室或笼内看不到胎儿，但能看到血迹，个别狐也能看到残缺不全的胎儿。一般从母狐的外阴部流出恶露，1~2d后见到红黑色的膏状粪便。银黑狐、北极狐发生不完全的隐性流产时，如触摸后腹部，可摸到无蠕动的死胎。

【防治方法】对已发生流产的母狐，为防止子宫炎和自身中毒，每只每次可注射青霉素20万~40万IU；为促进食欲，可注射复合维生素B 0.5~1mL。对不完全流产的母狐，要进行保胎治疗，可注射孕酮（1%黄体酮）0.3~0.5mL和口服维生素E。对已经确认死胎者，可先注射缩宫素1~2mL，然后再进行治疗。为防止感染败血症和其他疾病，可肌内注射抗生素和磺胺类药物。为预防本病发生，狐场要保持安静，杜绝机动车辆进入，饲料要保持全价、新鲜，不轻易更换饲料，并且在妊娠期狐场谢绝参观。

2）乳腺炎。

【发病症状】病狐的乳房基部形成纽扣大小的结节，有的乳房有外伤、化脓。病重者表现精神不安，常在笼中徘徊，不愿喂仔狐。有的病狐常叼仔狐出入小室，而不安心护理。仔狐由于不能及时哺乳，发育迟缓，被毛蓬乱焦躁，并经常发出尖叫声。母狐因长期乳腺发炎，体温升高，食欲减退或废绝，精神沉郁，体力衰弱。

【防治方法】产仔期要加强对母狐的饲养管理，经常观察产仔母狐的哺乳行为和仔狐的发育状况。一经发生乳腺炎，初期提倡按摩乳房，排出积留乳汁。如感染化脓，可用0.25%盐酸普鲁卡因5mL、青霉素40万IU，在病狐炎症位置周围的健康部位进行封闭治疗。化脓部位用0.3%乳酸依沙吖啶溶液洗涤创面，然后涂以青霉素油剂或消炎软膏。对拒食的母狐，要静脉注射5%葡萄糖注射液20~30mL，肌内注射复合维生素B 1~2mL。

3）子宫内膜炎。

【发病症状】交配后患本病的种狐，多发生在交配后的7~15d。病初表现食欲减退或不食，精神不振，外阴部流出少量脓性分泌物。严重时，流出大量带有脓血的黄褐色分泌物，并污染外阴部周围的被毛。

产后患子宫内膜炎的母狐，产后2~4d出现拒食，精神极度不振，鼻镜干燥、行为不安；子宫扩大、敏感、收缩过程缓慢。仔狐虚弱，发育落后，并常常发生腹泻。

【防治方法】预防本病发生要加强狐场的卫生管理。在配种前和产仔前，要对笼舍用喷灯火焰消毒，配种前对种公狐的包皮及母狐的外阴部用0.1%高锰酸钾溶液或0.3%乳酸依沙吖啶溶液擦洗1次，以消除感染源。产仔母狐小室的垫草要保持干燥、清洁，出现难产母狐要及时助产。治疗本病可用青霉素或诺氟沙星等抗生素。每天每只可肌内注射青霉素40万IU，每天2次。诺氟沙星用量为每千克体重1~1.5mL。重病狐可先用0.1%高锰酸钾溶液或0.3%乳酸依沙吖啶溶液清洗阴道和子宫后，再用上述药物治疗。

（5）泌尿系统疾病

1）膀胱麻痹。本病是由膀胱括约肌高度紧张而引起的疾病，并伴有排尿不能。哺乳期的母北极狐常发现本病，银黑狐鲜有发现。

【发病症状】最初症状为母狐在给食时不出小室；其后腹围逐渐增大，触摸膀胱，发现显著变大、有波动。此时病狐呼吸困难，腹壁紧张。多数病例为急性经过（1~2d），并发症为膀胱破裂。

【防治方法】根据特有的临床症状建立诊断。如果病狐无窒息症状，可将母狐从小室内驱赶出来，让其在笼内运动20~40min，使尿液从膀胱中排空。如还不能达到目的时，可将母狐放到场院内10~20min，使其把尿充分排出。如果上述方法无效，可实行剖腹术，经膀胱壁把针头刺入膀胱内，排空尿液。哺乳期要合理饲养，保持狐场安静。饲养人员在喂饲时如果母狐不从小室内出来，可将其赶出小室，插上挡板，让母狐在外面排出尿后，再打开挡板放回小室内。

2）尿结石。本病指在肾脏、膀胱及尿道内出现矿物质沉淀。

【发病症状】常不出现任何症状而突然死亡。有的病狐作频频排尿动作，有的病狐尿呈点滴状而不能随意排出，常浸湿腹部绒毛。妊娠母狐肾脏和尿路结石会妨碍子宫正常收缩。

【防治方法】由于结石形成于碱性尿液中，可改变日粮使之呈酸性，同时饲料应为液状并保持足够的饮水。为预防本病，必须在饲料中添加氯化铵或磷酸化学纯品。

3）尿湿症。本病与遗传因素有关，且主要发生于8~9月，饲料腐败、氧化变质及维生素 B_1 不足能诱发和促进本病的发生。

【发病症状】病狐不随意地频频排尿，会阴部、腹部及后肢内侧被毛高度浸湿。皮肤逐渐变红并显著肿胀，不久在浸湿部出现脓疱，脓疱破溃形成溃疡。当病程继续发展时，被毛脱落，皮肤变得硬固、粗糙，在皮肤和包皮上出现坏死变化，坏死扩大并侵害后肢内侧及腹部皮肤。常常发生包皮炎，包皮高度水肿，排尿口闭锁，尿液积留于包皮囊内，病狐高度疼痛。

与尿结石不同，尿湿症的尿呈酸性反应。有时在有化脓性膀胱炎时，炎症过程可能转移至腹部，引起化脓性腹膜炎而很快死亡。

【防治方法】改善病狐的饲养管理，排除日粮内质量不好的饲料，换上易消化和富含维生素的饲料（牛奶、鲜鱼或鲜肉），给予清洁、足够的饮水。为消除病原，常采用抗生素（青霉素、土霉素、链霉素等）疗法，效果良好。

（6）中毒病

1）肉毒梭菌毒素中毒。本病是由于狐食用了被肉毒梭菌污染的肉类或鱼类饲料，而导致的急性中毒病。

【发病症状】于食后5~24h突然发病，最长为48~72h。狐表现运动不灵活，躺卧，不能站立，先是后肢出现不完全麻痹或麻痹，不能支撑身体，拖肢爬行；继而前肢也出现麻痹，病重时出入小室困难。有的病狐表现出神经症状，流涎、吐白沫、瞳孔散大、眼球凸出。有的病狐常发出痛苦尖叫，进而昏迷死亡。少数病例可看到呕吐、下痢。

【防治方法】本病因来势急、死亡快和群发等特点，一般来不及治疗。特异性疗法：可用同型阳性血清治疗，效果较好。对症治疗：可用强心、利尿剂，皮下注射葡萄糖注射液等。要从根本上预防本病，应注意饲料的卫生检查，用自然死亡动物的肉时，一定要经过高温处理。最有效的预防办法是注射肉毒梭菌疫苗，而且最好用C型肉毒梭菌疫苗，每次每只注射1mL，免疫期为3年。

2）霉玉米中毒。

【发病症状】病狐食欲减退、呕吐、拉稀、精神沉郁，出现神经症状，抽搐、震颤、口吐白沫，角弓反张，癫痫性发作等。急性病例解剖可见胃肠黏膜出血、充血、溃疡、坏死；肝脏、肾脏充血、变性及坏死；口腔黏膜溃疡、坏死。

【防治方法】饲料贮存时要保持通风、干燥，并经常晾晒，粉碎后的玉米面要及时散热，采购时要防止不合格的玉米进场。发现本病发生，应立即停喂有毒饲料，在日粮中加喂蔗糖、葡萄糖、绿豆水等解毒，严重时，静脉或腹腔注射葡萄糖注射液。为防止出血，可在葡萄糖注射液中加入甲萘醌和维生素C。

3）食盐中毒。食盐是动物体不可缺少的矿物质。适量食盐可增进食欲、改善消化，但食盐过量，则会引起中毒。

【发病症状】食盐中毒的狐，常出现高度口渴，兴奋不安，呕吐，从口鼻中流出泡沫样黏液，呈急性胃肠炎症状。腹泻，全身虚弱，出汗，伴有癫痫，叫声嘶哑，病狐在昏迷状态下死亡。有的狐运动失调，做旋转运动，排尿失禁，尾巴翘起，四肢麻痹。本病若群发，多为饲料中食盐过量或饮水不足；若散发，则多是因调料搅拌不均匀造成。

【防治方法】一定要注意加盐标准。淡水鱼和海鱼要区别对待；对含盐高的鱼粉或咸鱼要脱盐后再喂；加工饲料时要搅拌均匀，同时保证狐饮水充足。

4）有机氯化合物中毒。

【发病症状】有机氯化物是神经毒，表现为神经中枢系统的障碍。动物变得胆小、敏感性和攻击性增强，共济失调，痉挛、震颤，步态不稳，常于这种状态下死亡。也有的表现高度沉郁，食欲废绝，于衰竭状态下经12~24h死亡。

【防治方法】无特异性疗法。应用盐类泻剂和中枢神经系统镇静剂较为合理。另外，内服碱性药物可以破坏部分毒物，如碳酸氢钠或氯化镁。也可用3g氢氧化钙溶解在1000mL冷水中，搅拌至澄清后应用。为防止有机氯化合物中毒，每千克饲料有机氯化合物的含量不得超过0.5g。

（7）营养代谢性疾病 本病是指饲料中所含的营养物质，特别是维生素和矿物质等供给量不能满足狐的生长发育需要。有时出现营养代谢性疾病不是因为饲料中营养素的含量不足，而是由于动物的消化机能失调所致。

1）维生素A缺乏症。本病是以引起上皮细胞角化为特征的一种疾病，狐易患本病。

【发病症状】银黑狐患本病时，神经纤维髓鞘磷脂变性，母狐卵泡变性，公狐生精小管上皮变性，从而导致狐繁殖机能下降。仔狐和成年狐临床表现基本相同，早期症状为神经失调，抽搐，头向后仰，病狐失去平衡而倒下。病狐的应激反应增强，受到微小的刺激便高度兴奋，沿笼转圈，步履摇晃。仔狐肠道机能受到不同程度的破坏，出现腹泻症状，粪便中混有大量黏液和血液；有时出现肺炎症状，生长迟缓，换牙缓慢。

【防治方法】首先保证日粮中维生素A的供给量，注意饲料中蔬菜、鱼和肝脏的供给。治疗本病可在饲料中添加维生素A，治疗量是需要量的5~10倍，银黑狐和北极狐每天每只3000~5000IU。

2）维生素E缺乏症。当狐维生素E不足时，会引起繁殖机能失调，也可导致白肌病。

【发病症状】母狐缺乏维生素E时，发情期拖延，不孕和空怀增加，生下的仔狐精神萎靡、虚弱、无吮乳能力，死亡率增高；公狐表现性欲减退或消失，精子生成机能障碍。营养好的狐脂肪黄染、变性，多于秋季突然死亡。白肌病常发生在6~7月的育成仔狐，食欲好的更容易发生本病，往往觉察不到发病就突然死亡，死狐口腔极白，呈严重贫血状，鼻镜湿润，被毛蓬松缺乏光泽，身体潮湿，似泼水样。

【防治方法】根据狐的不同生理时期，提供足量的维生素E，在饲料不新鲜时，要加量补给维生素E。治疗本病时，可肌内注射维生素E针剂，每只每次2mL，每天2次，连用2d，也可用维生素E粉剂每只每次10mg。待病情得到控制后，继续添加维生素E粉剂，每只每次5mg，同时配合一定量的多种维生素，效果更好。

3）维生素C缺乏症。

【发病症状】当怀孕母狐在妊娠期缺乏维生素C时，多引起出生仔狐的红爪病。1周龄以内的仔狐患红爪病，表现为四肢水肿，皮肤高度潮红，关节变粗，趾垫肿胀变厚，尾部水肿。发病一段时间以后，趾间溃疡、龟裂。如妊娠期母狐严重缺乏维生素C，则仔狐在胚胎期或出生后出现脚掌水肿，开始时轻微，以后逐渐严重。出生后第二天脚掌伴有轻度充血，此时尾端变粗，皮肤潮红。病仔狐常发出尖叫，到处乱爬，头向后仰，精力衰竭。

【防治方法】保证饲料中维生素种类齐全、数量充足。维生素 C 在高温时易分解，需用凉水调匀。母狐产仔后，要及时检查，如发现红爪病病狐，应及时治疗，投给 3%~5%维生素 C 溶液，每天每只 1mL，每天 2 次，可以用滴管经口投入，直到肿胀消除为止。

4）佝偻病。本病是幼龄动物的钙、磷缺乏症或代谢障碍病。

【发病症状】本病多发生于 1.5~4 月龄的仔狐。主要症状是肢体变形，两前肢内向或外向呈“O”或“X”形腿。病情严重者肘关节着地。由于肌肉松弛，关节疼痛，步履拘谨，多用后肢负重，呈现跛行。定期发生腹泻。病狐抵抗力下降，易患感冒及感染传染病。患本病的仔狐发育迟缓，体形矮小，如不及时治疗，以后可转变成纤维素性骨营养不良症。

【防治方法】日粮要保证钙、磷的含量和比例平衡，钙：磷为 1：1 或 1：2。另外，要保证维生素 D 的供应，狐舍不宜过度阴暗。治疗病狐，每天每只要加喂维生素 D 1500~2000IU，同时应饲喂新鲜碎骨。也可以静脉注射葡萄糖酸钙或维丁胶性钙，饲料中加喂钙片，并增加日光浴。

思考与交流

1. 简述狐的生物学特性。
2. 简述狐的主要消化特点。
3. 狐的主要产品为毛皮，毛皮成熟的主要特点包括哪些？

第五章
貉

貉又名貉子、狸、土狗，在动物分类学上属哺乳纲（Mammalia），食肉目（Carnivora），犬科（Canidae），貉属（*Nyctereutes*），主要分布于中国、俄罗斯、蒙古、朝鲜、日本、越南、芬兰和丹麦等国。貉在我国分布很广，几乎遍及全国各省、自治区。习惯上常以长江为界分为南貉和北貉。分布于长江以北各省、自治区的貉统称为北貉，特点是体形大、毛长色深、底绒丰厚、品质优良、经济价值较高；分布于长江以南各省、自治区的貉统称为南貉，特点是体形较小、毛绒稀疏、针绒平齐、色泽光润艳丽。

第一节　貉场的建设规划

在规划貉场布局时，除着重考虑风向、地形与各建筑物的朝向及距离等问题外，还必须考虑生产经营过程，以提高劳动生产率、节约投资成本。同时，应考虑到卫生和防疫条件，防止流行病的蔓延。

一、貉场的场址选择

1. 基本条件

貉场的条件要适应貉的生物学特性要求，以使貉在人工饲养条件下正常生长发育、繁殖和生产毛皮产品。

（1）饲料条件　要求饲料来源广、易获得、方便运输且质量好、价格低廉。重点要安排好动物性饲料的来源。

（2）自然条件　应建在高爽、向阳、通风、干燥、易于排水的地方。水源必须充足、清洁，以人的饮用水要求为标准。

（3）社会环境条件　应符合当地农牧业发展总体规划、土地利用发展规划、城乡建设发展规划和环境保护规划的要求。应遵守珍惜和合理利用土地的原则，与发展规模相适应，不应占用基本农田。远离其他动物饲养区，距离交通要道、居民区、畜禽交易市场、畜禽屠宰厂 500m 以上。

2. 场区布局

要对貉场进行合理的规划布局，特别是较大型的貉场，应根据貉场的经营发展规划，结合场地的风向、地形、地势和饲养卫生要求，进行规划布局，既要保证动物的健康，又要便于饲养管理。将场区分为生活管理区、生产区和隔离区 3 个主要功能区。

（1）生活管理区　生活管理区设在场区上风向及地势较高处，包括生活设施、办公设施、饲料贮存室、饲料加工室等与外界接触密切的生产辅助设施。入口处设消毒池，其规格为5m×3m×0.1m（长×宽×深），进出两端有适度的坡度，便于车辆通行。

（2）生产区　生产区设在管理区的下风处，主要建筑为貉棚舍。生产区占地总面积按每只貉1.5~2m^{2}计算。

（3）隔离区　隔离区设在生产区下风向或侧风向及地势较低处，主要包括兽医室、隔离室、治疗室、毛皮初加工室和无害化处理设施等。

各功能区之间应修建隔离墙，分界明显，设有专用通道，出入口设消毒池；生产区入口处设密闭消毒间，安装紫外灯，地面铺浸有消毒液的踏垫。人员在消毒间消毒，更换工作服后进入生产区。貉场与外界有专用道路相连通，场内道路分净道和污道。

二、貉场的建筑与设备

1. 棚舍和围墙

（1）棚舍　棚舍是遮挡雨雪和防止烈日暴晒的简易建筑，一般为开放式。棚顶可采用人字形或一面坡式。用角钢、木材、竹子和砖石等做成支架，上可覆盖石棉瓦、油毡纸或苫草等。棚檐高1.5~2m，宽2~4m，长宽可视场地大小或饲养数量灵活掌握。两棚间距为3~4m，以利于操作和光照。也有的在貉笼上加盖一层石棉瓦，不建造棚舍。貉棚朝向根据地理位置、地形、地势综合考虑，多为南北朝向。

（2）围墙　为防止跑貉及加强卫生防疫和安全工作，需在貉场四周设1.5~1.7m高的围墙。围墙可用砖石、预制板、光滑的竹板或铁皮围成。

2. 貉笼和产箱

貉笼和产箱规格式样较多，原则上以不影响貉正常活动、生长发育和繁殖，并能防止貉逃跑为原则。

（1）笼舍　一般采用钢筋或角钢制成骨架，然后固定铁丝网片。笼底一般用14号铁丝织成，网眼不大于3cm×3cm；四周可用14号铁丝织成，网眼不大于2.5cm×3cm。貉笼分种貉笼和皮貉笼两种，种貉笼稍大些，一般规格为（90~120）cm×70cm×（70~80）cm（长×宽×高）；皮貉笼稍小些，一般规格为70cm×60cm×50cm。笼舍行距为1~1.5m、间距为5~10cm。

（2）产箱　种貉产箱一般规格为60cm×50cm×50cm；在种貉的产箱与网笼相通的出入口处设有插门，以备产仔检查或捕捉时隔离。出入口直径20~23cm。产箱出入口下方要设有高出箱底5cm的挡板，以便于产箱保温和铺设垫草，并能防止仔貉爬出。也可采用铁丝网笼加砖砌产箱，砖砌产箱安静，貉不易受惊扰，保暖性能好，还有利于夏季防暑。

3. 饲料贮存室和加工室

（1）饲料贮存室　其中，冷冻库是冷冻保存动物性饲料的设施，要求冷藏温度在-18℃以下，以能保证冷冻饲料至少存放3个月不变质；对其他谷类饲料可建饲料仓库，保证通风和干燥即可。

（2）饲料加工室　饲料加工室要求清洁、卫生，具备上、下水道，排污能力良好，最好是水泥地面，保证电力供应。饲料加工调制的主要设备有洗涤、蒸煮、粉碎设备，绞肉机、搅拌机和喂食车等。

4. 毛皮初加工室

毛皮初加工室包括剥皮间、刮油间、洗皮间、上楦间、干燥间和贮存晾晒间。根据貉场的规模可大可小，以便操作。要求干燥、通风、无鼠虫危害。

5. 兽医室

兽医室是貉场进行卫生防疫、疾病诊断和治疗的地方，应具备一般房间的卫生清洁条件，还要单独设有无菌操作间或细菌培养间，设有独立的病貉解剖间和尸体焚烧处理炉，备有较齐全的诊断、化验、治疗和防疫用器械，以及药品、药品柜、冰柜、恒温箱和办公桌等。

6. 无害化处理设施

无害化处理设施应远离生产区，建在地势最低的下风处，主要对貉场粪便、污水、病死貉尸体等废弃污染物进行生物安全处理，应根据貉场粪便污染物排放量确定无害化处理设施建设规模。对于中小型貉场，可采取多级沉井处理污水的方法。在远离场区的下风处建立与饲养规模相适应的粪便堆积发酵场，保证所有粪便按要求彻底发酵，消灭其中的病原体。配置病死貉无害化处理焚尸炉，对病死貉实行焚烧处理，彻底消灭病原体。

7. 其他建筑和设备

貉场必须要有供水、供电设施，确保水、电充足，另外要有备用设备。常用工具有串貉箱、运输笼、推粪车、维修用具、清扫和消毒用具等。

第二节　貉的生物学特性及品种

一、貉的分类与分布

据《中国动物志》（1987）记载，我国貉可分为 3 个亚种，即指名亚种、东北亚种和西南亚种。指名亚种分布于华东及中南地区，包括江苏、浙江、安徽、湖南、湖北、江西、福建、广东和广西等省区；东北亚种分布于黑龙江、吉林、辽宁、内蒙古和华北地区。另据衣川义雄（1941）报道，我国貉有 7 个亚种，乌苏里貉产于大兴安岭、长白山、三江平原和东北平原等地；朝鲜貉产于黑龙江、吉林、辽宁的南部地区；阿穆尔貉产于中俄边境地带；江西貉产于江西及其周边各省；闽越貉产于江苏、浙江、福建、湖南、四川、陕西、安徽和江西等省；湖北貉产于湖北、四川等省；云南貉产于云南及其周边各省。

二、貉的品种来源与变化

1. 品种形成

1957 年，由中国农业科学院特产研究所对产于东北三省自然产区的野生乌苏里貉进行人工驯化、家养和繁殖，于 1986 年正式立项，进行乌苏里貉驯养，开展乌苏里貉饲养模式、饲料和营养需要、饲养管理和繁殖关键技术、疾病防治措施等研究，历经半个世纪的人工选育、提高，培育成驰名中外的优良家养乌苏里貉种群，并已扩繁、推广到我国北方各地。吉林白貉于 1990 年通过鉴定，它丰富了现有养殖貉类的色型，由于该色型的毛皮易于染成各种颜色而深受消费者青睐，市场前景广阔。

2. 群体数量和变化情况

20世纪80年代，我国北方许多省、自治区、直辖市开始饲养乌苏里貉。1988年人工养貉30万~40万只，年产貉皮百余万张，进入快速发展时期。2005年养貉近千万只，2007年提供貉皮1863万张，年底存栏种貉200万只，饲养量达2063万只，主要分布在河北、黑龙江、辽宁、内蒙古、吉林、山东、江苏、宁夏、河南、山西、北京、天津、新疆等地。

从2010年开始，中国皮革协会对我国貉养殖数量进行调查统计，采用实地调研统计为主，统计地区涵盖了辽宁、吉林、黑龙江、河北、山东等貉养殖集中省份和其他部分地区。2010—2020年，貉取皮数量整体呈现起伏状态，2015年取皮数量为1610万张左右，达到峰值；2020年取皮数量为1046万张左右，与2019年统计数量相比减少了23.04%，有较大波动。养殖数量波动主要是受市场需求、整体产能、国际贸易的影响。2020年貉取皮数量排名前十位的城市分别为：秦皇岛、潍坊、唐山、沧州、威海、衡水、聊城、石家庄、大庆和保定。

三、貉的生物学特性

貉属杂食性毛皮动物，采食范围极广，既能采食和消化动物性饲料，又能采食植物性饲料；耐粗饲，性情温驯，适应性强，易于驯养和繁殖，饲养管理简单。1年换1次毛，春季脱掉冬毛，长夏毛；秋、冬季夏毛继续生长，长成冬毛。寿命为8~16年，可利用年限为5~7年。体温为38.2~40.2℃（平均39.3℃），脉搏为70~146次/min，心率为23~24次/min。

1. 形态特征

貉的外形像狐，但体肥，四肢短而细，被毛长而蓬松，底绒丰厚。趾行性，以趾着地。前足5趾，第一趾较短，不着地；后足4趾，缺第一趾，前后足均有发达的趾垫。爪短粗，不能伸缩。被毛通常为黑棕或棕黄色，针毛尖部呈黑色，背中央针毛有明显的黑色毛梢，毛绒细柔灵活耐磨，光泽好，皮板结实，保温力强。

2. 生活习性

貉的生活习性通常归纳为以下6个显著特点。

（1）集群性　野貉通常成对穴居，每洞1公1母，也有1公多母或1母多公者，邻穴的双亲和仔貉通常在一起玩耍嬉戏，母貉有时相互代为哺乳。家养条件下，可利用相互代乳这一特性，将因产仔数过多、乳汁分泌不足或因产仔导致母貉意外死亡的母貉产下的仔貉给产仔日龄相近的母貉代养。产仔后，仔貉同双亲一起穴居到入冬以前，待仔貉寻到新洞穴时离开双亲。

（2）昼伏夜出，胆小易惊　貉的夜行性强，白天在洞中睡眠或到附近隐蔽处休息，傍晚和拂晓前后出来活动和觅食，活动范围很广，常在半径为6km的范围内进行活动。家养貉则整天都可以活动，基本上改变了昼伏夜出的习性。家养貉活动范围较小，多在笼中进行直线往返运动，每昼夜达3~4km。在人接近时有多疑和畏怯的表现。

貉的听觉不灵敏，多疑，常在洞口作不规律的走动，使足迹模糊不清，以迷惑敌人，但不如狐狡猾。平时性情温顺，反应迟钝，但在捕捉小动物时则反应灵敏，凶相毕露。能巧妙地攀登树木，也会游水捕鱼，在敌害追击时，往往先排尿，随后排粪。在人工养殖情况下，抓貉提尾时也有排尿行为。

（3）定点排粪　貉有定点排粪的习惯，家养貉多排在笼舍的某一角落，有极个别的往食盆、水盆或产箱中便溺。一旦发现，要及时采取措施，否则习惯形成之后较难改掉。

（4）半冬眠 野生条件下，貉在秋季食料丰足、营养丰富的条件下，会在皮下积累大量脂肪，用以应对冬季的严寒和饲料的奇缺。冬季常深居于洞穴中，此后新陈代谢水平降低，以消耗入秋以来蓄积的皮下脂肪维持生命活动，形成非持续性的冬眠，表现为少食、活动减少，呈昏睡状态，所以称为半冬眠。半冬眠维持期为 11 月中旬～第二年 2 月上旬，如气温偏低，也可延续到 3 月初，如天气转暖，可提前出来觅食。

人工养殖条件下，由于人为的干扰和充足的饲料，貉的冬眠不十分明显，但大都活动减少，食量减少，此时可由其他季节的每天喂 2 次减少到每天喂 1 次或 2～3d 喂 1 次。

（5）杂食性 家养貉的主要食物有鱼、肉、蛋、乳、血及畜禽内脏、谷物、糠麸、饼粕和蔬菜等。

（6）季节性换毛 每年换毛 1 次，3 月下旬～5 月底逐渐脱换底绒，7～8 月脱换剩余针毛，9～10 月开始生长绒毛，11 月中旬冬毛生长终止，此时是皮成熟的最佳时期。仔貉从 40 日龄以后开始脱掉浅黑色的胎毛，3～4 月龄时长出黄褐色冬毛，11 月被毛成熟度与成年貉相近。乌苏里貉季节皮一般在毛绒成熟的 11～12 月，即农历的小雪到大雪节气之间取皮。

四、我国貉的主要养殖品种

1. 乌苏里貉

乌苏里貉体形短粗，肥胖；嘴尖，吻钝，两侧有侧生毛；尾短，毛长而蓬松；四肢短而细。吻鼻部较短，由眶前孔到吻端的距离等于齿间宽，从侧面看前额部略向下倾斜。鼻骨较窄，眶后突较尖，人字嵴凸出，上枕骨中部的纵嵴显著，矢状嵴明显向前伸展到眶后突的背缘。听泡较凸出，两侧听泡距离近。头部两侧、眼的周围尤其是眼下生有黑色长毛，凸出于头的两侧，构成明显的八字形黑纹，常向后伸延到耳下方或略后方。吻部呈灰棕色，两颊横生有浅色毛、毛长稀疏；背毛基部呈浅黄色或带橙黄色，针毛尖端呈黑色。两耳周围及背毛中央掺杂有较多的黑色针毛梢，从头顶直到尾基或尾尖形成界限不清的黑色纵纹。体侧毛色较浅，呈灰黄色或棕黄色。腹部毛色最浅，呈黄白色或灰白色，绒毛细短，没有黑色毛梢。四肢毛的颜色较深，呈黑色或咖啡色，也有呈黑褐色的。尾的背面呈灰棕色，中央针毛有明显的黑色毛梢，形成纵纹；尾腹色较浅。

公貉适宜繁殖年龄为 1～3 岁，母貉为 1～4 岁，公母比例为 1∶(3～4)，发情期在 2～4 月，采取自然交配或人工授精方式配种，受配率为 93%以上，妊娠期为（60±2.53）d，胎平均产仔（8±2.13）只，繁殖成活率为 88%以上，哺乳期为 45～60d，仔貉初出生重（120±20.69）g，断乳体重（1370±342.02）g，11～12 月龄体成熟，8～10 月龄性成熟，成年公、母貉体重分别为 6.8～13kg 和 6.3～12kg、体长分别为 58～90cm 和 57～85cm、尾长 17～18cm，针绒毛丰厚，保暖性好，加工品毛绒飘逸，坚韧耐磨，为良好的制裘原料，乌苏里貉是毛皮动物养殖品种里最容易饲养的，近年来国际市场需求旺盛，养殖效益可观。

2. 吉林白貉

吉林白貉是乌苏里貉白色突变种。1979 年在我国首次发现白色突变貉，中国农业科学院特产研究所对毛色变异的遗传规律开展了研究，发现白色突变基因受一对等位基因的控制，白色为显性，标准色为隐性，白色基因位于常染色体上，白色基因纯合致死。1982 年以乌苏里貉的白色突变种为材料，选育培育出目前唯一一个彩貉品种，1990 年通过吉林省科学技术委员会组织鉴定，定名为吉林白貉，在吉林、河北、黑龙江、辽宁、内蒙古、山东等地广泛饲养，白貉皮张经过硝染可以染成各种各样的颜色，因此很受市场欢迎。除毛色为白色外，白貉外貌特征、生物学特性和饲养管理方式与乌苏里貉相同。

被毛颜色从表型上看有两种：一种是除眼圈、耳缘、鼻尖、爪和尾尖还保留乌苏里貉标准色型毛色外，身体其他部位的针毛、绒毛呈纯白色；另一种是身体所有部位的针毛、绒毛呈纯白色。两种白貉除毛色有差别外，其他特征完全相同。白貉被毛长而蓬松，底绒略丰厚。背部针毛长 9~12cm、绒毛长 6~8cm。

成年公、母貉体重分别为 8~12kg 和 7~11kg、体长分别 60~85cm 和 50~80cm、尾长 17~18cm。吉林白貉间不宜交配繁殖，会导致产仔率低下或仔貉成活率下降，因此必须采取吉林白貉与乌苏里貉之间杂交繁育，繁殖后代中白貉数量占 50%。吉林白貉视力远不及乌苏里貉，更敏感，易受惊吓，仔貉不易成活，在管理上应给予特殊关照。白貉存在针毛粗长、绒毛较稀、视力较差等缺点，可通过与乌苏里貉杂交予以改良。

第三节 貉的繁育

一、貉的生殖系统

1. 公貉的生殖系统

公貉的生殖系统由睾丸、附睾、输精管、副性腺及阴茎等部分组成。

（1）睾丸　有 1 对睾丸，呈卵圆形，由睾丸囊包裹，位于腹股沟部阴囊里。睾丸的大小在一年中有明显的变化。5~10 月为静止期，睾丸直径为 5~10mm、重 0.5~1g，无精子；11 月~第二年 1 月为发情期，睾丸重和睾丸体积不断增加；2~4 月为成熟期，睾丸直径为 25~30mm、重 2.3~3.2g，能产生精子。

（2）附睾　附睾呈长管状，紧贴于睾丸之上，有迂回盘曲的附睾管，长 35~45cm，可分为头、体、尾 3 个部分。附睾头与生精小管相连，位于睾丸的近后端，形状扁平呈 U 字形，略粗于附睾体；附睾体细长，沿睾丸的后缘下行，至睾丸的远端转为附睾尾，附睾尾与输精管相通。附睾的功能是运输、浓缩和贮存精子，精子在附睾内最后发育成熟。

（3）输精管　输精管外径为 1~2mm，管壁的肌肉层较厚，坚实呈索状。在附睾尾附近，输精管呈弯曲状，并与附睾体平行排列，到附睾头附近，输精管变直，并与血管、淋巴管及神经形成精索，然后通过腹股沟管进入腹腔。两条输精管在膀胱上方并列而行，在阴茎的基部会合，会合处略粗，并在此处开口于尿道。

（4）副性腺　副性腺主要是指前列腺和尿道球腺。前列腺包围在尿道的周围，较发达；尿道球腺位于尿道出骨盆腔的附近，小而坚实。副性腺的主要功能是在射精时排出分泌物。前列腺的主要功能是稀释精液和提高精子的活力，而尿道球腺的主要功能是清理和冲洗尿道。

（5）阴茎和包皮　阴茎是公貉的交配器官，呈圆棒状，长 65~95mm、粗 10~12mm。阴茎包括阴茎根、阴茎体和龟头。阴茎根连接坐骨海绵体肌，阴茎根向前延伸形成圆状的阴茎体。整个阴茎富含海绵组织。阴茎中有一根长 60~85mm 的阴茎骨，中间有一沟槽，尖端带钩。包皮为皮肤折转而形成的一个管状皮肤鞘，起容纳和保护龟头的作用。

2. 母貉的生殖系统

母貉的生殖系统由卵巢、输卵管、子宫、阴道和外生殖器组成。

（1）卵巢 卵巢呈扁圆形，左右各1个。直径为4~5mm，完全被脂肪包围，脂肪与卵巢间形成一个封闭的卵巢囊。卵巢可周期性产生可受精的卵子和分泌雌激素，以促进其他生殖器官及乳腺的发育，并使发情期母貉产生性欲。

（2）输卵管 输卵管是连接于卵巢和子宫角之间很细的细管，与输卵管系膜黏结在一起，盘曲在卵巢囊上，不易被观察到。其功能是输送卵细胞，同时也是受精的场所，并将受精卵输送到子宫角内。

（3）子宫 貉的子宫属双角子宫，由2个子宫角、1个子宫体和子宫颈组成。子宫角长70~80mm、粗3~5mm；子宫体长35~40mm、粗12~15mm。子宫在交配时的收缩作用有助于精子向输卵管运送，子宫是胚胎发育和胎盘形成的地方。

（4）阴道 阴道既是母貉的交配器官，同时又是产道。阴道全长10~11cm、直径为15~17mm，其前端与子宫颈的连接处形成拱形结构，即阴道穹隆。

（5）外生殖器 外生殖器包括前庭、大阴唇、小阴唇、阴蒂和前庭腺，统称阴门。阴门在静止期陷于皮肤内，被阴毛覆盖，外观不明显，但发情时，阴门肿胀外翻，并有分泌物流出，这一系列变化是进行母貉发情鉴定的重要依据。

二、貉的繁殖特点

1. 性成熟

貉8~10月龄性成熟，公貉较母貉稍提前，由于营养水平、遗传因素等条件的不同，个体间有一定差异，也有极个别的在8~10月龄时还不具备繁殖能力。

2. 性周期

（1）公貉 公貉睾丸从农历秋分（9月中旬）开始发育，到第二年1月底、2月初睾丸质地松软，附睾内有成熟的精子，开始有性欲表现，并可进行交配，整个配种期可延续60~90d。交配期结束后睾丸很快萎缩，5月恢复到静止期状态，直到秋分睾丸再次发育，呈年周期性变化。

（2）母貉 卵巢从秋分开始发育，至第二年的1月底、2月初卵巢内有发育成熟的卵泡和卵子，整个发情期由2月初持续到4月上旬，交配后受胎的母貉进入妊娠期和产仔哺乳期。未受胎的母貉和断乳以后的母貉恢复到静止期，直至秋分性器官再次发育，呈年周期性变化。

一般每个繁殖期貉仅发情1次，即有1个发情周期。母貉的发情周期大体可分为4个阶段，即发情前期、发情期、发情后期、休情期。

1）发情前期。从外生殖器官开始出现变化到接受交配，一般为7~12d，也有的4~5d，最长为25d，个体间差异很大。具体表现为：卵巢中卵泡逐渐发育，雌激素分泌逐渐增加，阴门露出毛外，开始红肿，但坚硬而无弹力，指压有痛感。试情时与公貉相互嗅闻、追逐、玩耍嬉戏，但拒绝公貉爬跨与交配。

2）发情期。即母貉连续接受交配的时期，一般为1~4d，个别有长达10余天。表现为：卵泡发育成熟，雌激素分泌旺盛，引起生殖道高度充血并刺激神经中枢产生性欲。阴门变成椭圆形，强烈肿胀外翻，具有弹性，颜色变深，呈暗紫色，上部皱起，有黏稠的阴道分泌物。试情时母貉非常兴奋，主动接近公貉，当公貉欲爬跨时，母貉伫立，将尾高举或左右打摆，静候公貉交配。

3）发情后期。指外生殖器官逐渐萎缩的一段时间，仅 2~3d，个别的可延续 10 余天。此时成熟的卵细胞已排出，雌激素减少至消失，生殖道充血减退，阴门缩小，母貉性欲急剧减退，对公貉怀有“敌意”，放对时拒绝交配。

4）休情期。即静止期，母貉性行为消失，外阴部萎缩，恢复到发情前的平常状态。

3. 交配行为

（1）交配动作 公貉主动接近母貉，嗅闻母貉的外阴部，当公貉举足爬跨母貉时，母貉将尾歪向一侧，静候公貉交配。公貉跨于母貉后背上，后躯频频抖动，将阴茎置入阴道，置入后，公貉后躯紧紧贴于母貉的臀部，抖动加快，然后臀部下陷，两前肢紧抱母貉的腰部静停 0.5~1min，尾根轻轻扇动即为射精。射精后母貉翻转身体与公貉腹面相对，昵留一段时间，一般为 1~30min。此时公、母貉脸面也相对，时常逗吻、嬉戏并发出“哼、哼”的叫声，说明交配成功。绝大多数的交配，可观察到上述行为。但也有个别看不到公貉射精后的相互昵留行为。还有个别公、母貉交配后，出现类似狗交配时的长时间“连锁”现象。

（2）交配时间 交配时间较短，交配前求偶的时间长 3~5min，射精时间长 0.5~1min，昵留时间长 5~8min。整个交配时间以 10min 以内者居多。

（3）交配能力 交配能力是指交配频度，交配能力主要取决于性欲强度，其次是两性性行为的配合。同一对公、母貉连续交配 2~4d 居多，而且年龄较大母貉的交配频度比年龄小的高。公貉在整个配种期内均有性欲，一般每天可交配 1~2 次，每次交配的最短间隔时间为 3~4h。性欲强的公貉整个配种期可交配母貉 5~8 只，总交配次数为 15~23 次；一般公貉可配 3~4 只母貉，交配 5~12 次。

4. 妊娠

按初配日开始计算，妊娠期为 54~65d，平均为 60.62d。在妊娠期，母貉变得温顺、平静，食欲日渐增加；妊娠 25~30d 时可在腹外摸到胎儿；到 40d 时腹部下垂，行动变得迟缓；临产前拔毛做窝，蜷缩于产箱内，不愿外出活动。

5. 产仔

多在夜间于产箱内产仔，也有个别产在笼网上的。分娩持续时间为 4~8h，个别有 1~3d 的，仔貉每隔 10~15min 产出 1 只。产出后，由母貉咬断脐带，吃掉胎衣和胎盘，舔干仔貉身体，直至产完才安心哺乳。个别也有在 2~3d 内分批产仔的。每胎平均产仔 8 只，最多可达 19 只。

6. 哺乳

一般母貉有 4~5 对乳头，对称地分布于腹下两侧，母貉产仔前自己拔掉乳房周围的毛绒，便于仔貉吸乳，仔貉出生后 1~2h 毛绒干后即可爬行并找到乳头吃奶，仔貉每隔 6~8h 吃奶 1 次，吃后仍进入睡眠状态。产仔的母貉母性很强，除采食和排粪尿外，很少走出产箱。随着仔貉的日渐长大，母貉逐渐疏远仔貉，护仔性强的表现不明显。但也有个别母貉出现弃仔、食仔现象，这多半是母貉高度惊恐或母性不强的结果，因此在产仔哺乳期应尽量避免惊扰产仔母貉。

三、貉的繁育方法

1. 发情鉴定技术

每年1月底~3月中旬，是种貉的发情配种期，个别的有到4月下旬，由于各地气温不同和饲养管理存在差异，有的发情早、有的发情晚。一般低纬度地区略早些，经产貉配种早，进度快；初产貉稍晚。

（1）公貉发情鉴定　公貉发情比母貉早且比较集中，1月末~3月末均有配种能力。公貉发情时，睾丸膨大、下垂，具有弹性，如鸽卵大小。运动加强、性情活泼，趋向异性，有时翘起一后肢侧身往笼舍边角处淋尿，常发出“咕咕”的求偶声，采食量下降，频频排尿，放对有爬跨和交配能力。

（2）母貉发情鉴定　母貉发情多数是2月初~3月上旬，个别也有到4月末。发情鉴定通常采用4种方法，即行为观察法、外阴部观察法、阴道细胞学检查法和放对试情法。一般应以外阴部观察为主，检查不确定时，可进行放对试情和阴道细胞学检查。后两种方法，适用于外阴变化不明显或隐性发情母貉的发情鉴定。

1）行为观察法。母貉在进入发情前期时，即表现行动不安、往返运动增加、食欲减退、尿频。发情期时，母貉精神极度不安，食欲进一步减退直至废绝，不断发出急促的求偶叫声，听到公貉的求偶叫声会做出接受交配的姿势，伏卧笼底不动，并翘起尾部，这时应抓紧时间放对。发情后期，行为逐渐正常。

2）外阴部观察法。主要根据外阴的形态、颜色、分泌物的多少来判断母貉的发情程度。发情前期，母貉阴毛开始分开，阴门逐渐肿胀、外翻，到发情前期末肿胀程度达最大、近椭圆形，颜色开始变暗。挤压阴门，有少量稀薄的浅黄色分泌物流出。发情期，阴门的肿胀程度不再增加，颜色暗红，阴门开口呈T形，出现较多黏稠的乳黄色分泌物。发情后期，母貉阴门肿胀减退、收缩，阴毛合拢，黏膜干涩，出现细小褶皱，分泌物较少但浓黄。

3）阴道细胞学检查法。貉的发情和排卵，是受体内一系列生殖激素调节和控制的。与此同时，生殖激素还作用于生殖道，使其上皮增生，为交配作准备。因此，在发情周期中，随体内生殖激素水平的变化，阴道分泌物中脱落的各种上皮细胞的数量和形态也呈规律性的变化。检查阴道细胞种类和数量的变化，可作为发情鉴定的一种方法。

貉的阴道分泌物中主要有3种细胞，即角化鳞状上皮细胞、角化圆形上皮细胞和白细胞。角化鳞状上皮细胞，呈多边形，有核或无核，边缘卷曲不规则，主要在临近发情期前和发情期出现，在发情期则有一部分崩溃而成为碎片，呈梭形。在发情前期，随发情期的临近，角化鳞状上皮细胞的数量逐渐上升，特别是初配前3d上升明显，配前1d达到高峰。拒配时，角化鳞状上皮细胞数量迅速下降，配后7~12d，恢复到发情初期的水平。白细胞，主要为多型核白细胞，在发情前期和进入妊娠期后，一般以分散游离状态存在，分布均匀，边缘清晰。在发情期则聚集成团或附着于其他上皮细胞周围。在发情初期，分泌物细胞图几乎全部由白细胞组成，随着发情期的临近，其数量比例逐渐下降，到初配后1d达到最低值，拒配后比例开始上升，配后7~12d恢复到发情初期的水平。角化圆形上皮细胞，形态为圆形或近圆形，绝大多数有核，在发情各周期和妊娠期均可见到。一般单独分散存在，其数量和比例没有明显的变化。由此可见，阴道分泌物中出现大量角化鳞状上皮细胞，是母貉进入发情期的重要标志。通过检测阴道分泌物涂片中角化鳞状上皮细胞的数量比例，结合外阴部检查等鉴定方法，可提高母貉发情鉴定的准确性。

阴道分泌物涂片的制作方法为：用经过消毒的吸管，插入阴道 8~10cm 深，吸取少量阴道分泌物，滴 1 滴于载玻片，涂抹后，置于 100 倍显微镜下观察。

4）放对试情法。当用以上发情鉴定方法还不能确定母貉是否发情时，可进行放对试情。处于发情前期的母貉，有趋向异性的表现，但拒绝公貉爬跨交配，发情的母貉性欲旺盛，公貉爬跨时，后肢站立、翘尾，静候交配。发情后期母貉性欲急剧减退，对公貉不理睬或怀有"敌意"，很难达成交配。

2. 配种技术

（1）放对配种 貉是自发性陆续排卵的动物，所以配种宜采取连日复配方式。即初配以后，还要每天复配 1 次，以复配 3 次为最好，这样可提高产仔率。有时貉在上一次交配后，间隔 1~2d 才接受再次复配。为了确保貉的复配，对那些择偶性强的母貉，可更换公貉进行交配，但这样的后代不宜留种。

（2）放对方法 放对时一般是将母貉放入公貉笼内，因为公貉在其熟悉的环境中性欲不受抑制，交配主动，可缩短交配时间，提高放对配种效率。但遇公貉性情急躁或母貉胆怯的情况时，也可将公貉放入母貉笼内。放对分试情性放对和交配性放对。试情性放对主要用于检测母貉的发情程度，放对时间不宜过长，一般 10min 左右即可，以免公、母貉之间因达不成交配而产生惊恐和敌意。当交配性放对时，只要公、母貉相处和谐，就应坚持，直至顺利完成交配。

（3）放对时间 配种一般在白天进行，特别是早晚天气凉爽的时候，公貉的精力较充沛，性欲旺盛，母貉发情行为表现也较明显。具体时间为早晨 6:00~8:00、下午 16:30 以后。配种后期天气转暖，放对时间只能在早晨。

（4）种公貉的训练和利用 由于公貉具有多偶性，一般 1 只公貉可配 3~4 只母貉，因此，提高种公貉的配种能力，是完成配种工作的重要保证。

1）早期配种。公貉第一次交配比较困难，但一旦交配成功，就能顺利交配其他母貉，因此要对公貉进行训练。训练年轻的公貉参加配种，必须选择发情好、性情温顺的母貉，训练过程中，严禁粗暴对待公貉，注意不要使公貉被咬伤，否则种公貉一旦丧失性欲，会严重降低公貉的种用价值，甚至无法作为种貉来使用，造成无法弥补的损失。

2）种公貉的合理利用。种公貉个体间配种能力差异很大，一般 1 只公貉在 1 个配种期可交配 5~12 次，多者高达 20 余次。为了保证种公貉在整个配种期都保持旺盛的性欲，应做到有计划地合理使用。配种前期和中期，每天每只种公貉可接受 1~2 次试情性放对和 1~2 次交配性放对，每天可成功交配 1~2 次。一般公貉连续交配 5~7d 后，休息 1~2d。配种后期发情的母貉日渐减少，应挑选那些性欲旺盛、没有恶癖的种公貉完成晚期发情母貉的配种工作。到了配种后期，一般公貉性欲减退，性情也变得粗暴，有的甚至咬母貉或择偶性变强。对这样的公貉可少搭配母貉，重点使用，关键时用其解决那些难配的母貉。

3）提高公貉交配效率。通过掌握每只公貉的配种特点，合理制订放对计划，可以提高公貉的交配效率。性欲旺盛和性情急躁的公貉应优先放对。每天放给公貉的第一只母貉要尽量合适，力争顺利达成交配，这样做有利于公貉再次与母貉交配。公貉的性欲与气温有很大关系，气温升高会使其性欲下降。因此，在配种期应将公貉养在棚舍的阴面，放对时间尽量安排在早晚或其他凉爽的时间。公貉性欲旺盛时，可抓紧时间争取多配。人声嘈杂和噪声刺激等不良环境因素，也可使公、母貉性行为受到抑制。因此，配种期要尽量保持安静，饲养人员观察时，也尽量不要太靠近放对笼舍，以免惊扰公、母貉交配。

（5）精液品质检测 精液品质检查应在 18~20℃的环境中进行，用吸管插入交配后母貉的阴道内 10cm 处，吸取少许精液，滴在洁净的载玻片上，立即置于 100 倍或 400 倍的显微镜下观察。根据精液中精子的活力和密度，评定等级。

（6）配种时的注意事项

1）按照交配计划进行。严防近亲交配，预留仔貉作为种貉时尽量用同一只公貉复配。

2）确认母貉是否真正受配。多数母貉在交配后很快翻转身体，面向公貉，不断发出叫声或呈现戏耍行为，若观察到上述现象，就可以肯定母貉交配成功。饲养人员要认真观察，注意公、母貉的交配动作和过程，尤其是要注意公貉有无射精动作，以辨别真假，必要时可用显微镜检查母貉阴道内有无精子，加以验证。放对后半小时还没有达成交配的可以视为交配失败，应更换公貉或停止放对。

3）防止公貉或母貉被咬伤。母貉没有进入发情期，或公貉择偶性强，放对后常会发生咬斗。公、母貉一旦被咬伤，很容易产生性抑制，不易达成交配。因此，给貉放对时，饲养人员不要离开现场，注意观察，一旦发现公、母貉有敌对行为，应及时将其分开。

第四节 貉的饲养管理

一、貉的生产时期划分

1. 各生产时期划分的原则

（1）考虑群体大多数动物所处的生产时期 生产时期的划分系对种群而言，个体间会存在参差不齐和互相交错的情况，如先配种的种母貉有的已进入妊娠期或产仔哺乳期，而后配种的种母貉可能仍处于配种期或妊娠期。本时期划分考虑群体大多数貉所处的生产时期，因此对突出重点加强整个貉群的饲养管理有利。

（2）各生产时期划分的衔接性 各生产时期不是截然独立的，前后有互相依赖的关系。全年各生产时期都很重要，前一时期的管理失利会对后一时期带来不利影响，任何一个时期的管理失误都会给全年生产带来不可逆转的损失。但相对来讲，繁殖期更重要一些，其中尤以妊娠期更为重要，是全年生产周期中最重要的管理阶段。

2. 生产时期的具体划分

为了便于饲养管理，根据貉的繁殖状态，将 1 年划分为不同的生产时期，见表 5-1。成年公貉准备配种前期为 9~11 月，准备配种后期为 12 月 ~ 第二年 1 月，配种期为 2~3 月，静止期为 4~8 月。成年母貉准备配种前期为 9~11 月，准备配种后期为 12 月 ~ 第二年 1 月，配种期为 2~3 月，妊娠期为 3~5 月，产仔哺乳期为 4~6 月，静止期为 7~8 月。仔貉哺乳期为 4~6 月，育成期为 7~9 月，冬毛期为 10~12 月。

表 5-1　貉不同生产时期的划分

<table>
<tr><th></th><th>1月</th><th>2月</th><th>3月</th><th>4月</th><th>5月</th><th>6月</th><th>7月</th><th>8月</th><th>9月</th><th>10月</th><th>11月</th><th>12月</th></tr>
<tr><td>公貉</td><td rowspan="4">准备配种后期</td><td colspan="2">配种期</td><td colspan="5">静止期</td><td colspan="3">准备配种前期</td><td rowspan="4">准备配种后期</td></tr>
<tr><td rowspan="3">母貉</td><td colspan="2">配种期</td><td colspan="5"></td><td colspan="3" rowspan="3">准备配种前期</td></tr>
<tr><td></td><td colspan="3">妊娠期</td><td colspan="3"></td></tr>
<tr><td colspan="2"></td><td colspan="3">产仔哺乳期</td><td colspan="2">静止期</td></tr>
<tr><td>仔貉</td><td colspan="3"></td><td colspan="3">哺乳期</td><td colspan="3">育成期</td><td colspan="3">冬毛期</td></tr>
</table>

二、貉的营养需要和饲料

1. 营养需要

貉需要有足够的营养物质才能维持正常的健康状态，以及生长发育、繁殖及毛皮生长等，营养物质的摄取都要通过日粮提供，包括水、碳水化合物、蛋白质、脂肪、矿物质和维生素。

（1）水　水占貉体重的60%~70%，是貉不可缺少的营养物质。貉对缺水比缺食物反应更敏感，更易引起死亡。同时，貉生命活动中所产生的代谢废物，也只有溶于水并通过水溶液的形式排出体外。

貉的汗腺不发达，所以通过皮肤出汗和蒸发排出的水较少，主要以粪便和排尿的形式排出水分。貉缺水或长期饮水不足，健康会受到损害。缺水会引起貉采食量下降，粪便干燥，生长缓慢，被毛粗糙。哺乳期间，哺乳母貉和仔貉体重迅速增加，机体对水的需求量增高，炎热夏季，如果饮水添加不及时，幼貉脱水往往导致中暑，甚至死亡。如果配种期缺乏充足的饮水，公貉的配种能力会下降。

（2）碳水化合物　碳水化合物是貉重要的营养物质，能氧化供能，提供貉所需要的能量；还是机体的构成物质，普遍存在貉的各种组织中，作为细胞的构成成分参与许多生理过程；在貉体内可转变为糖原和脂肪，不能在体内完全转化为蛋白质，但能量消耗后剩余部分可在体内转变成脂肪贮存起来，有能量储备和冬季御寒等作用。合理地增加日粮中的碳水化合物可以减少蛋白质的分解，具有节省蛋白质的作用。但碳水化合物过多，也是有害无益，当日粮中碳水化合物过多时，会导致蛋白质的比例降低，长时间蛋白质的摄入量不足，会阻碍貉的正常生长发育、繁殖及其他生产活动，所以碳水化合物的供给必须科学合理。

（3）蛋白质　蛋白质在貉的营养上有特殊的重要意义，是构成貉机体各种组织的重要成分。精子和卵子的产生需要蛋白质；新陈代谢所需要的酶、激素、色素、抗体等，也主要由蛋白质构成。当体内缺乏蛋白质时，会引起仔貉生长发育受阻，个体矮小；冬毛生长期会影响毛绒生长发育和毛皮质量；繁殖期公貉性欲差、精液品质降低，母貉不发情、妊娠终止，哺乳期母貉泌乳量小，间接影响仔貉发育。但蛋白质也不可过量，过量除增加饲料成本外，还会造成貉心脏、肾脏负担过重、环境污染等。

（4）脂肪　脂肪是构成貉机体的必要成分。如生殖细胞的线粒体、高尔基体的组成成分主要是磷脂。神经组织中有大量的卵磷脂和脑磷脂。血液含各种脂肪。皮肤和被毛中含有大量的中性脂肪、磷脂、胆固醇等。

（5）矿物质和维生素　矿物质元素虽然只占貉总体重的3%~5%，但对貉的健康生长和生产起着重要的作用。维生素是维持动物机体正常生理机能所必需的物质。

2. 饲料

（1）饲料的种类 用于养貉的饲料种类很多，可分为动物性饲料、植物性饲料和添加剂饲料。目前，随着我国主要饲料原料鲜海杂鱼等产品的减少，动物性饲料的贮藏成本增加，以鱼粉、肉骨粉、谷物性饲料等为主要原料的干粉或颗粒全价饲料、配合饲料及浓缩饲料逐渐为广大养殖户所应用。饲喂貉的动物性饲料种类、植物性饲料种类和添加剂饲料种类和狐相似。

（2）饲料的调制 加工后的饲料，要严格检斤过秤，绞碎混合。小型养貉场可将几种饲料混在一起绞制；大型养貉场可先绞鱼、肉类饲料和畜禽副产品，然后再绞谷物制品和蔬菜等，最后再加水、维生素或无机盐类，搅拌均匀后饲喂。目前，我国尚无貉的营养需要标准，饲料厂和养殖户可以参考国外的标准或根据经验配制饲料。貉商品配合饲料的营养指标见表5-2。

表5-2 貉商品配合饲料的营养指标（%）

生长阶段	粗蛋白质	粗纤维≤	粗灰分≤	钙（%）	总磷≥	氯化钠	赖氨酸	水分≤
育成期	22~27	7.0	10.0	0.5~2.0	0.5	0.2~1.5	1.2~1.8	14
冬毛期	22~27	7.0	10.0	0.5~2.0	0.5	0.2~1.5	1.0~1.6	14
繁殖期	22~26	7.0	10.0	0.5~2.0	0.5	0.2~1.5	1.0~1.6	14
哺乳期	22~28	7.0	10.0	0.5~2.0	0.5	0.2~1.0	1.2~1.8	14

三、貉生产时期的饲养管理

1. 准备配种期的饲养管理

准备配种期是指9月~第二年的1月下旬。此时，成年种貉要恢复体能，青年种貉处于生长发育阶段，生殖器官逐渐发育；到第二年1月末~2月初，母貉卵巢中已形成成熟的卵泡，公貉睾丸中有成熟的精子产生。因此，为了能促进种貉冬毛成熟和性器官发育，保证种貉安全越冬，给貉繁殖奠定良好的基础，准备配种期的饲养管理尤其重要。

（1）饲养

1）准备配种前期。此时的主要任务是满足貉对各类营养物质的需要，促进性器官发育、毛绒生长及幼龄貉的生长发育，增加种貉的体重。准备配种前期一般为9月~11月下旬。饲养的主要任务是补充种貉繁殖所消耗的营养，供给冬毛生长及储备越冬所需要的营养物质。日粮供应以吃饱为原则，过少不能满足需要，过多会造成浪费。能量标准为1672~2090kJ，日粮量为550~700g，动物性饲料的比例不低于15%，维生素A 500IU、维生素B_2 2mg。

2）准备配种后期。一般为12月~第二年1月。主要任务是平衡营养，调整体况，促进生殖器官的发育和生殖细胞的成熟。此时应及时调整日粮，适当增加全价动物性饲料及饲料种类，补充一定数量维生素、矿物质等。能量标准为1463~1672kJ，日粮量为400~500g，动物性饲料的比例不低于40%，维生素A 2000IU、维生素D 300IU、维生素E 5mg、维生素B_1 10mg、维生素C 30mg。

（2）管理

1）调整种貉体况。管理的重点是调整种貉体况，过肥、过瘦都会影响繁殖力。种公貉保持中等偏上体况，种母貉保持中等体况。通过调整，尽量将种貉的体况调到理想状态。对于过肥的貉，可适当减少饲喂量，或减少日粮中的脂肪含量；喂食时可先喂瘦貉，过一段再喂肥貉，或拿适口性好的饲料，在笼前引诱其运动；还可把种貉关在运动场内使其增加运动量及用适当增加寒冷刺激等方法降低其肥度，但切不可在配种前大量减料。对于瘦貉，可通过增加饲料量，增加日粮中的脂肪含量及加强保温等方法增加其肥度。

在实际生产中种貉体况的鉴别方法主要是以眼看、手摸为主，并结合体重指数评定。过肥体况为被毛平顺光亮，脊背平宽，体粗腹大，行动迟缓，不愿活动，用手触摸不到脊骨；适中体况为被毛光亮，体躯匀称，行动灵活，肌肉丰富，腹部圆平，用手摸脊背，既不挡手又可感觉到脊骨；过瘦体况为被毛粗糙，无光泽，肌肉不丰满，缺乏弹性，用手摸脊骨，可感到凸出挡手。鉴别貉体况除了眼看、手摸外，还要结合体重指数来综合评定。体重指数 W=体重/体长，种母貉的体重指数应为 110~120g/cm，种公貉体重指数应为 120~130g/cm。

2）做好催情补饲。调整到合适体况的种貉，在配种前催情补饲，有利于集中发情配种。种公貉在配种 21d 开始减食 7d，日粮降到 250~300g，7d 后日粮增至 450~600g。体况可达到中等偏上。种母貉在配种前 14d 开始减食，日粮降至 200~250g，再从配种前 7d 开始增食，日粮增到 350~450g。

3）注意防寒保暖。准备配种后期天气寒冷，为减少貉抵御寒冷而消耗的营养物质，必须注意保暖，保证产箱内有干燥、柔软的垫草，堵住产箱的孔隙。投喂饲料时，注意温度，使貉可以吃到温热的食物，满足饮水供应（每天 2~3 次）。

4）搞好卫生防疫。貉在固定位置排泄粪便的习性较差，有部分貉在产箱内拉粪尿，如果不注意经常清理产箱，则垫草潮湿，貉体脏污，造成貉毛绒缠结。所以要经常清理产箱，勤换垫草。对于地面、笼舍、环境、用具要经常洗刷、打扫，定期消毒。在准备配种后期，要对种貉做好驱虫和疫苗接种工作。

5）加强驯化和运动。为了增强貉的体质，提高种貉的精子活力和繁殖率，要加强驯化，用各种方法驱赶或吸引貉在笼中运动。加强其对外界环境适应性，让貉熟悉各种声音、色彩、气味等，以免貉产仔时因听到异常声音、看到不同色彩而导致惊恐，引起食仔。

6）做好配种前的准备工作。维修笼舍并用喷灯火焰消毒，编制配种计划和方案，准备好配种用具，对配种人员开展培训。逐渐过渡到配种期的饲养和管理上，注意母貉的发情鉴定工作，做好发情鉴定记录，使发情的母貉及时交配。

2. 配种期的饲养管理

貉的配种期较长，一般是 2 月初~3 月中旬，个体间差异很大。此时的中心任务是使所有母貉都能发情并适时配种，同时确保配种质量，使受配母貉尽可能全部妊娠。为此，必须提高营养标准，促进正常发情和配种，加强饲养管理。在管理方面最重要的就是搞好配种，定期检查母貉发情情况，正确、适时放对，观察其配种情况，围绕配种开展饲养和管理工作。

（1）饲养 应供给种貉全价蛋白质及维生素 A、维生素 D、维生素 E 和维生素 B，要适当增加日粮中动物性饲料的比例。日粮量为 500~600g，每天喂 2 次。为使种公貉在整个配种期内保持旺盛的性欲和配种能力，并保持有良好的精液品质，确保配种进度和配种质量，对种公貉还要在中午放对结束后进行饮水和补饲。饲料以鱼、肉、蛋、乳为主，尽可能地做到营养丰富、适口性强和易于消化吸收，以确保种貉的健康。

（2）管理

1）掌握好饲喂和放对时间。喂饲时间要与放对时间配合好，喂食前后半小时不能放对。在配种初期由于气温较低，可以先喂食后放对；配种中后期可先放对后喂食。喂食时间服从放对时间，以争取配种进度为主。

2）科学制订配种计划。配种计划要在配种开始前进行全面的统筹安排，以优良类型改良劣质类型为主，避免近亲交配和繁殖。每天放对开始前根据前一天母貉发情检查情况，制订当天的配种计划，原则是在避免近亲交配的前提下，尽可能根据母貉发情程度和公、母貉性行为，准确搭配，配种计划正确、合理，可使配种顺利进行，交配成功率高。

3）行动准确、迅速。每次捉貉检查发情和放对配种时，应胆大心细，捉貉要稳、准、快，既要防止跑貉又要防止被貉咬伤。

4）搞好卫生，预防疾病。由于性冲动，种貉在配种期的食欲很差，要细心观察，正确区分发情貉与发病貉，以利于及时发现和治疗，确保貉的健康。

5）保证饮水。除日常饮水充足、清洁外，还要在抓貉检查发情或放对配种后，及时给予充足的饮水。

6）保持貉场安静。在配种期间，禁止外人进场，避免噪声等刺激。控制放对时间，保证种貉有充分的休息，确保母貉正常发情和适时配种。按配种结束日期，依次将母貉安放在场中较安静的位置，进行妊娠期饲养管理，以防放对配种对其产生影响。

7）做好配种记录。记录公、母貉编号，每次放对日期、交配时间，交配次数及交配情况。

3. 妊娠期的饲养管理

貉妊娠期在3~5月。此时是决定貉繁殖成功与否、生产成败和效益高低的关键时期。中心任务是保证胎儿的正常生长发育，做好保胎工作。

（1）饲养　在日粮安排上，要做到营养全价、品质新鲜、适口性强、易于消化，绝对不能饲喂腐败变质或怀疑有质量问题的饲料。饲料品种应尽可能多样化，饲料配方保持稳定。妊娠1~20d时，貉对营养需求量不是很大，主要强调质量，特别蛋白质质量要求高，应充分平衡必需氨基酸和维生素。不要喂脂肪含量偏高的饲料，日粮能量水平应以低些为好，否则母貉体内脂肪沉积过多，易产死胎、弱胎，乳腺发育不良，影响泌乳量。每天日粮喂量为500~750g，体况维持中等至中上等。妊娠中期（20~40d），逐渐增加动物性饲料比例与日粮喂量，以满足胎儿生长发育与产后泌乳的需要。妊娠后期（40d至出生），胎儿发育迅速，为了避免过分充满的胃肠压迫子宫，影响胎儿对营养的正常吸收，母貉最好每天饲喂3次，少食多餐，妊娠后期母貉时常感觉口渴，笼中必须保持有洁净饮水。

（2）管理

1）保持环境安静。保持棚舍安静，清除各种应激因素，禁止外人参观。饲养员可在貉妊娠前、中期接近母貉，以使母貉逐步适应环境的干扰，至妊娠后期则应逐渐减少进入貉场的次数。

2）注意观察。及时观察貉的食欲、消化、活动情况及精神状态等，发现病貉不食，及时治疗，使其尽早恢复食欲，以免影响胎儿发育。发现有流产征候者，每只肌内注射黄体酮10~15mg、维生素E 15mg，以利保胎。

3）保持环境卫生。保持环境清洁干燥，搞好笼舍卫生，保证产箱里有清洁、干燥和充足的垫草，以防寒流侵袭引起感冒。

4）做好产前准备。准备产箱，在预产期前14d，应将产箱再次清理、消毒，并铺垫柔软的垫草。垫草具有保温和有利于仔貉吸乳的双重作用，垫草应一次铺足，防止产后缺草，天气寒冷时，可用棉门帘、塑料布盖严产箱。

4. 产仔哺乳期的饲养管理

产仔哺乳期是从母貉产仔开始到仔貉断乳分窝为止的时期。产仔保活、促进仔貉生长发育是产仔哺乳期的中心任务，此时饲养管理的好坏直接影响到母貉的泌乳能力、持续时间，以及仔貉的成活率，并且影响全年经济效益。

（1）饲养 为了提高母貉泌乳量，促进仔貉生长发育，哺乳母貉要饲喂高营养水平的饲料，其中动物性饲料占40%~50%、饼粕类占5%~7%、谷类及糖麸类占35%~40%、青绿多汁饲料占10%~15%。此外，每只母貉每天补给食盐3~5g，骨粉、石粉15~20g，干酵母10~12g，维生素A 1000IU，维生素C 50mg。饲料要新鲜、多样、适口。

（2）管理

1）产后检查。主要是检查产出的仔貉及哺乳情况，但为了尽量少打扰母貉，除了几次关键检查外，主要通过听、看来判定。第一次检查是在产仔以后的6h左右，最好在中午进行。检查前先用笼舍内的垫草擦手，消除异味，并把母貉赶出产箱，迅速地逐个检查，找出弱仔并取出进行护理。如发现脐带黏缠仔貉，则用剪刀剪断。一般情况检查主要根据母貉表现及仔貉的叫声来判定，再采取相应措施，如进行人工饲喂或代养。

2）仔貉的代养。代养可克服母貉乳汁不足或母性不好带来的哺乳困难，从而提高仔貉成活率。当母貉产仔数为12只以上、母貉体能下降大和乳汁严重不足、剖腹产、有食仔情况时，均需进行仔貉代养。一般留下10~12只即可，其余的则择母代养。接受代养的母貉必须母性强、泌乳量高、产仔数较少，同时要求仔貉出生日期接近。方法是把代养母貉引出产箱，用代养母貉窝内的垫草或者粪尿在仔貉身上轻轻擦拭，然后将寄养仔貉混放于代养母貉的仔貉中，将母貉放回产箱。饲养人员要在远处观察，看代养母貉有无弃仔现象，发现弃仔、叼仔或咬仔时，要重新找代养母貉。

3）仔貉补饲。仔貉15~20日龄开始吃食，此时要注意适当给母貉补饲。到仔貉20~25日龄时母貉泌乳能力下降，要适当对仔貉补饲。方法是将新鲜的动物性饲料细细地绞碎，加入少量的谷物饲料、乳类或蛋类饲料，调匀后喂给仔貉。随着仔貉生长发育的加快，补饲的饲料量逐渐加大，并向育成期饲料过渡。

4）及时断乳分窝。仔貉分窝时间一般是45~60日龄，具体断乳分窝时间主要依据仔貉的发育情况和母貉的哺乳能力而定。

5. 育成期的饲养管理

育成期的主要任务是在数量上保证成活率，尽量保持分窝时的活仔数量；保证质量优良，要在该期结束时，达到本品种的标准体况和毛皮质量，从而获得张幅大、质量好的毛皮产品，还要培育出优良的种用仔貉，为继续扩大生产打下基础。

（1）饲养 仔貉断乳后，2~6月龄生长发育最快，这时是决定其体形大小的关键时期，要提供优质、全价、能量高的饲料，增加碳水化合物或脂肪含量较高的饲料，日粮中质量好的鱼粉、饼粕类饲料占6%，谷物饲料占55%，动物性饲料占38%，添加剂占1%，注意补充钙、磷等矿物质和维生素饲料。日粮中蛋白质的供给量应保持在每天每只40~50g，仔貉生长旺盛，蛋白质不足或营养不均衡，将会严重响仔貉的生长发育。仔貉育成期每天喂 2~3 次，能吃多少就喂多少，以不剩为准。

（2）管理

1）夏季管理。仔貉育成期正处于炎热的夏季，管理上要特别注意防暑防病。水盒、食具要经常清洗、定期消毒，产箱和笼舍中的粪便和剩食要随时清除，以防因放置时间过长而发生腐败引起胃肠炎等疾病。刚断乳的仔貉消化饲料机能还不十分健全，对环境的适应能力不强，易患肠炎或尿湿症，应在产箱内铺垫清洁、干燥的垫草。

2）做好初选和复选。结合分窝进行初选，每年补充一定数量的仔貉作为种貉。选留种貉的条件是出生早、个头大、毛色好，其母貉产仔 10 只以上，并且泌乳能力强、仔貉成活率高。母貉外生殖器发育正常，乳头多；公貉四肢健壮，睾丸发育正常。选留的仔貉要公、母分组饲养，做好标识。复选在 9 月左右进行，主要根据仔貉的生长发育情况选择，选留数量要比计划留种数多 20%~25%，以便在精选时淘汰多余部分。

3）分群饲养。复选之后，将种貉与皮用貉分群饲养。种用仔貉的饲养管理与准备配种期的成年貉相同，主要是加强营养，适当限制食量，不能饲喂过肥，以免影响发情配种。皮用貉的饲养标准可稍低于种用貉，主要是保证正常生命活动及毛绒生长成熟的营养需要。皮用貉的产箱要铺设垫草以利于梳毛，搞好卫生以防毛绒被污染及毛绒缠结。另外，饲料投喂量可比种用貉多，保证其长成大体形，以便取得大的皮张。

6. 冬毛期的饲养管理

貉的冬毛期一般为 10 月~12 月上旬，通过良好的饲养管理，貉能很好地完成夏毛快速脱落、高质量冬毛生长、大量皮下脂肪沉积和高等级皮板成熟。

（1）饲养 进入 9 月以后，仔貉由原来生长骨骼和内脏为主，转向生长肌肉和体内沉积脂肪为主，向貉体成熟的冬毛生长期过渡，貉群食欲普遍增长，貉体开始脱掉粗长的夏毛，长出柔软光滑的冬毛。此时，貉的新陈代谢水平仍很高，蛋白质仍呈正平衡状态。因为毛绒是蛋白质的角化产物，故对蛋白质、脂肪和某些维生素、微量元素的需要仍很大。此时貉最需要的是构成毛绒和形成色素的必需氨基酸，如半胱氨酸、蛋氨酸等含硫的氨基酸和苏氨酸、酪氨酸、色氨酸等不含硫的氨基酸，此外，还需要不饱和脂肪酸，如亚油酸、亚麻酸、花生四烯酸和磷脂、胆固醇，以及铜、硫等元素，都必须在日粮中得到满足。

（2）管理

1）严把饲料关。在保证饲料营养全面的同时，管理工作也不容忽视。冬毛生长期在保证饲料营养的基础上，一定要把好质量关，防止病从口入；食盆、场地和笼舍要注意定期消毒。

2）分群管理。种用貉和皮用貉分开饲养后，通常将种用貉放在阳面，使其有充足的光照，有利于器官的发育。皮用貉饲养在笼舍的阴面，避免阳光直射使绒毛变为褐色。

3）做好毛皮保护工作。为使貉安全越冬，在秋分开始换毛以后，就要搞好笼舍卫生，保持笼舍环境的洁净干燥，及时检查并清理笼底和小室内的剩余饲料与粪便。及时维修笼舍，防止污染毛绒或锐利物损伤毛绒。在做好防寒工作的同时，一定要保证笼舍通风良好。

4）勤于观察。注意经常观察貉的换毛情况及冬毛长势，做到早发现问题、早采取措施。如果发现自咬、食毛，应根据实际情况及早采取措施，以防破坏皮张，遇有毛绒缠结时应及时进行活体梳毛。

第五节 貉的屠宰、取皮和初加工

养貉的目的是为了生产优质貉皮，因此貉的屠宰取皮是养貉生产的重要环节之一，如果屠宰取皮和加工不当，就会直接影响毛皮质量，减少养貉者的经济收益。因此应掌握好屠宰、取皮、初加工及保存技术。

一、貉的屠宰

（1）取皮时间 貉皮的成熟期一般在小雪和大雪节气之间，即11月下旬~12月下旬为取皮的最佳期。貉皮是否成熟，可根据活体被毛的生长情况及皮板的颜色来鉴别。貉皮成熟的标志是：全身毛峰长而齐，毛绒丰厚致密，具有光泽，灵活度好，尾毛蓬松，活动时周身毛有明显的“毛裂”，扒开臀部底绒可见皮肤呈白色、灰白色或粉红色。一旦活体毛绒成熟，就要及时屠宰，一般成熟一批屠宰一批。

（2）处死方法 主要有药物致死法、心脏注射空气法、电击法和窒息法，生产中主要采用电击法处死，即用电击处死器在笼内将电击器的2个探头扎入貉的身体，约1min貉即可被电击而死。此法操作方便，处死迅速，不伤毛皮。

二、貉的取皮

处死的貉要立即进行剥皮，这是因为貉尸体未冷僵之前皮肉容易分离。貉皮应剥成头、尾、四肢完整的筒皮。

（1）挑裆 从一侧后肢肘关节处下刀，沿股内侧长短毛交界处挑至肛门前，横过肛门再挑至另一侧后脚掌前缘，最后由肛门后缘中央沿尾腹面中央挑至尾的中部，然后从尾的中线挑至肛门后缘，把后肢两刀转折点挑通，即去掉一小块三角形皮。

（2）剥皮 将手指插入后肢皮肉之间，借助手指的力量使皮肉分离。剥到脚掌前缘时，用刀或剪刀将足趾剥去，剪掉趾骨。剥到尾部1/3处时，用剪刀柄夹住尾骨，将其抽出。然后将两后肢一同挂在固定钩上，两手往下翻拉皮板，进行筒状剥离。剥到尿道口时，可将尿道口靠近皮肤处剪断，边剥边撒锯末或麸皮，直到剥至前肢。将前肢剥成筒状，在趾骨端处剪断，于腋下顺前肢内侧分别挑开3~4cm，将前脚掌完全由开口处翻出。剥头部时，要将耳、眼、鼻、口唇完整留在皮板上。

三、貉皮的初加工及保存

（1）刮油和洗皮 剥下的鲜皮，皮板上常附有油脂、血迹和残肉，其刮除过程叫刮油。刮油应在皮板干燥以前进行。可用光滑的圆形木楦（直径为7~10cm）衬垫于皮筒内，用钝刀由后向前进行刮油。

（2）上楦和干燥 洗好的貉皮必须在国际统一规格的楦板上干燥。上楦用的楦板对于公、母貉都是一样的。上楦的方法是先将头部固定在楦板上，然后均匀用力向后拉长皮张；皮张充分延伸后，再把后缘用图钉固定在楦板上；最后把尾尽可能地拉宽拉平，用图钉固定。上好楦的皮张，需立即进行干燥，大型貉场最好采用吹风干燥法，小型貉场或专业养貉户可采用烘干干燥法。干燥的温度最好是20~25℃，严禁在高温下烘烤，以防皮板胶化而影响鞣制。如果干燥不及时会出现闷板脱毛现象，严重时使皮张失去使用价值。当毛皮干至七至八成（四肢、足垫、腋下部位基本干硬）时，要及时下楦。下楦后的干皮应拿到常温室内悬挂或放到密封的塑料袋中悬挂，保管待售。

第六节　貉的疾病防治

貉的环境消毒、饲料室和饲料的消毒、饲养人员和车辆的消毒等参照第三章第六节。

应及时处理死亡和发病动物。病死貉可深埋或焚烧。深埋时应挖深1.5m左右的深坑，坑底铺一层生石灰，将动物尸体放入后再用生石灰盖好，用土埋好即可。焚烧就是将动物的尸体用火焚烧。

一、貉的免疫预防

近些年，貉的疾病呈现症状非典型化、病原变异加快、混合感染增多、新增疫病日趋严重等特点，为疫病的诊断和防控带来了诸多困扰，因此加强疫病综合防控至关重要，应遵循“以防为主，防重于治，防治结合”的原则，除了把住饲料关，搞好环境卫生和消毒外，还要注重疫苗的免疫接种和疾病的药物预防。

1. 免疫接种

接种疫苗是预防疾病最有效、最经济、最简便的方法，貉常用的疫苗主要有犬瘟热弱毒疫苗、病毒性肠炎灭活疫苗、狐阴道加德纳菌病灭活菌苗、出血性肺炎二价灭活菌苗。

（1）犬瘟热弱毒疫苗　皮下注射3mL，每年免疫2次，12月末或第二年1月接种1次，仔貉断乳分窝后2~3周接种1次，免疫期为6个月。疫苗应冷冻运输，于-15℃以下保存。融化后要在24h内用完。

（2）病毒性肠炎灭活疫苗　皮下注射3mL，每年免疫2次，12月末或第二年1月接种1次，仔貉断乳分窝后2~3周接种1次，免疫期为6个月。疫苗应常温运输和保存，严禁冻结。

（3）狐阴道加德纳菌病灭活菌苗　肌内注射1mL，每年免疫2次，免疫期为6个月。常温运输和保存，严禁冻结。

（4）出血性肺炎二价灭活菌苗　肌内注射2mL，每年免疫1次，仅供配种前15~20d的母貉使用。常温运输和保存，严禁冻结。

2. 药物预防

根据毛皮动物传染病发生和流行的规律、特点和季节性等，有针对性地选择抗菌谱广、药效好、不易产生抗药性、安全可靠的药物进行预防。

（1）病毒性疾病的防治　主要采用犬瘟热弱毒疫苗、病毒性肠炎灭活疫苗进行预防，治疗量为预防量的2倍；对症治疗可投服抗生素控制继发感染，可选用庆大霉素、恩诺沙星、氯苯尼考等治疗。

（2）细菌性疾病的防治　预防治疗葡萄球菌、链球菌、产气荚膜梭菌等革兰阳性菌可用氨苄西林、红霉素等。大肠杆菌、沙门菌等革兰阴性菌可用庆大霉素、卡那霉素等治疗。

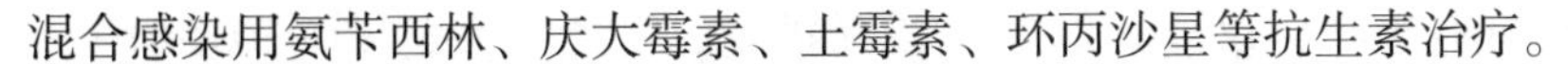

混合感染用氨苄西林、庆大霉素、土霉素、环丙沙星等抗生素治疗。

（3）寄生虫病的防治　螨虫用伊维菌素，口服或皮下注射，间隔 7 日重复注射 1 次。真菌感染口服灰黄霉素，外用制霉菌素、克霉唑等治疗。附红细胞体病可选用多西环素、四环素、盐酸土霉素等治疗。

（4）营养代谢性疾病的防治　维生素和微量元素的缺乏症使用维生素单体或预混料进行预防治疗，可收到较好的效果。

二、貉的常见病防治

1. 病毒性疾病

（1）犬瘟热　本病是由犬瘟热病毒引起的高度接触性传染病。貉接触患犬瘟热的病犬或采食被病貉或病犬的排泄物污染的饲料和饮水等均可引发本病。

【发病症状】临床表现为双相热，体温升高至 40℃以上，2~3d 后降至常温，过 1~2d 很快又出现高热，同时出现全身性败血症，很快死亡。病貉在发热的同时，眼及鼻周围出现脓性、卡他性病变，后期眼睑发黑；因高热出现肌肉或膈肌颤抖或痉挛；出现严重呕吐，腹泻，不能进食，尿黄，粪带腥臭味，后期可能出现血便。

【防治方法】无特异性疗法，当貉场发现病情时，要先将未发病的貉群进行隔离保护，紧急注射犬瘟热弱毒疫苗，治疗量为预防量的 2 倍。对已发病或者疑似发病的貉进行保守疗法及对症疗法，提高其存活率。一是注射抗犬瘟热高免血清。按每千克体重 1mL 进行注射，每天 1~2 次，连续注射 3d。该疗法适用于疾病早期治疗，以减轻疾病症状。二是服用辅助治疗药物，如板蓝根、双黄连或者黄芪多糖等能提高机体对病毒的抵抗能力。三是对症疗法，纠正酸中毒及脱水症，补盐、补水、补糖，每天 1~2 次，连用 3~4d；肌内注射广谱抗菌药，连用 3~4d，避免继发细菌感染。

（2）病毒性肠炎　本病是由细小病毒引起的一种急性肠炎。可在犬、猫、狐、貂、貉等动物之间互相感染。

【发病症状】早期症状为食欲减退或废绝，精神沉郁、排便频繁，粪便先软后稀、多黏液，呈灰白色，少数出现红褐色，逐渐呈黄绿色水样粪便，恶臭。被毛蓬乱无光泽，饮欲增加，严重者呕吐，眼窝深陷，最后因脱水衰竭而死。本病如康复后再复发，则死亡率极高。本病常继发大肠杆菌病、沙门菌病等，导致全身败血症，更难治疗。

【防治方法】无特异性疗法，当貉场发现病情时，要先将未发病的貉群进行隔离保护，紧急注射病毒性肠炎灭活疫苗，治疗量为预防量的 2 倍。对已发病或者疑似发病的貉进行保守疗法及对症疗法，对病貉注射抗血清并补水，对疑似污染笼舍消毒。具体措施如下：一是皮下注射抗血清，每天 1~2 次，连用 2~3d。二是为防止续发细菌感染，肌内注射广谱抗菌药，连用 5d。三是对场地粪便、呕吐物用 3%氢氧化钠溶液和 10%漂白粉消毒，隔天 1 次；笼舍用火焰消毒，每天 2 次。

（3）伪狂犬病　本病又称阿氏病，是一种急性病毒性传染病。本病没有明显的季节性，病程短，但以夏、秋季节发病较多，常呈暴发流行。

【发病症状】表现为体温升高，同时表现出强烈的神经症状，包括瘙痒、吼叫和不规则圆圈运动。兴奋性显著增强的病貉常啃咬笼子和食盆。非典型症状为食欲减退，精神沉郁，频繁地呕吐白沫。

【防治方法】无有效药物治疗，仅能采取对症治疗措施，控制继发感染，减少死亡。发病时的处理方案：本病发病急，死亡快，甚至几乎全群覆没。处理方案：一是对病死貉进行无害化处理。及时深埋病死貉。二是对全场大消毒。全场地面用20%石灰乳消毒，笼具冲洗干净后，每天用聚维酮碘消毒，饲料间用消毒液冲洗消毒；对没有死亡的貉进行隔离，在饲料中添加黄芪多糖等提高免疫力，每天带貉消毒1次，粪便用生石灰掩盖。三是确保饲料安全。确保猪、牛、羊等家畜产品的下脚料用作日粮时全部煮熟煮透，放凉后再喂。

2. 细菌性疾病

（1）铜绿假单胞菌病 铜绿假单胞菌经呼吸道感染导致貉的出血性肺炎或经产道感染导致貉发生子宫内膜炎。貉的换毛期，在毛发、笼舍及空气中存在大量细菌，营养供应不足导致换毛不彻底，抵抗力下降、高温闷热时容易暴发本病。

【发病症状】出血性肺炎型：腹式呼吸，部分貉鼻中流出血样液体；子宫内膜炎型：母貉食欲下降，外阴流出白色、黄色甚至黑色脓液；化脓感染型：皮肤上创伤部位肿大，有化脓灶或者脓汁流出。

【防治方法】加强营养，提高机体免疫力；注射出血性肺炎二价灭活疫苗；容易产生耐药性，根据药敏试验结果选择药物，如硫酸庆大霉素、阿米卡星、恩诺沙星、环丙沙星。

（2）大肠杆菌病 大肠杆菌可侵害貉的消化道系统、呼吸系统和中枢神经系统，引起貉腹泻、肺炎等症状。高温季节多发，可经呼吸道、消化道、外伤等途径感染。

【发病症状】肺炎型：呼吸困难；肠炎型：腹泻，初期排黄色水样粪便，后期呈灰白色、暗灰色带黏液和泡沫。

【防治方法】保持养殖场卫生，坚持消毒，消灭蚊、蝇、鼠等；保持日粮稳定，营养全价，及时清理食盆里的剩余饲料，防止貉采食霉变饲料。治疗：肠炎型可选用沙星类药物如环丙沙星、左氧氟沙星，氨基糖苷类药物庆大霉素、阿米卡星等敏感性药物；肺炎型可选用氟苯尼考或者环丙沙星、左氧氟沙星等敏感性药物。

（3）巴氏杆菌病 本病是由多杀性巴氏杆菌感染引起的急性、败血性传染病。

【发病症状】最急性型：无任何症状死亡。急性型：口鼻流沫或流涎，死后鼻孔有黏液或血样分泌物。慢性型：头颈部水肿，眼球凸出。

【防治方法】在天气突变或者有其他可预见的应激反应时使用应激药物预防；多数抗生素有效，可投喂恩诺沙星、氧氟沙星、多西环素、氟苯尼考或青霉素15万~40万IU、链霉素2~10mg等；本菌对5%石灰乳、1%苯酚、1%福尔马林、1%漂白粉均敏感。

（4）克雷伯菌病 克雷伯菌多存在环境中及正常动物的鼻腔内，貉换毛期通过呼吸道感染肺部，导致鼻炎、出血性甚至化脓性肺炎。

【发病症状】脓疱疖型：周身出现小脓疱，特别是颈部、肩部出现许多小脓疱。破溃后流出黏稠的脓汁。大多数形成瘘管，局部淋巴结形成脓肿。蜂窝组织炎型：多在喉部出现蜂窝组织炎，并向颈下蔓延，可达肩部，化脓、肿大。麻痹型：食欲不佳或废绝，后肢麻痹，步态不稳，多数病貉出现症状后2~3d内死亡。如果局部出现脓疱，则病程更短。急性败血型：突然发病，食欲急剧下降或完全废绝，精神沉郁，呼吸困难。在出现症状后，很快死亡。

【防治方法】换毛期间，加强环境卫生管理；体表发生脓肿，切开彻底排脓，用3%双氧水冲洗，撒青霉素或者其他消炎药物。配合庆大霉素肌内注射效果更好；大群发生时，可选用多西环素、替米考星、左氧氟沙星进行拌料，同时用葡萄糖、维生素 C 饮水提高抵抗力。

（5）链球菌病　大量链球菌感染鸡、鸭、兔、猪等畜禽，当用这样未经煮熟的肉类饲料饲喂貉可引起本病的发生。

【发病症状】肺炎型：眼鼻有脓性分泌物，咳嗽。脑炎型：慢性病貉瘫痪、流涎、眼球震颤。

【防治方法】隔离病貉，对笼舍、用具、食盆、饮水，用 25%～30%次氯酸钠彻底消毒；加强饲养管理，搞好舍内外环境卫生；对发病貉选用高敏感药物，治疗本病可用青霉素、恩诺沙星进行肌内注射，每天 2 次，连用 3d。全群按常规剂量使用土霉素拌入饲料中，连用 7d。

3. 寄生虫病

（1）组织滴虫病　组织滴虫寄生在鸡的盲肠内，貉采食了鸡的肠道或被组织滴虫污染的饲料、饮水后，组织滴虫寄生于貉的盲肠、直肠而发病。

【发病症状】开始时粪便稀薄，发黄，很快排脓性、恶臭、黏稠的番茄样血便。

【防治方法】大群投喂复方磺胺甲噁唑、甲硝唑或地美硝唑，并添加甲萘醌、蒙脱石对症治疗；貉场禁止养鸡；定期清理粪便，防止粪便污染饲料、饮水。

（2）球虫病　本病是由艾美耳科等孢子属球虫寄生于小肠细胞引起的以仔貉生长缓慢、腹泻为特征的寄生虫性原虫病。多在温暖、多雨季节流行。卫生条件恶劣、拥挤潮湿的环境最宜促成本病的发生和传播。

【发病症状】食欲减退，饮欲增加，被毛粗乱，腹泻，粪便中带有血液及剥落的黏膜，有恶臭味。

【防治方法】搞好貉场饲料与饮水卫生，场内不要养鸡，鸡肠、鸡肝等副产品应煮熟饲喂。同时，采取保持通风良好、消灭苍蝇与消毒饮食器具等措施对预防本病也具有重要作用。发病后，口服氨丙啉粉剂，剂量为每千克体重 500mg，每天 2 次，连喂 7d。同时，肌内注射磺胺二甲嘧啶，剂量为每千克体重 25mg，连用 7d。病情严重的结合止泄、强心和补液。

（3）螨虫病　螨虫是貉最易患的一种寄生虫病，有接触传染性。通风不良、饲养密度过大、卫生条件差、高温高湿的貉场易发。

【发病症状】多先起于头部（如口、鼻、眼、耳）和胸部，后遍及全身。皮肤发红，有疹状小结节，皮下组织增厚，奇痒。搔抓患部被毛脱落，于皮肤秃毛部出现出血性抓伤，患部皮肤有皱，或形成痂皮。死于本病的动物，皮肤上覆盖以硬壳和痂皮，在秃毛部增厚的皮肤上，出现出血性龟裂和搔伤。尸体消瘦、贫血。

【防治方法】轻者可在患部涂擦双甲脒，重症者可注射伊维菌素针剂。同时要注意笼舍消毒，防止重复感染。严重者可选用多拉菌素进行皮下注射。伊维菌素是隔 3d 注射 1 次，多拉菌素是每周注射 1 次。

4. 营养代谢性疾病的防治

（1）白鼻子病　黑色的鼻子头上出现红点，然后面积逐渐扩大，逐渐出现白点，最后鼻子头全部变白，还会发现爪子逐渐长长、变白，脚垫也变白、增厚，生长回缩。本病散发，病情发展缓慢，病程长，多见于小型养殖户，规模化场发病数较少，发病无明显季节性，发病日龄以幼年、青壮年貉为主，母貉偶有发病。

【发病症状】鼻子由黑色或褐色逐渐地依次出现“红点→红斑→白点→白斑”。脚垫发白、增厚、疼痛，开裂、流血，还有个别的出现溃疡。爪子变长、发白。有的病貉个别爪子很长，有的是其中某个爪子发白，有的是所有的爪子全部发白。脚趾之间肿大、开裂、流血；还有一种很特殊的表现——干爪，俗称“干爪病”。表现为爪子发干（肌肉萎缩），无肉；颜色很深，呈深红色或暗红色；产生大量的皮屑，不断地脱落；直立困难，吃食很多。

【防治方法】长期补充优质饲料添加剂和专用益生素，对这种疾病的预防和治疗效果比较明显。对于白鼻子、白爪子等症状比较轻的病貉，相对见效比较快，而对于生长后期身体已经回缩的病貉，治疗效果不明显。在饲料中加复合维生素，尤其是维生素 B 可有效预防本病。

（2）自咬症

【发病症状】多呈急性经过，病势急剧，发作时咬住尾巴或咬住患处不松嘴，甚至于把后肢咬烂、生蛆，并继发感染而死亡，或将尾巴全部咬断。急性或病势严重的病貉多数以死亡告终。慢性自咬症的患处被毛残缺不全，但不至于死亡。自咬的部位因个体而异，没有固定位置，但每只病貉自咬的位置不变，以尾巴和后肢最为常见。发病时间多在喂食前后或有意外声音刺激时。

【防治方法】目前尚无特异性疗法，多采用镇静疗法和外伤处理，可收到一定效果。盐酸氯丙嗪 0.25g、乳酸钙 0.5g、复合维生素 B 0.1g，研碎混匀，分 2 次混入饲料中喂病貉，每天 2 次，每次 1 份。病貉咬伤的部位，用双氧水处理后，涂以碘酊，撒少许高锰酸钾粉即可。为防止继发感染，可肌内注射青霉素 10 万~20 万 IU，也可剪掉犬齿或给病貉带上枷板，以防咬伤部位继续扩大。发现有自咬症的病貉，应严格淘汰。从营养角度考虑，饲料应当全价多样，蛋白质水平不要超出标准。加喂占饲料总量 1%~2%的羽毛粉，可减少自咬症的发病率。

（3）食毛症

【发病症状】发病貉自咬或互咬食身体多处被毛，轻者造成针毛、底绒参差不齐，尾根裸露；严重者皮肤外露，甚至出血、溃疡、尾根被咬断。

【防治方法】一是注意日粮配比要合理。一般日粮中碳水化合物占 40%~55%、脂肪占 8%~13%、青绿饲料占 2%左右，并添加羽毛粉、鸡蛋等以补充含硫氨基酸。为了保证貉的维生素和矿物质处于正常水平，可以分阶段添加预混料。二是减少应激。针对貉对周围环境骤然变化产生应激的现象，可以在天气骤变、串笼、换窝、疫苗接种前后几天连续饲喂维生素 C，从而缓解或减弱由于应激导致食毛而产生的危害。三是认真做好驱虫工作。如饲喂或注射阿维菌素、伊维菌素或皮下注射多拉菌素，在癣患部位涂抹伊维菌素，向耳内外喷涂杀虫剂以灭耳螨，都是行之有效的预防和治疗手段。四是保证日粮新鲜无霉变。严格控制貉生长发育各阶段的饲喂量，不仅能有效预防食毛症的发生，同时能降低由于胃肠疾病而导致的死亡。五是其他原因（如遗传因素和神经系统功能紊乱）引起的食毛病貉应及时淘汰，不宜留种。

思考与交流

1. 貉的生活习性有哪些？
2. 简述仔貉、育成貉的饲养管理要点。
3. 简述母貉在产仔哺乳期的饲养管理要点。

第六章

雉鸡

雉鸡又称野鸡、山鸡，学名环颈雉，在动物分类学上为鸟纲（Aves），鸡形目（Galliformes），雉科（Phasianidae），雉属（*Phasianus*）。我国劳动人民对雉鸡认识较早，在3000年前的殷商甲骨文中就有“雉”字，汉朝的《说文解字》，将雉类分为14种。明朝李时珍在《本草纲目》中记载，雉鸡为“原禽类”，鸡脑、鸡内金、鸡胆和鸡尾均有药用价值。雉鸡肉质细嫩、营养丰富，羽毛华丽，可作为工艺品。

第一节　雉鸡的生物学特性及品种

一、雉鸡的生物学特性

1. 适应性强，喜集群

野生状态下，海拔300~3000m均可见雉鸡栖息。雉鸡夏季能耐32℃以上的高温，冬天不畏-35℃的严寒，具有适应性强的特点。人工散养时，雉鸡也保持了集群习性，繁殖季节公雉在群体中表现出一定的社会地位（啄斗顺序），在确立“王子雉”后，形成以公雉为核心、与其配偶共同组成的相对稳定的群体（婚配群）。

2. 胆怯而机警，对外界刺激反应敏感

觅食时常抬头，机警地四周观望，如果有动静则迅速逃窜，尤其在人工笼养情况下，当突然受到人或动物的惊吓或有激烈的噪声刺激时，会使鸡群惊飞乱撞，发生撞伤甚至死亡等情况。对色彩反应特别敏感，当看到身着艳丽服装的生人时易受惊吓而乱飞乱跳，甚至惊群，影响采食。

3. 食性杂，食量小

雉鸡是以植物性饲料为主的杂食性鸟类，嗉囊较小，喜欢少食多餐。雉鸡有吃一点就走，转一圈回来再吃的特性。

4. 性情活跃，野性强

人工饲养条件下，雉鸡喜欢在高处栖息。所以地面散养时，鸡舍和运动场中应设栖息架。雉鸡脚强健，善于奔走，喜欢游走，飞翔能力不强，只能短距离的飞行。

5. 喜沙浴

雉鸡喜欢“沙土浴”，常见平养雉鸡沙浴的情景，即在沙土上扒一个浅盘状的坑，在坑内不断地滚动，抖动羽毛和翅膀。在笼养条件下，如有条件在网舍内铺一层沙土。

6. 早成性和就巢性

雉鸡是早成鸟，刚出壳就有绒毛。具有就巢性，从而影响产蛋性能。

二、雉鸡的品种

目前驯养的雉鸡分为地方品种、培育品种和引入品种，这里主要介绍养殖规模较大的品种。

1. 地方品种

（1）中国山鸡 中国山鸡别名中国雉鸡，主要为肉用、观赏用。主产区为吉林、辽宁、河北、山西、内蒙古等。

【体形外貌】体形较大、饱满。公雉体重1.65kg左右、体长16cm左右。羽毛华丽，前额及上嘴基部羽毛呈黑色；头顶及枕部呈青铜褐色，两侧有白色眉纹，眼周及颊部皮肤裸出，呈绯红色；颈下方有一白色颈环（白环在前颈有的中断，有的不中断）；背部羽毛呈黑褐色，胸部羽毛呈带紫的铜红色；腹部羽毛呈黑褐色，尾下覆羽呈栗色，翅下覆羽呈黄色，并杂以暗色细斑。母雉体重1.30kg左右、体长15cm左右，体羽黑、栗及沙褐色混杂；头顶呈黑色，具栗沙色斑纹；后颈羽基呈栗色；翅主暗褐色，具沙褐色横斑；背中部羽毛呈黑色；下体羽毛呈浅沙黄色，并杂以栗色，喉部呈纯棕白色，两胁具有黑褐横斑。头大小适中，颈长而细，眼大灵活，喙短而弯曲；胸宽深而丰满，背宽而直，腹紧凑有弹性；骨骼坚固，肌肉丰满。

5~6月龄体成熟，8~9月龄性成熟，年产蛋量为80~150枚，蛋重29~32g，种蛋受精率为85%，受精蛋孵化率为86%。目前多采用室内笼养、网上平养、地面厚垫料平养等方法饲养。

（2）天峨六画山鸡 天峨六画山鸡俗称彩山鸡、野鸡、山鸡。2009年通过国家畜禽遗传资源委员会鉴定。原产地及中心产区为广西壮族自治区天峨县八腊瑶族乡，主要分布在该县和周边的部分乡镇。民国时期，天峨县八腊瑶族乡、岜暮乡、向阳镇、六排镇等地已把天峨六画山鸡作为家禽饲养。

【体形外貌】体躯匀称，尾羽笔直。冠不发达，皮肤呈粉红色，胫、趾、喙呈青灰色。公雉体重1.4kg左右、体长19cm左右；耳羽发达直立，脸绯红，颈部羽毛呈墨绿色，胸部羽毛呈深蓝色，背部羽毛呈蓝灰色、有金色镶边，腰部羽毛呈土黄色，尾羽呈黄灰色、排列着整齐的墨绿色横斑。母雉体重1.2kg左右、体长17cm左右；羽毛主色为黑褐色，间有黄褐色斑纹，头部、颈部羽毛略带棕红色，腹部羽毛呈褐色、略带灰黄色、有斑纹。雏山鸡绒毛主色为黑褐色带白花，背部有条纹。

年产蛋70~90枚，平均蛋重30.6g，平均种蛋受精率为86.3%，平均受精蛋孵化率89.5%。肉质鲜美，既可用于制作美味佳肴，又有观赏、药膳等多种用途。能适应粗放的养殖环境，且已具有良好的生产和繁殖性能。

2. 培育品种

（1）左家雉鸡 左家雉鸡主要为肉用，由中国农业科学院特产研究所通过级进杂交、横交固定的育种方法选育而成。原产地及中心产区为吉林省吉林市左家镇。

【体形外貌】胸部丰满，胫骨短小，体形钝圆。公雉眼眶上方有1对清晰的白眉，颈部羽毛呈黑绿色，颈下部有一条较宽且不太完整的白环，在颈腹部有间断；胸部羽毛呈红铜色，上体羽毛呈棕褐色，腰部羽毛呈草黄色；母雉上体羽毛呈棕黄色，下体羽毛近乎白色，背部羽毛呈棕黄色或沙黄色，腹部羽毛呈灰白色。羽毛颜色介于中国山鸡和河北亚种雉鸡之间。成年公雉体重约 1.7kg，母雉约 1.26kg；平均年产蛋数为 71.4 枚，4 月初开始产蛋，产蛋期为 19 周，产蛋率大于 50%的时间为 10 周，至 8 月中旬停产。种蛋受精率为 88.5%，受精蛋孵化率为 90.1%，育雏期成活率为 85.2%。近年来，由于养殖者只注重提高产肉量，致使左家雉鸡的杂交情况比较严重，所以纯种数量已经不多。

（2）申鸿七彩雉 申鸿七彩雉为肉蛋兼用型品种，2019 年通过国家畜禽遗传资源委员会审定。

【体形外貌】公雉眼周和脸颊裸区鲜红，喙呈灰白色；头颈部羽毛墨绿、带紫色光泽，颈基部有白色颈环；背部靠颈环部分的羽毛呈红褐色、有黑斑，腰荐部、翅部羽毛呈绛红色，羽尖带白斑；胸部羽毛呈红褐色、有光泽；腹部羽毛呈棕黄色，两侧带黑斑；尾羽长，呈黄灰色；胫呈灰褐色，有短距；皮肤呈浅黄色。母雉喙呈青灰色；下颌部羽毛呈灰白色；头顶及颈部羽毛呈栗色、有光泽；背部、翅部羽毛呈麻栗色；胸腹部羽毛呈浅黄色；尾羽长、呈麻栗色；胫呈灰褐色；皮肤呈浅黄色；蛋壳 90%以上为橄榄色。雏雉全身绒羽呈棕黄色，有 3 条黑色或棕色的背线，其中中间一条从头至尾；眼周和脸颊呈浅黄色，胫呈粉红色。申鸿七彩雉驯化程度高，适应性强，抗病力高，笼养、舍内平养和散养均适宜，均能表现出稳定良好的生产性能。

3. 引入品种

美国七彩雉鸡，也称七彩山鸡、美国山鸡，主要为肉用。原产地为美国威斯康星、明尼苏达、伊利诺伊等州。目前已分布在我国大部分地区，是我国养殖数量最多的雉鸡品种。

【体形外貌】成年公雉体重 1.5kg 左右、体长 17cm 左右；头部羽毛呈青铜褐色，带有金属闪光。头顶两侧各有一束青铜色眉羽，两眼睑四周布满红色皮肤，两眼上方头顶两侧各有一白色眉纹。虹膜呈红栗色。睑部皮肤呈红色，并有红色毛状肉柱突起，稀疏分布着细短的褐色羽毛。颈有白色羽毛形成的颈羽环，在胸部处不完全闭合，不闭合处为非白羽段，非白羽段横向长度为 2.7cm 左右。胸部羽毛呈铜红色，有金属闪光。背部羽毛呈黄褐色，羽毛边缘带黑色斑纹。背腰两侧、两肩及翅膀羽毛呈黄褐色，羽毛中间带有蓝黑色。尾羽呈黄褐色，并具黑横斑纹，主尾羽 4 对。喙呈浅灰色，质地坚硬。胫、趾呈暗灰色或红灰色，胫下段偏内侧长有距。

母雉体重 1.2kg 左右、体长 15cm 左右；头顶的羽毛呈米黄色或褐色，具黑褐色的斑纹。眼四周分布有浅褐色的睑毛，眼下方呈浅红色，虹膜呈红褐色。睑部呈浅红色。颈部有浅栗色羽毛，后颈羽基呈栗色，羽缘呈黑色。胸羽呈沙黄色。翅膀呈暗褐色，有浅褐色横斑，上部呈褐色或棕褐色，下部呈沙黄色。尾羽呈黄褐色，有黑色横斑纹。喙呈暗灰色。胫、趾呈灰色，5 月龄以后胫上段偏内侧处长距。

4~5 月龄性成熟，公雉比母雉晚 1 个月性成熟。每年 2~3 月开始产蛋，产蛋延长到 9 月。蛋壳呈橄榄黄色，椭圆形，蛋重 28~36g。年产蛋 80~120 枚。

4. 其他品种

目前我国还有一部分河北亚种雉鸡、黑化雉鸡和白化雉鸡等，其中黑化雉鸡和白化雉鸡为引进品种。

（1）河北亚种雉鸡 河北亚种雉鸡又叫地产雉鸡。由中国农业科学院特产研究所对野生河北亚种雉鸡进行人工驯化繁殖和选育而成。

【体形外貌】 公雉体重1.2~1.5kg，头部两眼睑有明显白眉，白色颈环较宽且完全闭合，胸部羽毛呈褐色，体形细长。母雉体重0.9~1.1kg，体形纤小，腹部羽毛呈黄褐色。年平均产蛋26~30枚，种蛋受精率为87%以上，受精蛋孵化率为89%左右，种蛋重25~30g。肉质细嫩，肉味鲜美，深受国内外消费者喜爱，因其野性较强，善于飞翔，放养后独立生活能力和野外生活环境的适应能力很强，是较合适旅游狩猎场和放养场的饲养品种。

（2）黑化雉鸡 黑化雉鸡也称为黑化山鸡，由中国农业科学院特产研究所于1990年从美国威斯康星州引进，国内也称其为孔雀蓝雉鸡。

【体形外貌】 公雉全身羽毛呈黑色，头顶、背部、体侧部和肩羽、覆羽均带有金属绿光泽，颈部羽毛带有紫蓝色光泽。母雉全身羽毛呈黑橄榄棕色。对该品种的起源，至今国内外仍有争论。其生产性能指标和肉质风味均与美国七彩雉鸡相近。

（3）白化雉鸡 白化雉鸡又称白羽雉鸡、白野鸡，由中国农业科学院特产研究所于1994年从美国威斯康星州引进，其起源目前尚不清楚。我国从1997年开始饲养推广。

【体形外貌】 全身羽毛呈纯白色，体形较大，体态紧凑，风韵多姿，面部皮肤和两边的垂肉呈鲜红色，耳羽两侧后面的两簇白色羽毛向后延伸。公雉头顶、颈部和身体各个部位的羽毛均呈纯白色，虹膜呈蓝灰色，面部皮肤呈鲜红色。母雉除缺少鲜红色的面部和肉垂，以及尾部羽毛较短外，其余部位的羽毛均与公雉相同。公雉体重1.3~1.6kg、体长65~75cm，9~10月龄性成熟。母雉体重1.1~1.4kg、体长45~55cm，10~11月龄开产，年产蛋80~120枚，蛋呈椭圆形，蛋壳呈橄榄黄色或棕绿色，蛋重30g左右，公母比例为1∶4，种蛋受精率为80%~86%，孵化期为24~25d。

第二节　雉鸡的繁育

一、雉鸡的繁殖特点

1. 季节性繁殖，性成熟晚

在南方地区，3月初进入繁殖期，在北方晚1个月；4月初开始产蛋，5~6月为产蛋旺期，7月末产蛋结束。公雉9~10月龄性成熟，母雉10~11月龄性成熟。在人工饲养条件下，产蛋期可延长至9月。人工驯化后的雉鸡性成熟期会提前。种雉生产利用年限为1~2年。育种群种雉的公雉有特殊需要的，可连续使用2年以上，但一般不要超过4年。

2. 性行为

公雉进入性成熟期有明显的发情表现，肉髯及脸变红，清晨发出清脆的叫声，并拍打翅膀向母雉求偶，此时其颈羽蓬松，尾羽竖立，频频点头，围绕母雉快速来回做弧形运动。发情期的母雉性情温顺，主动接近公雉，在公雉附近低头、垂展翅膀行走，发出求爱信息。公雉在繁殖季节有较激烈的争母现象。在性活动期，公雉相互发生斗架，获胜者称为“王子雉”，“王子雉”控制群中的其他公雉。

3. 产蛋

人工饲养条件下，在产蛋期内母雉产蛋并无显著的规律性，一般连产 2d、休息 1d，个别连产 3d、休息 1d，初产母雉隔天产 1 枚蛋的情况较多，每天产蛋时间集中在 9:00~15:00，产蛋持续时间为 0.5~5min。

4. 配种日龄

配种日龄根据生产需要而定。地面平养时，母雉在开产前 2 周与公雉合群配种，笼养且产蛋率达到 50%时，对公雉进行调教和人工采精，母雉的产蛋量以第一个产蛋周期为最高，以后基本上每个周期逐步递减，因此生产群一般只用第一个产蛋周期的种雉配种，部分养殖单位也进行第二个产蛋周期的配种。

5. 公母比例

研究发现公母比例为 1∶12 和 1∶18 时，种蛋受精率没有明显差异。目前，美国采用的公母比例为 1∶(4~10)，我国为 1∶(4~8)。采用不同的配种方法，公母比例也有所不同，一般大群配种时为 1∶6，小群配种时为 1∶(8~10)，人工授精时为 1∶(20~30)。

二、雉鸡的选种

目前生产中常用的选种方法为体形外貌选择和生产性能成绩选择。

1. 体形外貌选择

用体形外貌选择种雉的基本步骤为：根据育种目标，在雏雉（3~4 周龄）、后备种雉（17~18 周龄至开产前）和成年雉鸡（第二个产蛋期开产前）进行 3 次。

（1）雏雉 选择健壮、体大、叫声响亮、体质紧凑、活泼好动、脚趾发育良好的雏雉，留种数量应比实际用种数量多 50%。

（2）后备种雉 主要是淘汰生长慢、体重轻，以及羽色和喙、趾的颜色不符合本品种要求的个体。留种数量应比实际用种数量多 30%。

1）母雉选择。选择符合品种特征，身体匀称、发育良好、活泼好动、觅食力强、头宽深、颈细长、喙短而弯曲、胸宽深而丰满、羽毛紧贴有光泽、尾发达且上翘、肛门松弛且清洁湿润，体大、腹部容积大、二耻骨间距较宽的母雉。

2）公雉选择。选择体形匀称、发育良好、姿态雄伟、脸色鲜红、耳羽簇发达、胸宽而深、背宽而直、羽毛华丽、两脚间距宽、站立稳健、体大健壮、雄性特征明显、性欲旺盛的公雉。

（3）成年种雉 体重和外貌特征的选择标准与后备种雉基本相同，但种母雉还应关注换羽和颜色。选留换羽时间晚、速度快和肛门、喙、胫、脚、趾等表皮褪色多的种母雉。

2. 生产性能成绩选择

生产性能主要包括早期生长速度、体重、体尺、屠宰率等生长指标及产蛋量、蛋重、受精率、孵化率、育成率等繁殖指标。

（1）系谱选择 通过查阅雏雉和育成雉的系谱，比较祖先生产性能的记录来推断其生产性能。

（2）自身成绩选择 种雉自身成绩可充分体现个体的生产性能，比系谱选择的准确度要高。因此，育种场要做好个体各项生产性能测定记录工作。

（3）同胞姐妹生产成绩选择 利用同胞姐妹的平均生产成绩判定种公雉的生产性能。

（4）后裔成绩选择 选择根据后裔记录成绩进行选择，但采用此法鉴定的种雉年龄往往在2.5岁以上，在种雉的育种中使用很少，但可利用此方法建立优秀的家系。

三、雉鸡的配种

雉鸡的配种方法分自然配种和人工授精两种。

1. 自然配种

（1）大群配种 目前种雉场多使用大群配种，这是指在数量较大的母雉群内按1∶(4~6)的公母比例组群，自由交配，群体大小以100只左右为宜，让每只公雉与每只母雉均有随机配种机会。此方法具有管理简便、节省人力、受精率和孵化率较高的优点，缺点是系谱不清，只能用于生产，不能用于育种。

（2）小群配种 小群配种也是常用的配种方法。指将1只公雉与4~6只母雉放在小间配种。如果要确切知道雏雉的父母，则必须给公、母雉戴上脚号，并设置自闭产蛋箱，在母雉下蛋后立即拣出，并登记母雉号；如果只考察公雉性能，仅给公雉戴脚号、在种蛋上记公雉脚号。此方法管理较麻烦，而且如果公雉无射精能力，整个配种群所产种蛋都将无精，损失较大。

2. 人工授精

人工授精包括采精与输精过程，要求公雉和母雉均笼养。

（1）采精 一般采用按摩法，分为抓鸡训练、调教与采精，以及精液品质鉴定等步骤。

1）抓鸡训练。在确定训练开始后，饲养员每天多次进入鸡舍，靠近鸡笼并抚摸鸡体，待公雉习惯后，开始训练。抓鸡时饲养员动作要轻、温和，使被抓的公雉逐渐习惯动作。

2）调教与采精。在正式采精前，对雉鸡进行调教，调教期间，去除肛门周围区域的羽毛，轻轻地按摩公雉的腰骶区（低背部）。右手掌按摩雉鸡，将头夹在操作者的右臂下，采精人员站在右侧（如果用右手操作），刺激生殖勃起组织和输精管的勃起，左手放在泄殖腔口的上方位置，手掌压迫尾巴向上（背部上方），用左手的大拇指和食指，外翻勃起组织，紧捏球茎末端使精液进入采精杯。同时，利用右手压迫泄殖腔区的下面，协助输精管外翻，将精液收集到杯子中。平均每只采集的精液量为0.10~0.33mL，为了获得最大的受精率，精液贮存时间不能超过30min。每隔1d采精1次或连续采精2d后休息1d。

3）精液品质鉴定。正常精液为乳白色，pH为7.1~7.2，每毫升精液含精子20亿~30亿个。精液的质量可以通过显微镜观察精子的密度、活力和畸形率来确定。

（2）输精 保定人员在母雉的肛门上下轻轻地压迫以引起输卵管口外翻，用输精器轻轻地输精，深约2cm。释放手指压力，使输精器从输卵管中慢慢地移出。输精完成后，轻轻地放下母雉，以免其紧张而导致精液流失。用0.025~0.05mL未稀释的精液可获得较高的受精率。雉鸡在输精7~14d后受精率急速下降。最佳的输精时间是子宫中没有硬壳蛋时。开始输精时，先连续输精2d，然后每间隔4~5d输精1次，每次从采精到输精完成的时间不超过30min。

第三节 雉鸡的饲养管理

一、雉鸡场的建设要点

饲养场地的合理选择是雉鸡养殖成功的基本条件之一，要根据生产需要、自然条件及社会条件来选择。雉鸡胆小怕人，视觉和听觉灵敏，易受惊吓，因此饲养场地要远离住宅区、其他畜禽养殖场、工业区、居民点、集贸市场、屠宰加工场和污染严重的企业，靠近饲料来源地及产品交售处，以方便饲料的运输和产品销售。理想的饲养场地地势要相对较高，排水良好，地面平整，土质以含石灰质和砂壤土为宜。水源充足洁净，水质无污染。还要考虑有充足的电力供应，满足消防、防疫等相关规定。

1. 雉鸡场建筑的种类

（1）生产用房 生产用房包括孵化室、育雏舍、中雏舍、大雏舍、生产舍、种雉舍。

1）孵化室。水电充足，具有良好的通风设备，四周墙壁便于清洗和消毒。孵化室内设种蛋检验室、贮蛋室、洗涤室、孵化室、出雏室、雏雉存放室、性别鉴定室及杂物间等。如饲养规模较小，可简化孵化室内部设施。

2）育雏舍。建设是否合理直接影响着雏雉生长和发育。育雏舍高度要低于正常鸡舍，墙壁保温性好，地面干燥，通风良好。若使用立体笼，最上层笼与天花板间的距离应为1.5m左右。育雏舍分开放式和密闭式，实行全年育雏的大型养殖场，可选用密闭式，这种舍实施人工通风和灯光照明，造价较高。中小型养殖场可采用开放式。

3）中雏舍。保证冬暖夏凉，干燥，清洁卫生，换气好。舍外设有运动场，运动场上部及四周应铺设铁网或尼龙网，网眼大小以4cm×4cm为宜，运动场地面以沙地或铺砖（但需设置沙池）为宜。运动场的面积为雉舍面积的1/2，设有栖息架。

4）大雏舍。运动场要相对宽阔，需设置遮蔽物，避免雏雉追打时无处躲藏，还必须设置遮阴设施。

5）生产舍。分为产蛋舍和肉用舍。

① 产蛋舍。商品雉鸡产蛋舍有开放式、密闭式及综合式的。目前，大规模的蛋用雉鸡养殖场采用笼养方式，鸡笼主要有叠层式、全阶梯式、半阶梯式、阶梯叠层复合式、单层平置式等。

② 肉用舍。分为封闭式和开放式。

6）种雉舍。有平养和笼养方式。平养舍采用开放式和密闭式，可根据不同的饲养条件来选择；笼养舍节约生产用地面积，而且能更准确和方便地开展育种工作。

（2）其他用房 其他用房包括饲料加工及储藏用房、生活用房和行政用房。生活用房和行政用房均需修建在生产区外，包括宿舍、食堂、办公室、消毒间、技术室、实验室等。

雉鸡场总体布局按照主导风向、地势高低及水流方向依次为生活区、行政区、辅助生产区、生产区和粪污处理区。生活区距行政区和生产区100m以上。粪污处理区应在主风向的下方，与生活区保持一定距离。

2. 雉鸡场设备和用具

雉鸡场的饲养设备和用具与鸡场的基本相同。

(1) 鸡笼 根据鸡舍面积、饲养密度、机械化程度、管理情况、通风及光照等情况，可将鸡笼组装成不同形式。全阶梯式鸡笼的上下两层笼体完全错开，常见的为2~3层；半阶梯式鸡笼的上下两层笼体有1/4~1/2的部位重叠，下层重叠部分有挡粪板；层叠式鸡笼的上下两层笼体完全重叠，常见的有3~4层，高的可达8层；单层平列式组装时一行笼子的顶网在同一水平面上，笼组之间不留车道，无明显的笼组之分。

(2) 饲喂和饮水设备 饲喂设备包括贮料塔、输料机、喂料机和饲槽。贮料塔在雉鸡舍的一端或侧面。饲喂机有链板式喂料机、螺旋弹簧式喂料机、塞盘式喂料机、喂料槽、喂料桶，以及斗式供料车和行车式供料车等。链板式喂料机应用于平养和各种笼养成雉鸡舍；螺旋弹簧式喂料机主要应用于平养成雉鸡舍；喂料槽在平养成雉鸡时应用较多；斗式供料车和行车式供料车多用于多层鸡笼和叠层式笼养成雉鸡舍。

饮水设备包括水泵、水塔、过滤器、限制阀、饮水器及管道设施等，目前常用的为乳头式饮水器。

(3) 清粪设备 目前主要使用牵引式刮粪机和传送带清粪方式。牵引式刮粪机在一侧有贮粪沟，靠绳索牵引刮粪板，将粪便集中。传送带清粪常用于高密度叠层式上下鸡笼间清粪，粪便可由底网空隙直接落于传送带上。

二、雉鸡的生产时期划分

根据雉鸡各个时间段的生物学特性和对营养、环境的要求，以及为便于管理等，各国对雉鸡生产时期的划分方法也不同。我国一般划分为3个阶段：育雏期（0~8周龄），育成期（9~20周龄），成年期（21周龄以后），将成年期进一步划分为繁殖准备期（青年种雉从育成期结束至开产）、繁殖期、换羽期和越冬期。

三、雉鸡的营养需要和饲料

1. 营养需要

目前，我国还没有统一的雉鸡饲养标准，多采用美国国家研究委员会（NRC）在1994年推荐的营养需要（表6-1），中国农业科学院特产研究所科研人员经过多年研究得出我国雉鸡各阶段营养需要参考表（表6-2）。近年来，随着雉鸡养殖模式的转变和生产性能的提高，饲养标准也发生了变化，肉用和笼养蛋用雉鸡营养需要推荐表见表6-3和表6-4。

表6-1 美国NRC（1994）雉鸡营养需要（日粮中干物质占90%）

营养指标	0~4周龄	4~8周龄	8~17周龄	成年种雉
代谢能/(MJ/kg)	11.72	11.30	11.72	11.72
粗蛋白质（%）	28	24	18	15
甘氨酸+丝氨酸（%）	1.8	1.55	1.0	0.5
亚油酸（%）	1.0	1.0	1.0	1.0
赖氨酸（%）	1.5	1.4	0.80	0.68

（续）

营养指标	0~4 周龄	4~8 周龄	8~17 周龄	成年种雉
蛋氨酸（%）	0.5	0.47	0.30	0.30
蛋氨酸+胱氨酸（%）	1.0	0.93	0.60	0.60
钙（%）	1.0	0.85	0.53	2.5
氯（%）	0.11	0.11	0.11	0.11
非植酸磷（%）	0.55	0.50	0.45	0.40
钠（%）	0.15	0.15	0.15	0.15
锰/(mg/kg)	70	70	60	60
锌/(mg/kg)	60	60	60	60
胆碱/(mg/kg)	1430	1300	1000	1000
烟酸/(mg/kg)	70	70	40	30
泛酸/(mg/kg)	10	10	10	16
维生素 B_2/(mg/kg)	3.4	3.4	3.0	4.0

表 6-2 我国雉鸡各阶段营养需要参考表

营养指标	育雏期（0~4 周龄）	育肥前期（4~12 周龄）	育肥后期（12 周龄出售）	种雉休产期或后备种雉	种雉产蛋期
代谢能/(MJ/kg)	12.13~12.55	12.55	12.55	12.13~12.55	12.13
粗蛋白质（%）	26~27	22	16	17	22
赖氨酸（%）	1.45	1.05	0.75	0.80	0.80
蛋氨酸（%）	0.60	0.50	0.30	0.35	0.35
蛋氨酸+胱氨酸（%）	10.05	0.90	0.72	0.65	0.65
亚油酸（%）	1.0	1.0	1.0	1.0	1.0
钙（%）	1.3	1.0	1.0	1.0	2.5
磷（%）	0.90	0.70	0.70	0.70	1.0
钠（%）	0.15	0.15	0.15	0.15	0.15
氯（%）	0.11	0.11	0.11	0.11	0.11
碘（%）	0.30	0.30	0.30	0.30	0.30
锌/(mg/kg)	62	62	62	62	62
锰/(mg/kg)	95	95	95	70	70
维生素 A/(IU/kg)	15000	8000	8000	8000	20000
维生素 D/(IU/kg)	2200	2200	2200	2200	4400
维生素 B/(mg/kg)	3.5	3.5	3.0	4.0	4.0
烟酸/(mg/kg)	60	60	60	60	60
泛酸/(mg/kg)	10	10	10	10	16
胆碱/(mg/kg)	1500	1000	1000	1000	1000

表 6-3 肉用雉鸡营养需要推荐表

营养指标	饲养阶段		
	母（0~4 周龄）	母（5~8 周龄）	母（8 周龄以上）
	公（0~3 周龄）	公（4~5 周龄）	公（5 周龄以上）
代谢能/(MJ/kg)	2900	3000	3100
粗蛋白质（%）	25.0	21.0	18.0
钙（%）	1.00	0.90	0.80
总磷（%）	0.68	0.65	0.60
有效磷（%）	0.45	0.40	0.35
食盐（%）	0.32	0.32	0.32
蛋氨酸（%）	0.55	0.44	0.38
赖氨酸（%）	1.25	1.08	0.96
蛋氨酸+胱氨酸（%）	1.01	0.80	0.73
色氨酸（%）	0.21	0.20	0.18
精氨酸（%）	1.42	1.22	1.13
亮氨酸（%）	1.37	1.20	1.05
异亮氨酸（%）	0.90	0.81	0.70
苯丙氨酸（%）	0.82	0.72	0.63
苯丙氨酸+酪氨酸（%）	1.52	1.35	1.13
苏氨酸（%）	0.90	0.82	0.77
缬氨酸（%）	1.02	0.91	0.79
组氨酸（%）	0.39	0.35	0.30
甘氨酸+丝氨酸（%）	1.42	1.26	1.09
维生素 A/(IU/kg)	5000	5000	5000
维生素 D_3/(IU/kg)	1000	1000	1000
维生素 E/(mg/kg)	10.0	10.0	10.0
甲萘醌/(mg/kg)	0.5	0.5	0.5
维生素 B_1/(mg/kg)	1.8	1.8	1.8
维生素 B_2/(mg/kg)	3.6	3.6	3.0
泛酸/(mg/kg)	10.0	10.0	10.0
烟酸/(mg/kg)	35.0	30.0	25.0
维生素 B_6/(mg/kg)	3.5	3.5	3.0
生物素/(mg/kg)	0.15	0.15	0.15
胆碱/(mg/kg)	1000	750	500
叶酸/(mg/kg)	0.55	0.55	0.55
维生素 B_{12}/(mg/kg)	0.01	0.01	0.01
铜/(mg/kg)	8.0	8.0	8.0
铁/(mg/kg)	80.0	80.0	80.0

（续）

营养指标	饲养阶段		
	母（0~4周龄）	母（5~8周龄）	母（8周龄以上）
	公（0~3周龄）	公（4~5周龄）	公（5周龄以上）
锌/(mg/kg)	60.0	60.0	60.0
锰/(mg/kg)	80.0	80.0	80.0
碘/(mg/kg)	0.35	0.35	0.35
硒/(mg/kg)	0.15	0.15	0.15

表6-4　笼养蛋用雉鸡营养需要推荐表

营养指标	饲养阶段			
	0~6周龄	7~18周龄	19周龄至开产	产蛋期
代谢能/(MJ/kg)	2900	2800	2750	2750
粗蛋白质（%）	25.0	16.0	16.5	18.0
钙（%）	0.90	0.90	1.80	3.50
总磷（%）	0.65	0.61	0.63	0.70
有效磷（%）	0.40	0.36	0.38	0.45
食盐（%）	0.35	0.35	0.35	0.35
蛋氨酸（%）	0.74	0.35	0.58	0.57
赖氨酸（%）	1.76	0.91	0.77	1.14
蛋氨酸+胱氨酸（%）	1.35	0.74	0.76	1.14
色氨酸（%）	0.35	0.19	0.19	0.24
精氨酸（%）	1.93	1.06	0.99	1.35
亮氨酸（%）	1.84	0.90	0.91	1.22
异亮氨酸（%）	1.17	0.67	0.61	0.85
苯丙氨酸（%）	1.00	0.58	0.55	0.73
苯丙氨酸+酪氨酸（%）	1.68	0.98	0.90	1.20
苏氨酸（%）	1.13	0.63	0.60	0.80
缬氨酸（%）	1.17	0.63	0.63	1.00
组氨酸（%）	0.55	0.29	0.27	0.37
甘氨酸+丝氨酸（%）	1.50	0.84	0.82	1.11
维生素A/(IU/kg)	7200	5400	7200	10800
维生素D/(IU/kg)	1440	1080	1620	2160
维生素E/(mg/kg)	18.0	9.0	9.0	27.0
甲萘醌/(mg/kg)	1.4	1.4	1.4	1.4
维生素B_1/(mg/kg)	1.6	1.4	1.4	1.8
维生素B_2/(mg/kg)	7.0	5.0	5.0	8.0
泛酸/(mg/kg)	11.0	9.0	9.0	11.0

（续）

营养指标	饲养阶段			
	0~6周龄	7~18周龄	19周龄至开产	产蛋期
烟酸/(mg/kg)	27.0	18.0	18.0	32.0
维生素 B_6/(mg/kg)	2.7	2.7	2.7	4.1
生物素/(mg/kg)	0.14	0.09	0.09	0.18
胆碱/(mg/kg)	1170	810	450	450
叶酸/(mg/kg)	0.90	0.45	0.45	1.08
维生素 B_{12}/(mg/kg)	0.009	0.005	0.007	0.010
铜/(mg/kg)	5.40	5.40	7.00	7.00
铁/(mg/kg)	54.00	54.00	72.00	72.00
锌/(mg/kg)	54.00	54.00	72.00	72.00
锰/(mg/kg)	72.00	72.00	90.00	90.00
碘/(mg/kg)	0.60	0.60	0.90	0.90
硒/(mg/kg)	0.27	0.27	0.27	0.27

2. 饲料

不同国家或同一国家不同养殖场的日粮组成也有所不同。雉鸡参考饲料配方见表6-5至表6-7。

表6-5 雉鸡参考饲料配方（1）

饲料种类	幼雏（0~4周龄）	中雏（5~10周龄）	大雏（11周龄至性成熟）	繁殖准备期	繁殖期
玉米（%）	38.0	45.0	46.0	45.0	41.0
高粱（%）	3.0	5.0	10.0	5.0	
麸皮（%）	3.0	10.0	15.0	10.0	8.0
豆饼（%）	20.0	18.0	20.0	18.0	17.0
大豆粉（%）	10.0	5.6	4.3	10.3	10.0
酵母（%）	4.0	4.0		3.3	7.0
鸡蛋（%）	10.0				
鱼粉（%）	10.0	8.0		3	10.0
骨粉（%）	2.0	4.0	4.3	5	6.6
食盐（%）		0.4	0.4	0.4	0.4
合计（%）	100.0	100.0	100.0	100.0	100.0

表6-6 雉鸡参考饲料配方（2）

饲料种类	幼雏	育成雉鸡	成年雉鸡	种雉（产蛋期）
玉米（%）	35.85	43.75	20.55	51.55
高粱（%）	10.0	15.0	30.0	10.0
大豆粕（%）	30.0	5.0	2.0	14.0

（续）

饲料种类	幼雏	育成雉鸡	成年雉鸡	种雉（产蛋期）
棉籽粕（%）			2.0	
菜籽粕（%）		2.0		
鱼粉（%）	10.0	4.0	3.0	6.0
白鱼粉（%）	5.0			
鱼汁吸附饲料（%）	2.0	2.0		2.0
肉骨粉（%）	3.0			2.0
麸皮（%）		15.0	15.0	5.0
脱脂米糠（%）		10.0	15.0	
玉米淀粉渣（%）			7.0	
苜蓿粉（脱水）（%）	2.0	2.0	4.0	2.0
饲料酵母（%）	0.6			
DDGS（%）	1.0			1.0
动物性油脂（%）				1.0
食盐（%）	0.25	0.25	0.25	0.25
碳酸钙（%）	0.1	0.8	1.0	4.8
磷酸氢钙（%）				0.2
维生素混合剂（%）	0.1	0.1	0.1	0.1
矿物质混合剂（%）	0.1	0.1	0.1	0.1
合计（%）	100	100	100	100

表 6-7　雉鸡参考饲料配方（3）

饲料种类	日粮				
	育雏期		育成期	过渡期	产蛋期
	不加肉粉	加肉粉			
玉米（%）	47	42	43	72	62.4
豆粕（%）	32	20	23	9.8	10
米糠（%）	0.8	11	14.4		15
麸皮（%）				12.9	
玉米麸质粉（%）	10	10	10	0.6	5.1
肉粉（%）		9.5		0.9	
棉籽粉（%）	5	5	5		
石粉（%）	1.35	0.75	1.2	1.6	4.43
维生素预混料（%）	0.95	0.95	1	0.93	1
磷酸氢钙（%）	2.15		1.63	0.8	1.5
脂肪（%）					0.06

（续）

饲料种类	日粮				
	育雏期		育成期	过渡期	产蛋期
	不加肉粉	加肉粉			
食盐（%）	0.23	0.23	0.23	0.23	0.23
氧化锌（%）	0.11	0.12	0.11	0.11	0.11
硫酸锌（%）	0.09	0.09	0.09	0.09	0.09
蛋氨酸（%）				0.04	
赖氨酸（%）	0.32	0.36	0.34		0.08
合计（%）	100	100	100	100	100

四、雉鸡生产时期的饲养管理

1. 育雏期饲养管理

（1）温度　育雏期开始时设置温度为35℃，每周下降2.5℃，直到羽毛长齐，降至21℃。笼养育雏的温度要求较高，笼养雉鸡不同日龄的温度要求见表6-8。

表6-8　笼养雉鸡不同日龄温度要求

日龄	1~3日龄	4~7日龄	2周龄	3~4周龄	5~6周龄
温度/℃	37~39	35~36	30~33	26~28	25~26

注：温度应视雉鸡群情况调整；育雏温度为育雏笼内的温度。

（2）湿度　1周龄内湿度为65%~70%；1~2周龄湿度为60%~65%；2周龄后湿度为55%~60%。若湿度过低，可在室内放置水盘或地面洒水；过高时加强通风。

（3）通风　1周龄内要求最小的空气流动。此后，增加空气流动，可以减少灰尘、降低温度和湿度。若使用排风扇，应安装在墙上，至少离地面1.5~1.8m高。面积为6.5cm^2的进风口排出空气的速度为0.1m^3/min，当排风扇开放时使用遮光罩，空气进风口面积应增加到8cm^2。

（4）光照　1周龄之前，维持光照强度为30~50lx，用白炽灯或温暖的荧光灯，通过调光开关能将光照强度减少到5lx。育雏期间应补充人工光照。推荐的光照方案见表6-9。

表6-9　雉鸡光照方案

日龄	光照时间/h	光照强度/lx
1~2日龄	24	30
3~7日龄	20	
2周龄	16	5
3周龄	12	
4~20周龄	9	

（续）

日龄	光照时间/h	光照强度/lx
21 周龄	10	10~30
22 周龄	13	
23 周龄	13.5	
24 周龄	14	
25 周龄	14.5	
26 周龄	15	
27 周龄	15.5	
28 周龄及以后	16	

（5）饲养密度 网上平养密度为：1~10 日龄时，50~60 只/m^2；10~20 日龄时，30~40 只/m^2，此后转为立体笼养；21~42 日龄时，20~30 只/m^2；43~60 日龄时，10~20 只/m^2。

（6）断喙 在高温或应激操作如免疫或转群时不能断喙。2 周龄时进行断喙，切除上喙的 1/2 和下喙的 1/3，切好后烧灼伤口并止血，在断喙前后在饮水中添加维生素添加剂，有助于减少应激。同时，在料槽中加满饲料，以利于雏鸡采食。

（7）初饮和开食 出壳 12h 后的雏雉有啄食行为，即可进行初饮，水温与室温接近；初饮后 1~2h 即可开食，开始 3~5d 以湿拌料为主。1~3 日龄时，每天饲喂 6~7 次；4~7 日龄时，每天饲喂 5~6 次；8~30 日龄时，每天饲喂 5 次以上，以后每天饲喂 4 次。

（8）免疫接种 根据实际情况制订免疫接种程序，建议免疫程序为：1 日龄时，接种马立克氏病疫苗，皮下注射。7 日龄时，接种新城疫Ⅳ系疫苗，滴鼻或饮水。10 日龄时，接种传染性法氏囊病疫苗，饮水；禽痘疫苗，刺种。15 日龄时，接种禽流感疫苗，饮水。21 日龄时，接种传染性法氏囊病疫苗，肌内注射。35 日龄时，接种新城疫Ⅳ系疫苗，滴鼻或饮水。

2. 育成期饲养管理

（1）饲养方式 最常用的饲养方式有立体笼养法、网舍饲养法和散养法。肉用雉鸡多采用立体笼养法；网舍饲养法可为雉鸡提供运动空间，提高后备种雉的运动量和种雉的繁殖性能；雉鸡脱温后即可散养，散养时可进行断翅处理，以防止其逃跑。断翅即在雏雉出壳后立即用断喙器切去左或右侧翅膀的最后一个关节。

（2）饲养要点

1）饲料。可适当降低动物性蛋白质饲料的比例，增加青饲料和糠麸类的比例；饲料不宜碾得过细，以免降低采食量，但应注意适口性。

2）饲喂。采用干喂法，前期每天饲喂 5 次，间隔时间为 3h；或每天饲喂 4 次，间隔时间为 4h；后期逐步减少至每天饲喂 2 次。食槽和饮水器设置充足，一般每 100 只应设置 2.5L 的料桶和 4L 的饮水器各 4~6 只；商品雉鸡在出栏前 2 周停喂鱼粉。

（3）管理要点

1）控制体重与光照。限制饲养，降低饲料中的蛋白质和能量水平及饲喂次数，增加运动量，以控制体重。对后备种雉，按照种雉的要求调节光照时间。对商品雉鸡，在夜间适当增加光照，促进采食，提高生长速度。

2）断喙和剪羽。为防止啄癖，在7~8周龄进行第二次断喙。随着日龄增长，其飞跃能力也得到提高，撞伤现象逐渐增多，可采用剪羽方法控制。

3）及时分群和控制密度。转入育成舍后，按照体形大小和强弱进行分群管理，如作为种用，在19~20周龄进行第二次分群。控制饲养密度，5~10周龄时密度为6~8只/m^2，以300只为一群为宜；11周龄时密度为3~4只/m^2，以100~200只为一群为宜。

4）强化卫生防疫。鸡舍应每天打扫，水槽、料槽要定期清洗、消毒，垫草应清洁、干燥、不发霉，暴晒或消毒，及时隔离饲养病、弱雉。按照计划进行免疫接种、药物驱虫和预防性用药，防止各类疾病的发生。

5）其他饲养管理。保持卫生，定期消毒。目前，部分养殖场采用了给雉鸡佩戴眼罩的方法，可减少打斗现象，并且可提高雉鸡的饲养密度。

3. 种雉的饲养管理

（1）繁殖准备期饲养管理

1）饲养。饲喂全价饲料，适当控制种雉体重，避免体重过大、体质肥胖而造成难产、脱肛或产蛋期高峰变短、产蛋量减少等现象。

2）管理。开产前2周左右进行公母合群，以公母比例为1∶（4~6）为宜；大群配种时不超过100只，小群配种时以1只公雉与适量母雉组成小群。母雉应进行修喙，公雉和后备种公雉应剪趾。产蛋期采用笼养，在18周龄从育成舍转群到产蛋舍，公、母雉均采用单笼饲养为宜，一般在产蛋率达50%时进行人工授精，也可采用每笼1公6母的自然交配饲养方法。

（2）繁殖期饲养管理

1）饲养。饲喂次数应满足交配、产蛋等要求，每天9:00前和15:00后喂料2次。天气炎热时，适当提前和延后，以增加采食量。采用定时饲喂的情况下，饲喂湿粉料比干粉料的采食速度快。供给充足的清洁饮水。笼养时可使用全价颗粒饲料，料槽中保持一定数量饲料，确保晚上关灯前能吃到饲料。舍内温度以22~27℃最佳，光照时间为16h。地面平养时，每只雉鸡应占有4~6cm长的料槽，每100只雉鸡配备4~6个4L的饮水器，饮水器和料槽定期清洗消毒（每周不少于2次）。

2）管理。地面平养时，尽快确立“王子雉”，也可人为帮助“王子雉”确立，早稳群。规模化笼养时，人工控制饲养环境。饲喂时可采用自动化喂料系统和乳头式饮水器。每周进行带鸡消毒。

繁殖期种雉对外界环境敏感，一旦有异常变化，会躁动不安，因此，饲养人员应穿着统一的工作服，喂料和拣蛋动作要轻、稳，产蛋舍谢绝外来人员参观，并禁止各种施工和车辆出入，防止动物在舍外走动。地面平养时，每4~6只母雉配备1个产蛋箱，产蛋高峰时每隔1~2h拣蛋1次，天气炎热时增加拣蛋次数。

加强日常的清洁卫生，及时清除粪便，清洗料槽和饮水器，保持圈舍干燥。每2周对鸡舍、运动场及产蛋箱进行1次消毒。

（3）休产期饲养管理 休产期是指种雉完成一个产蛋期后休息、调理的时期，包括换羽期、越冬期和繁殖准备期。换羽期为8~9月，越冬期为10月~第二年2月。目前，大多数商品雉鸡场为追求养殖效益的最大化，完成一个产蛋期后将其淘汰，所以只有繁殖准备期和繁殖期，没有休产期。

1）饲养。饲料品种应因地制宜，每天饲喂2次，饲喂量为每天72~80g。休产期对外部环境的要求与繁殖准备期基本相同。

2）管理。种雉群应及时淘汰，但具有育种价值的雉鸡可保留，淘汰病弱及繁殖性能下降或超过种用年限的雉鸡。选留的种雉公母分群饲养，及时修喙，做好驱虫、免疫接种等。鸡舍进行彻底的清洗消毒，并做好防寒保温工作，保持通风、干燥和适度光照。

第四节 雉鸡的生产性能和产品

一、雉鸡的生产性能

目前我国饲养雉鸡主要以肉用为主，兼有蛋用、药用、观赏用和狩猎用。本节以我国饲养数量最多的美国七彩雉鸡和申鸿七彩雉为例介绍雉鸡的生产性能。

1. 美国七彩雉鸡

（1）产肉性能

1）体重。在舍饲条件下，成年公雉体重1500~1750g，成年母雉体重1000~1250g，饲料转化率为1∶3.4。

2）屠宰性能。90日龄屠宰性能见表6-10。

表6-10 美国七彩雉鸡90日龄屠宰性能

性别	宰前体重/g	屠宰率（%）	半净膛率（%）	全净膛率（%）	翅膀率（%）	腿肌率（%）	胸肌率（%）
公	1386.61±199.30	91.29±2.00	88.35±1.64	79.57±1.19	10.95±1.40	17.94±1.30	24.73±1.71
母	966.67±91.94	89.32±1.15	86.55±1.37	79.39±1.19	11.03±0.55	22.21±1.50	26.90±1.99

注：引自《中国畜禽遗传资源志·特种畜禽志》。

3）肉品质。56日龄肌肉主要营养成分见表6-11。

表6-11 美国七彩雉鸡56日龄肌肉主要营养成分（%）

水分	干物质	蛋白质	脂肪	灰分
72.15	27.85	24.71	0.9	1.28

注：引自《中国畜禽遗传资源志·特种畜禽志》。

（2）产蛋性能 年产蛋80~120枚。蛋壳呈浅橄榄黄色、椭圆形，蛋重28~36g。蛋品质测定（产出后24h内）见表6-12。

表6-12 美国七彩雉鸡蛋品质测定表

蛋重/g	蛋形指数	蛋壳厚度/mm	蛋的比重/(g/cm^3)	蛋黄重/g	蛋白重/g	蛋壳重/g
29.96±2.45	1.25	0.26±0.03	1.37±0.10	9.74±1.11	17.00±1.69	3.21±0.40

注：引自《中国畜禽遗传资源志·特种畜禽志》。

2. 申鸿七彩雉

（1）产肉性能　申鸿七彩雉屠宰性能和肉品质见表 6-13 和表 6-14。

表 6-13　申鸿七彩雉屠宰性能

性别	宰前体重/g	屠宰率（%）	半净膛率（%）	全净膛率（%）	胸肌率（%）	腿肌率（%）
公	1309. 18±90. 66	90. 87±1. 55	84. 50±1. 48	74. 21±1. 87	25. 64±0. 95	21. 62±1. 51
母	983. 38±51. 17	91. 13±1. 63	84. 72±1. 82	73. 97±1. 90	25. 27±1. 81	21. 22±2. 01

表 6-14　申鸿七彩雉常规肉品质

性别	肉色 L	肉色 a	肉色 b	失水率（%）	剪切力/kgf	pH
公	55. 73±8. 90	9. 70±2. 89	9. 82±2. 83	47. 39±7. 30	1. 34±0. 45	5. 38±0. 26
母	59. 94±8. 69	9. 71±2. 04	11. 43±2. 68	48. 72±6. 95	1. 50±0. 71	5. 41±0. 25

注：1kgf≈9. 81N

（2）产蛋性能　年产蛋量 125~135 枚，蛋重 30~38g，蛋壳呈青色、橄榄色等，蛋品质测定（产出后 24h 内）见表 6-15。

表 6-15　申鸿七彩雉蛋品质测定表

蛋重/g	蛋形指数	蛋壳强度/(kg/cm^2)	蛋壳厚度/mm	蛋黄色泽	蛋黄重/g	蛋黄比率（%）	哈氏单位
30. 36±2. 48	1. 27±0. 05	3. 30±0. 82	0. 32±0. 04	5. 66±0. 84	9. 94±0. 77	31. 21±4. 02	87. 23±5. 79

二、雉鸡的产品

1. 肉制品

雉鸡是世界上久负盛名的野味食品，肉质细嫩鲜美，营养丰富。其胸肌和腿肌的粗蛋白质含量分别为 24. 19%、20. 11%，脂肪含量仅为 1. 0%左右，基本不含胆固醇，营养全面，富含人体必需的多种维生素和矿物质，是优良的高蛋白质、低脂肪的野味佳品。随着人们物质生活水平的提高，食品结构也向珍、稀、特、优方向发展，除饭店、餐馆将雉鸡肉列入佳肴菜单外，雉鸡肉目前也走上了寻常百姓的餐桌，市场需求量逐渐扩大。

目前，国内市场主要是将雉鸡活体屠宰后冷藏或鲜食。冷藏方法为：放置于−4~0℃冷藏间，保鲜期为 10d 左右；普通冰箱冷藏保存的保鲜期为 4~5d；冰箱冷冻可保存 35~40d；放置于−12~−4℃冷冻室，可保存 6~7 个月，−14℃可保存 1 年左右。肉深加工产品主要为罐头制品，如红烧雉鸡罐头、清蒸雉鸡罐头等，市面上也有腊雉鸡、烤雉鸡和八珍雉鸡等产品。

2. 蛋制品

雉鸡蛋含有大量的磷脂，包括卵磷脂、脑磷脂和微量的鞘磷脂，对促进脑组织和神经组织的发育有很好的作用。还含有大量的氨基酸，包括 8 种必需氨基酸。目前，雉鸡蛋产品主要以鲜蛋为主，蛋制品还未得到有效开发利用。

3. 羽毛制品

雉鸡羽毛鲜艳而美丽，尤其公雉的羽色艳丽，尾羽长且具横斑，极具观赏价值，可制成工艺品或剥制成生物标本，作为高雅贵重的装饰品。

4. 药材

在我国传统的中医食疗中，雉鸡肉具有特殊价值，具有平喘补气、止痰化瘀，清肺止咳的功效。明朝李时珍在《本草纲目》中记载，雉鸡脑治“冻疤”、喙治“蚊痿”等。雉鸡肉对儿童营养不良，妇女贫血、产后体虚、子宫下垂，以及胃痛、神经衰弱、冠心病、肺心病等，都有很好的疗效。

5. 其他特殊产品

雉鸡也是重要的狩猎鸟，随着市场经济的发展，狩猎开始市场化，逐渐演变为一门新兴行业。国内外已有地区结合旅游业而设置的专门狩猎场，将雉鸡饲养到一定日龄后放养于狩猎场以供人们猎捕。因此，雉鸡还是具有观赏娱乐价值的产品。

第五节 雉鸡的疾病防治

一、雉鸡的免疫预防

雉鸡场要认真贯彻“预防为主”的方针，严格卫生防疫制度，以保证雉鸡群的健康发展。为防止疫病的发生和流行，必须消除传染源，切断疫病的传播途径。

1. 场地和房舍卫生

在生产区入口处要设置消毒槽，进出的人员、设备和工具等必须进行彻底消毒，场区内要保持清洁和定期消毒。环境每天定时清扫 1 次，每 3d 消毒 1 次，每周进行 1 次大扫除和消毒。鸡舍在进鸡或转群前必须彻底清扫干净，用高压水枪冲洗，全面喷洒消毒液，最后进行熏蒸消毒。非生产人员不得进入生产区，饲养人员不得相互串栋、串岗或共用物品。坚持执行每栋鸡舍“全进全出”饲养制度，不同批次、不同日龄的雉鸡不能混养。每年对雉鸡群定期、适时驱虫，减少寄生虫病发生。定期灭鼠和苍蝇。

2. 饲料卫生

饲料室要严密、干燥、通风好，地面最好为水泥地面，防止老鼠进入。严把饲料关，卫生条件差，会将病原菌传染雉鸡群。

3. 饮水卫生

保证水源的清洁、没有污染。饮水器具等要经常清洗和消毒，防止霉菌污染。

4. 尸体和粪便的处理

病死雉鸡尸体的处理方式为深埋，对相应地面和器具进行严格的消毒。实行严格的粪便处理制度。

二、雉鸡的常见病防治

1. 葡萄球菌病

本病为由金黄色葡萄球菌引起的雏雉传染病，感染后多为急性败血症，雏雉和中雏死亡率较高，是雉鸡养殖业中危害严重的疾病之一。

【发病症状】精神不振，减食，羽毛松乱。有多种类型，其中脐炎型以雏雉脐部感染发炎为主要特征；关节炎型表现为关节炎肿大，站立和行走困难，跛行。部分有腹泻现象。

【防治方法】防止发生外伤。加强饲喂管理，供给必需的营养物质，特别要供给足够的维生素和矿物质；适时通风和保持干燥；雉鸡群不易过大，避免拥挤，适当光照，适时断喙，防止互啄。做好卫生及消毒工作。雉鸡群发病，要立即全群给药治疗，可使用磺胺类和庆大霉素拌料或饮水。

2. 异食癖

本病也称啄食癖或恶食癖，是多种营养物质缺乏及其代谢障碍所导致的复杂味觉异常综合征，人工饲养条件下各日龄均可发生。

【发病症状】啄羽癖为雉鸡间互啄羽毛或啄脱落的羽毛。啄肛癖多见于高产笼养雉鸡群或开产雉鸡群，自啄肛门或啄其他雉鸡。啄蛋癖在产蛋旺季种雉中易发生。啄肉癖包括啄冠、眼、背和趾部等。

【防治方法】加强管理，适时分群，保持合理光照和良好通风。合理配制日粮，确保日粮的全价营养。及时隔离病雉鸡，妥善处理，发现异食癖的雉鸡要及时移走，单独饲养。

3. 雉鸡大理石样脾病

本病又称大理石脾，是由禽腺病毒引起的雉鸡急性接触性传染病，各种年龄的雉鸡均易感，主要侵害封闭饲养的3~8月龄雉鸡。

【发病症状】病雉鸡外观健壮，增重正常，突然死亡，肺功能衰竭。多数可见呼吸加快，精神、食欲不佳、消化道功能紊乱，间歇性下痢，严重会发生肺功能衰竭而死亡。

【防治方法】无特效药物，以预防为主。做好消毒和卫生工作，供给新鲜全价日粮和清洁饮水。发病后可用高免或康复血清治疗，也可使用双黄连进行肌内注射。

思考与交流

1. 简述雉鸡的主要品种。
2. 雉鸡的生物学特性有哪些？
3. 简述雉鸡的主要繁殖特点。
4. 雉鸡的配种方法有哪些？
5. 雉鸡育雏期的饲养管理技术要点有哪些？
6. 雉鸡育成期的饲养管理技术要点有哪些？
7. 雉鸡繁殖准备期的饲养管理技术要点有哪些？
8. 雉鸡繁殖期的饲养管理技术要点有哪些？

第七章 火鸡

火鸡又名吐绶鸡、七面鸡，在动物分类学上为鸟纲（Aves），鸡形目（Galliformes），吐绶鸡科（Meleagrididae），吐绶鸡属（*Meleagris*）。火鸡原产于北美洲，曾是墨西哥北部印第安人的主要食品之一，15 世纪末驯养成功后，16 世纪中期传到欧洲，现已遍及全世界。我国大约在 19 世纪中后期，由国外传教士和华侨将火鸡传入，最初主要在动物园作为观赏动物，后经过多年的风土驯化，现已形成了适合我国国情的地方品种。

第一节　火鸡的生物学特性及品种

一、火鸡的生物学特性

1. 野性强，好斗

火鸡无论觅食还是交配都经常发生争斗，特别是公火鸡，有一方屈服即停止搏斗。

2. 警觉性高，喜安静

火鸡胆小，对周围环境警惕性很高，当发现异常时，会竖起羽毛，皮肤变换颜色，发出“咯咯”的叫声，表示自卫。

3. 喜干燥，怕潮湿

火鸡喜欢干燥的生活环境，在正常条件下不易生病。抗病力和生活力很强。

4. 耐粗饲，适应性强

火鸡盲肠发达，消化粗纤维的能力强。从热带到寒带均可饲养，非常适宜放牧饲养。

5. 就巢性

母火鸡一般每产 10~15 枚蛋就会出现 1 次抱窝行为。

6. 食性杂

在人工饲养条件下，火鸡可食麦、玉米、粟、米糠、蔬菜、瓜果等，也可食用新鲜青饲料和动物加工下脚料。采食青草和野菜等青饲料的能力大于其他禽类。不能缺少青饲料，每天饲喂的青饲料占日粮的 30%~50%。

二、火鸡的品种

1. 地方品种

闽南火鸡为我国唯一的火鸡地方品种，是火鸡传入我国闽东南沿海一带后，经过多年的风土驯化形成的地方品种。闽南地区侨胞众多，受侨胞生活习惯与社会风俗的影响，逢年过节及婚丧喜庆，需宰食火鸡。闽南地区的气候条件和社会风俗、消费习惯对闽南火鸡品种的形成起了一定的作用。其主产区为福建省龙海、云霄、漳浦、晋江、南安、泉州等地。

闽南火鸡体躯长、呈纺锤形，胸深宽、丰满，龙骨长而平直。头部和颈上部几乎无毛或有些细毛，喙微弯曲，尖端角质呈黄色，基部呈深咖啡色。眼圆，眼结膜呈棕色，瞳孔呈黑色。耳圆，周围有密集的细毛，无耳叶。颈细而直，脚长且粗壮，尾羽发达，似倒三角形，末端平整。皮肤呈浅红色或浅黄色。羽色以青铜色最多（羽尾端有1条白色条纹），黑白杂花次之，浅黑色和白色最少。

成年公火鸡头部皮肤呈青铜色，在上额部、耳根后和咽下方长有珊瑚状皮瘤，其颜色可随公火鸡情绪的变化而出现红色、紫色、青色、绿色、黄色、白色、蓝色等变化，故有“七色鸟”之称。在颈下方嗉囊前方有一小肉阜，长着一小撮灰黑色卷曲硬毛。兴奋时，全身羽毛竖立，尾羽呈扇形展开，额上皮瘤变色，并伸长变成扁长形。平时皮瘤柔软，垂盖于喙上，超过喙尖，常发出“咕噜、咕噜”的叫声，漫步行走，神态雍容。成年母火鸡的羽毛颜色与公火鸡相似，但略浅，皮瘤不发达，也不伸缩，颈部无肉阜，身躯比公火鸡小，常发出“咯咯”的叫声，性情温驯。

公、母鸡体重差异较大，公鸡体重（8921±843）g、体长（31.0±2.2）cm，母鸡体重（6070±692）g、体长（27.0±0.9）cm。180~210日龄开产，人工孵化条件下年产蛋120~140枚。自然交配公、母比例为1∶（5~6）的条件下，种蛋受精率为95%，受精蛋孵化率为93%，孵化期为28d。

2. 引进品种和配套系

（1）青铜火鸡 青铜火鸡原产于美洲，是世界最著名、分布最广的品种，在我国饲养早，饲养量最多。体质强健，性情活泼，生长迅速，肉质肥美。个体较大，成年公火鸡体重16kg，母火鸡体重9kg。胸部较宽，羽毛呈黑色，带红绿古铜光泽。颈部羽毛呈深青铜色，翅膀末端有狭窄的黑斑，背羽有黑边，尾羽末端有白边。雏鸡腿呈黑色，刚孵出的雏火鸡头顶有3条互相平行的黑色条纹，成年火鸡呈粉红色。

公火鸡胸前有黑色须毛，头上的皮瘤由红色到紫白色，颈部、喉部、胸部、翅膀基部、腹下部羽毛呈红绿色并带青铜光泽。翅膀、翼绒下部及副翼羽有白边。母火鸡两侧翼尾及腹上部有明显的白色条纹。喙部呈深黄色，基部呈灰色。母火鸡有就巢性，年产蛋50~60枚，蛋重75~80g，蛋壳呈浅褐色、带深褐色斑点。

（2）尼古拉斯火鸡 尼古拉斯火鸡是美国尼古拉斯火鸡育种公司培育的商业品种，又称白羽宽胸火鸡，属重型品种，从大型青铜火鸡的白羽突变型中经40余年培育而成。全身羽毛白色，成年公火鸡体重22kg，母火鸡体重10kg。29~31周龄开产。22周产蛋量为79~82枚、蛋重85~90g、受精率为90%以上、孵化率为70%~80%。商品代火鸡24周龄上市，公火鸡体重14kg，母火鸡体重8kg。商品肉用幼火鸡最佳屠宰时间为12~14周龄、体重5~7kg。

（3）BUT火鸡 BUT火鸡又称白钻石火鸡，为引入配套系，由加拿大海布里德火鸡育种公司培育，有大、中、小3个品系。白羽、宽胸。32周龄开产，产蛋期为24周，大型品系的特征接近尼古拉斯火鸡；中型品系的特征为：初生雏火鸡体重60g，成年公火鸡体重14kg，母火鸡体重8kg；小型品系的特征为：初生雏火鸡体重56g，成年火鸡体重4.0~

4.9kg。年产蛋84~96枚。

（4）贝蒂纳火鸡 贝蒂纳火鸡是法国贝蒂纳火鸡育种公司培育的商用型配套系，有白羽和黑羽2种，公系为黑羽，母系为白羽，成年公火鸡体重7.5kg，母火鸡体重5kg左右。体形小，可自然交配，平均年产蛋93枚左右，蛋重75g。具有适应性强、耐粗饲、抗病力强和肉质优良等特点，但生长速度慢。

第二节 火鸡的繁育

一、火鸡的繁殖特点

人工饲养条件下，母火鸡28~34周龄性成熟，公火鸡30~36周龄性成熟。性成熟后3~4周可以配种繁殖；每年有4~6个产蛋周期，每个周期产蛋10~20枚，最多达30枚；利用年限为2~5年，最多可达4~5年。孵化期为28d。

二、火鸡的配种

配种方法有人工授精和自然交配。在自然交配情况下，公、母比例一般为1∶(8~10)；人工授精公、母比例为1∶(18~20)。

三、火鸡的人工授精技术

1. 种火鸡的训练

进行人工授精前1~2周，对公、母火鸡进行采精和输精训练，使其形成条件反射。训练方法为：在公火鸡背部用手从头部向尾部按摩，诱导其产生性冲动，减轻公火鸡的惊慌，每天进行2~3次。

2. 采精

生产中常用按摩法采精。因火鸡个体较大，保定存在困难，采精需要2人操作，一人保定公火鸡，将其胸部放于采精台，腹部和泄殖腔悬于台外，另一人在其背部与尾部之间和泄殖腔两侧迅速按摩，使火鸡产生性冲动，在交尾器勃起、翻出泄殖腔射精时，一手持集精杯，一手反复挤压泄殖腔两侧，促进排精。每2~3d采集1次，每次射精30~40s，可采集0.2~0.5mL。

3. 输精

输精也需要2人完成，一人翻肛，另一人负责输精。当翻肛者将肛门翻出、输卵管口翻出时，输精者将输精管斜向上方插入输卵管内1~2cm，将精液输入。母火鸡阴道呈S形，操作时需注意。

四、火鸡的孵化条件

火鸡孵化温度略低于其他家禽，温度随胚胎日龄的增长而降低。机器恒温孵化温度为37.6~37.8℃，相对湿度为60%~65%，出雏器温度为37.0~37.3℃，相对湿度为65%~75%。通风换气、翻蛋和凉蛋操作与其他禽类相似。

五、火鸡的选种

雏火鸡应选择出生时间和初生重适中、眼睛明亮有神、绒毛清洁、脐部愈合好、卵黄吸收好、鸣叫声脆、站立稳定的。育成火鸡在15~18周龄时选择，要求体形发育正常，行动灵活，反应敏捷，尾翘。成年火鸡则要羽毛丰满，背宽平，胸宽深，腿脚健壮，第二性征明显。

第三节　火鸡的饲养管理

一、火鸡场的建设要点

选择火鸡场场址和进行环境规划时，应考虑火鸡的神经质特性，减少影响其发生应激的因素。目前，火鸡舍有半密闭式、简易棚舍和全密闭式3种。半密闭式火鸡舍前侧除门外采用半截墙，墙上是通栏窗户，并用铁丝格网封住。窗外可安装塑料卷帘，饲养量大的鸡舍需安装通风装置，平养需要设置栖息架，一般肉用火鸡多采用此种方式。简易棚舍根据条件，简单搭建，做好夏季防暑和冬季保温工作。

二、火鸡的生产时期划分

根据火鸡的生物学特性和生长发育特点，将其生产时期划分为育雏期（0~8周龄）、育成期（9~27周龄）、产蛋期（28~72周龄）。其中，育成期的火鸡根据生长发育规律和生产需要，分为幼火鸡（9~16周龄）、青年火鸡（17~27周龄）。按照商品肉用火鸡的生产需要，可将其生产时期划分为育雏期（0~8周龄）、生长期（9~16周龄）、育肥期（17~20周龄）。

三、火鸡的营养需要

火鸡生长快速，不同品种生长阶段及生产目的（种用或肉用）的火鸡对各种营养物质的要求也不同。我国还没有火鸡营养需要的相关标准，主要参考美国NRC标准，见表7-1和表7-2。

表7-1　种用火鸡营养需要

营养指标	0~4周龄	5~8周龄	9~16周龄	17~27周龄	28~43周龄	44~72周龄
代谢能/(MJ/kg)	11.72	11.92	11.72	12.13	11	12.13
粗蛋白质（%）	26	22	20	18	16	14
赖氨酸（%）	1.6	1.5	1.3	0.7	0.7	0.7
蛋氨酸+胱氨酸（%）	1.1	1	0.75	0.55	0.5	0.5
粗纤维（%）	3~4	4~5	6~8	8~10	4~6	4~6
钙（%）	1.2	1	0.85	0.65	2.25	2.25
有效磷（%）	0.6	0.5	0.32	0.32	0.35	0.35

表 7-2 肉用火鸡营养需要

营养指标	0~4 周龄	5~8 周龄	9~12 周龄	13~16 周龄	17~20 周龄
代谢能/(MJ/kg)	11.72	11.92	12.54	12.96	13.39
粗蛋白质（%）	26	24	22	19	16
赖氨酸（%）	1.6	1.5	1.3	1	0.8
蛋氨酸+胱氨酸（%）	1.1	1	0.8	0.7	0.6
粗纤维（%）	3~4	4~5	5~6	5~6	5~6
钙（%）	1.2	1	0.85	0.65	2.25
有效磷（%）	0.6	0.5	0.45	0.4	0.35

四、火鸡生产时期的饲养管理

1. 育雏期饲养管理

（1）温度和湿度 1 周龄温度要求为 35~38℃，以后每周降低 2℃左右。最终保持在 20~23℃。舍内相对湿度：2 周龄时为 60%~65%，2 周龄以上为 55%~60%。

（2）光照 光照时间和光照强度应逐渐缩短和减弱。具体光照控制见表 7-3。

表 7-3 育雏期火鸡的光照控制

日龄	光照时间/h	光照强度/lx
1~2	22	50
3~7	20	50
8~14	18	25
15~21	17	10
22~42	16	10

（3）通风换气 舍内必须保证空气流通。若通风不良，有害气体含量会急剧上升，影响雏火鸡的生长发育。

（4）饲养密度 雏火鸡饲养密度一般要求 1 周龄时为 30 只/m^2，2 周龄时为 20 只/m^2，3~6 周龄时为 10 只/m^2，7~8 周龄时为 7 只/m^2，但具体还应根据饲养品种及饲养方法确定。

（5）饲喂和饮水 雏火鸡进入育雏室即可饮水，在水中可添加适量葡萄糖或维生素 C 等，饮水后 2h 可开食，如果小规模饲养，可将青绿饲料切碎拌入全价饲料中。

（6）其他管理 雏火鸡在 10~14 日龄完成皮瘤去除、去趾和断喙的工作。每周消毒 2~3 次，严格按照免疫程序接种鸡痘、新城疫和禽流感疫苗。

2. 育成期饲养管理

育成期多采用地面平养方式。

（1）幼火鸡 幼火鸡阶段的温度、湿度和通风换气管理同雏火鸡。采用 14h 连续光照，光照强度为15~20lx。饲养密度：大型火鸡为3只/m²，中型火鸡为3.5只/m²，小型火鸡为4只/m²。在8周龄以后可放牧饲养，每天上、下午各放牧1次，每次1.5h，1周后可增加至5~6h，

（2）青年火鸡 青年公火鸡光照时间为连续12h，光照强度为15lx左右；母火鸡因对光照敏感，为了避免其早熟、早产、蛋重小、早衰等，以光照时间为8h、光照强度为10lx左右为宜。此阶段需限制饲养，一般把2d的定量在1d中一次性饲喂，另外一天停喂，但不能间断饮水。舍内栖息架要适当加高，舍内外应增加沙浴槽。

3. 产蛋期饲养管理

此期的适宜温度为10~24℃、相对湿度为55%~60%。28~43周龄母火鸡光照时间为14h，44~55周龄时增加至16h，光照强度不少于50lx。公火鸡采用12h连续光照，光照强度在10lx以下。饲养密度：公火鸡为1.2~1.5只/m²，母火鸡为1.5~2只/m²。平养时设置产蛋箱，产蛋箱一般宽35~40cm、高50~55cm、深50~55cm。前门留有宽5~10cm的小门，4~5只母火鸡共用1个产蛋箱。产蛋期也要防止母火鸡就巢，放置防抱窝圈，大小和数量根据饲养数量进行调整，一般可容纳母火鸡总数的1%~1.5%，将抱窝母火鸡每天移到防抱窝圈1次，直至醒抱为止。

4. 肉用火鸡饲养管理

此阶段的饲养方式、育雏生长及育肥阶段的环境要求、饲养密度与种用火鸡相似。

第四节 火鸡的生产性能和产品

一、火鸡的生产性能

火鸡主要为肉用，兼蛋用和观赏用。本节以闽南火鸡为例介绍火鸡的生产性能。

1. 屠宰性能

闽南火鸡的体重、屠宰性能见表7-4和表7-5。

表7-4 闽南火鸡不同生长阶段的体重 （单位：g）

性别	初生	30日龄	60日龄	90日龄	120日龄	150日龄	180日龄	210日龄
公	43.0	440.0	1152.0	2001.0	2900.0	3801.0	5010.0	5747.0
母	42.0	430.0	954.0	1396.0	2120.0	2411.0	2808.0	2964.0

注：测定数量为30只，引自《闽南火鸡生长特性的研究》。

表7-5 闽南火鸡屠宰性能

性别	宰前体重/g	屠体重/g	屠宰率（%）	半净膛率（%）	全净膛率（%）	腿肌率（%）	胸肌率（%）	腹脂率（%）
公	3243±292	2928±228	90.3±2.1	80.5±1.8	67.3±1.7	25.4±1.4	19.1±1.7	0.23±0.12
母	2163±313	1943±293	89.8±1.9	78.8±1.7	69.3±1.5	22.7±1.5	19.6±1.8	1.03±0.86

注：引自《福建省地方畜禽品种资源志》。

2. 蛋品质

闽南火鸡的蛋品质测定结果见表 7-6。

表 7-6 闽南火鸡的蛋品质

蛋重/g	蛋形指数	蛋壳厚度/mm	蛋壳颜色	蛋黄比率（%）
62.2±5.2	1.37±0.05	0.37±0.04	白色带褐色斑点	28.9±1.4

注：引自《福建省地方畜禽品种资源志》。

二、火鸡的产品

火鸡瘦肉率高，肉味鲜美，营养丰富，肉质好，是欧美国家的传统食品，也是西方节日感恩节和圣诞节的必备食品。火鸡肉蛋白质含量比其他禽类高 20%，脂肪含量低 21%，胆固醇含量也较其他禽类肉低，并含有丰富的维生素 B，脂肪中富含人体所必需的不饱和脂肪酸。目前，国内还没有火鸡肉深加工产品。

第五节 火鸡的疾病防治

一、火鸡的免疫预防

火鸡场需保持环境卫生，加强检疫，按照免疫程序定期进行疫苗接种。火鸡推荐免疫程序见表 7-7。

表 7-7 火鸡推荐免疫程序

日龄	疫苗类型	免疫方法
7	新城疫+传染性支气管炎二联苗	点眼或滴鼻
12	禽流感（H5+H9）灭活疫苗	皮下注射
14	鸡痘活疫苗	翅膀穿刺
21	新城疫+传染性支气管炎二联苗	点眼、滴鼻或饮水
27	传染性法氏囊病疫苗	饮水
40	新城疫Ⅳ系苗	饮水
50	禽流感（H5）灭活疫苗	皮下注射
60	禽流感（H9）灭活疫苗	皮下注射
100	新城疫Ⅳ系苗	饮水
120	禽流感（H5+H9）灭活疫苗	皮下注射
160	新城疫Ⅳ系苗	饮水

二、火鸡的常见病防治

除禽类常见的传染性疾病外，本章主要介绍典型火鸡疾病。

1. 组织滴虫病

本病是由组织滴虫引起的急性传染病，又名黑头病、盲肠肝炎。

【发病症状】病火鸡精神沉郁，食欲废绝，羽毛粗乱，两翅下垂，常把头伸在翼下，行走呈踩高跷步态，排黄色水样便，严重时粪便带血或全血便，盲肠肿大、溃疡，肝脏肿大、表面有浅黄或浅白色的斑点。

【防治方法】火鸡场最好不要同时养殖其他禽类，特别是家禽。火鸡不能在同一养殖区域饲养 2 年以上，不同年龄应分开饲养。自然光照是消灭虫卵的最佳办法，阳光照射还可增强火鸡的抵抗力。避免发生局部湿度过大或粪便堆积的现象。

2. 火鸡霍乱

火鸡霍乱由巴氏杆菌引起。

【发病症状】暴发初期，常有最急性型病例，几乎看不到任何发病症状即突然死亡，此种病例常出现在早上开料时，尤以肥胖的火鸡患病居多。一般症状为病火鸡精神萎靡不振，呈瞌睡状态，排绿色或灰黄色粪便，离群不爱活动，冠、肉垂和皮瘤呈青紫色并肿胀，慢性过程表现为肉垂、皮瘤肿大，关节发炎，跛行，病程可拖延至 1~2 个月。

【防治方法】对火鸡群进行免疫预防。发病后，立即对病火鸡进行隔离治疗及消毒等综合性措施，对火鸡舍、用具等可用 3%来苏儿或 5%漂白粉等进行消毒。病火鸡尸体一律销毁或深埋。也可选择土霉素、金霉素或红霉素，根据说明书上的用量要求进行饲喂治疗。

3. 副伤寒

副伤寒由多种类型的沙门菌引起，其中最常见的是鼠伤寒沙门菌。

【发病症状】雏火鸡发病常以急性败血型为主，在孵出后短时间或几天内死亡，无明显症状。本病多为带菌卵或在孵化器内感染导致。出壳 10d 以上的病火鸡主要表现呆立，垂头闭眼，两翅下垂，羽毛蓬松，怕冷而互相拥挤或靠近热源处，食欲显著减少或废绝，口渴，排水样稀粪，肛门周围常被稀粪沾污，病程为 1~4d。死亡率最高可达 80%，常在夜间出现大量死亡。1 月龄以上的火鸡有较强的抵抗力，死亡率较低。成年火鸡一般无明显症状，成为慢性带菌者。

【防治方法】药物治疗可显著降低病死率，控制本病的发展和扩散，但治愈后的火鸡长期带菌。治疗方法为：在粉料中添加 0. 5%磺胺嘧啶或磺胺二甲嘧啶，连喂 3d 后剂量减半，再喂 3d。金霉素、土霉素、链霉素、庆大霉素对本病均有效。平时应加强环境卫生和消毒工作，避免饲喂污染饲料和饮水，加强对种蛋和孵化育雏用具的清洁、消毒。孵化室、育雏室要做好灭鼠、灭蝇工作。不要将不同火鸡群的雏火鸡和种蛋混一起，也不要将不同日龄、品种的火鸡混养。发病严重和已知有带菌的火鸡群不可作为种用。

4. 火鸡痘

【发病症状】根据患病部位不同，分为皮肤型和黏膜型。皮肤型多在夏、秋季发生，主要表现在头部、颈、翅内侧无毛部位出现黄豆或豌豆大的结节，灰黄色结节内有黄脂状内容物，结节多时可互相连接、融合，形成一个厚的痂块，凸出于表皮。发生在头部时，可使眼缝完全闭合，一般无明显全身症状。黏膜型多出现在冬季，主要在口腔和咽喉黏膜发生，初呈黄白色小结节，逐渐扩大，并互相融合，发生纤维素性、坏死性炎症，形成一层干酪样假膜，覆盖在黏膜上。

【防治方法】 做好日常卫生防疫和灭蚊工作，接种鸡痘疫苗。一旦发病，立即进行隔离治疗，用2%~4%硼酸溶液洗涤痘痂处，或挑破洗涤后涂上碘酊、甲紫溶液。口腔黏膜上的假膜，先用镊子剥离，然后涂上碘甘油。在饲料中添加抗生素类药物，可减少死亡。

5. 沙门菌病

本病由沙门菌感染所引起。

【发病症状】 成年火鸡表现为产蛋量下降、失重、虚弱和下痢等。青年火鸡表现为食欲废绝，身体虚弱，下痢，但也有部分火鸡出现无症状死亡。

【防治方法】 药物治疗可减少死亡，但不能完全消灭带菌者。病火鸡不能留种。严格做好种蛋、孵化器具和场地的消毒工作。

6. 出血性肠炎

本病为火鸡常见病，所有火鸡群在各个饲养阶段都可能感染，主要发生于6~14周龄，以7~9周龄发病最为常见。特点是突然发病，迅速死亡，死亡率高，还可引起免疫抑制。

【发病症状】 因病毒毒株的不同，在临床表现上也有较大差别，死亡率为1%~60%。若感染一般毒力的毒株，可能在较短时间内造成少数火鸡突然死亡，而大群火鸡基本无症状。若感染中等毒力或强毒株，则会引起火鸡急性发病，出现血便。发病的雏火鸡往往在几小时内突然死亡或完全康复，肛门周围常附着黑红色到深褐色的血便，在腹部稍用力挤压，可从肛门挤出带血液的粪便。

【防治方法】 加强卫生防疫，做好隔离和消毒工作。对发病火鸡可皮下注射康复火鸡群的阳性抗血清，0.5~1mL/只。

7. 支原体病

本病由火鸡支原体引起，各种日龄的火鸡均可发生，既可通过种蛋垂直传播，也可通过交配、空气、人员、设备等间接接触进行水平传播。

【发病症状】 成年火鸡往往呈带菌状态，感染而不表现明显症状，但其生长速度、产蛋率、受精率、孵化率和健雏率都比支原体阳性率低或比支原体阴性的火鸡群低。当饲养管理不善、环境条件变劣，以及有其他应激因素存在时，会表现出生产性能进一步下降和精神委顿、采食量下降等现象。大多数症状出现在6周龄以下的雏火鸡，主要表现为生长发育不良、身体矮小、增重速度降低，还会出现气囊炎的一些症状，颈椎变形，歪脖，腿部出现症状，跗跖骨弯曲、扭转、变短，跗关节肿大。

【防治方法】 可选用抗生素药物治疗。做好疫苗免疫可预防本病。

思考与交流

1. 火鸡的生物学特性有哪些？
2. 火鸡的人工授精技术要点有哪些？
3. 阐述不同生产时期火鸡的饲养管理要点。

第八章 珍珠鸡

珍珠鸡也称珠鸡，又名珍珠鸟、几内亚鸡，在动物学分类上属于鸟纲（Aves），鸡形目（Galliformes），珠鸡科（Numididae），珠鸡属（*Numida*）。珍珠鸡原产于非洲的几内亚、肯尼亚等地，20 世纪 50 年代人工驯养成功，成为一些国家和地区的肉用家禽。我国最早于 1956 年从苏联引入并饲养成功，一直作为观赏鸟饲养，大规模饲养始于 1984 年。珍珠鸡是粮草兼食的节粮型特禽，既可舍饲，又可放牧。胸肌发达，瘦肉多，肉质鲜美，有“肉禽之王”的美誉。

第一节 珍珠鸡的生物学特性及品种

一、珍珠鸡的生物学特性

1. 适应性

珍珠鸡喜干不喜湿，耐高温抗寒冷，对不良环境的耐受力较强，抗病能力强。成年珍珠鸡于-20~40℃均能正常生长，因此在我国大部分地区均可饲养。

2. 具有一定野性，胆小易惊

珍珠鸡性情温驯胆小，机敏、神经质，易受惊吓，对颜色变化比较敏感。珍珠鸡保留了野生鸟类的特性，喜登高栖息。

3. 群居性和归巢性

珍珠鸡喜欢群体生活，具有合群性，所以适宜大群饲养。具有较强的归巢性，傍晚归巢时，往往各回其屋，偶尔失散也能归群归巢。

4. 善飞翔，爱攀登，好活动

珍珠鸡两翼发达有力，1 日龄就有飞跃能力，3 月龄就可以飞上房顶。散养时喜欢到处乱钻；休息时，喜欢攀高栖息。善活动，雏鸡可昼夜不停地转圈走动。

5. 喜沙浴，爱鸣叫

珍珠鸡具有沙浴的习性，当散养时常会在地面上刨出土坑，为自己提供沙浴条件。从早到晚都会发出有节奏而连贯的刺耳鸣声。虽然鸣叫会使人受到干扰，但也有夜间报警和监测疾病的作用。

6. 择偶性和无就巢性

珍珠鸡对异性有选择性，这是其在自然交配时受精率低的原因之一，采用人工授精解决了受精率低的问题。珍珠鸡经过驯化，已经丧失了就巢性，无孵化能力。

7. 杂食性，耐粗饲

珍珠鸡食性较杂，即可食用全价配合饲料，也喜食青草、蔬菜、草籽、树叶等青绿饲料，还喜食蚂蚱和飞蛾等小飞虫等。

二、珍珠鸡的品种

目前，我国饲养的珍珠鸡都是从国外引进的品种，引进的品种主要有西伯利亚白珠鸡、银斑珍珠鸡、法国伊莎灰色珍珠鸡、沙高尔斯克白胸珍珠鸡等，人工饲养的珍珠鸡血统较复杂。

珍珠鸡的外貌似母孔雀，头部清秀，头顶有尖端向后的红色肉锥（呈角质化凸起，被称为头盔或盔顶），脸部呈浅青色，颊下部两侧各长一红色的心叶状肉髯，喙大而坚硬，喙端尖，喙基有红色软骨性的小凸起。喉部具有软骨性的三角形肉瓣，色浅青。颈细长，头至颈部中段被有针状羽毛。足短，雏鸡足呈红色，成年后呈灰黑色，尾直向下垂。体形圆矮，尾部羽毛较硬略向下垂。公鸡羽毛颜色与母鸡相同，其他特征也相似，两性最明显的区别是：母鸡肉髯小，色鲜红；公鸡肉髯较发达，但粗糙，颜色没有母鸡鲜红。

雏鸡外观特征与鹌鹑相似，重约30g，全身有棕褐色的羽毛，背部有3条深色纵纹，腹部颜色较浅，喙、腹部均为红色。到2月龄左右羽毛颜色开始发生变化，棕褐色羽毛逐渐被有珍珠圆点的紫灰色羽毛代替，头顶长出深灰色坚硬的角质化头盔，颈部肉髯逐渐长大，喙、足颜色也变为深褐色。

第二节 珍珠鸡的繁育

一、珍珠鸡的繁殖特点

珍珠鸡的性成熟期为28~30周龄，集中产蛋期为4~11月，高峰期在6月，开产时间与营养、季节、光照和温度等因素有关，南北方的产蛋时间长短有一定差异。人工饲养条件下公母比例以1∶（4~5）为宜，利用年限为2~4年。

二、珍珠鸡的选种

1. 外貌

选择符合本品种特征和特点的珍珠鸡，体形和姿势正常，姿势自然，动作灵活，公鸡眼睛圆而明亮；喙部坚硬，上下长度相等，或上喙微长。头小，与颈部匀称。背部宽平，胸宽适中，龙骨直而长短适中。腿健壮，肌肉丰富。胫直，趾齐全。羽毛覆盖紧密，有光泽。

2. 体重

符合本品种的标准体重，或在种群的平均体重以上。体重过重或过轻者均不可留作种用。

3. 繁殖力

在32周龄前性成熟，产蛋高峰期的产蛋率为60%以上；种蛋受精率为85%以上；受精蛋孵化率达90%以上。

三、珍珠鸡的配种

研究表明，自然交配的珍珠鸡种蛋受精率为30%左右。人工饲养条件下多采用人工授精方法。人工授精方法同雉鸡的人工授精方法相似，公母比例以1：(10~20）为宜。

四、珍珠鸡的孵化

无就巢性，种蛋孵化期为26~28d。

1. 种蛋选择、保存和消毒

选择圆锥形、有浅褐色花斑、蛋重38~48g的种蛋，保存时间以在7d内最佳，最多不能超过10d。保存在温度为15℃、相对湿度为70%的环境中，其他保存和消毒方法同其他禽类。

2. 孵化技术

孵化温度为38.8℃、相对湿度为60%~65%；出雏温度为37.6℃、相对湿度为70%。照蛋分别为孵化后8d和20d时进行。翻蛋、凉蛋和通风换气等操作同其他禽类。

五、成年珍珠鸡的性别鉴定

成年珍珠鸡的公、母外貌相近，很难区别。

1. 翻肛

小心翻开肛门，如有粒状生殖突起，即为公鸡；无生殖突起为母鸡。

2. 观察头饰、肉髯、颈背羽圆点大小和行走姿势

仔细观察，会发现公鸡头较粗，头饰比母鸡大。公鸡肉髯也较大，向内稍弯曲；母鸡肉髯平直向颈后掠。公鸡颈背羽密缀着的白色圆点，大而明显；母鸡的白色圆点小而色浅。成年公鸡行走姿势似“将军式”（正步走）；母鸡似“缠足式”（双足排成单行走、交叉或踢足走）。

3. 听叫声

母鸡发出“咯嘎，咯嘎”的叫声，声音缓柔从容；公鸡发出“嘎嘎嘎……”的叫声，声音短促而激昂、尖锐刺耳。

第三节　珍珠鸡的饲养管理

一、珍珠鸡场的建设要点

珍珠鸡场的场址选择和规划同雉鸡场。环境温度对珍珠鸡的生长和繁殖影响较大，因此在建设中要充分考虑鸡舍的保温隔热性能。窗户面积与地面面积的比例应达到1：(10~12)，窗台高度以距地面70cm为宜。珍珠鸡1月龄后羽毛长齐，具有飞翔能力，所以其运动场四周要设置铁丝网或尼龙网的围栏和天网，网眼大小为4cm×4cm，网栏高约2m。地面铺粗沙，栏内设置若干栖息架。鸡舍的建造要求不高，如没有条件，将空闲房屋进行修理和改造，也可用来饲养珍珠鸡。

设备包括育雏设施、饮水器和料槽等。目前多为立体育雏，通常为2层，每层规格为120cm×60cm×45cm（长×宽×高），可饲养70只左右。饮水器可使用塔形饮水器，市场购买即可。料槽根据周龄不同，规格有所不同，3周龄以内使用长×宽×高为（80～100）cm×7cm×4cm的小料槽，3周龄以后使用100cm×10cm×6cm的大料槽。料槽的数量根据鸡群的数量确定，每只在不同生长期占有的料槽长度为：2～4周龄时为2～4cm，5～10周龄时为5～6cm，11～12周龄时为7～8cm。栖息架需距地面高60～80cm，每只占据栖息架的长度应为15～20cm。需设置沙池，沙池面积为每100只2～3m^2，每周清除沙池杂物和粪便，并进行消毒。

二、珍珠鸡的生产时期划分

按照用途和饲养管理的不同，种鸡和商品肉鸡的生产时期划分也有区别。种鸡分育雏期（0～3周龄）、育成期（4～25周龄）和产蛋期（26～66周龄）；商品肉鸡分为育雏期（0～3周龄）和育肥期（4～13周龄）。

三、珍珠鸡的营养需要和饲料

1. 营养需要

珍珠鸡的营养需要见表8-1和表8-2。

表8-1 珍珠鸡的营养需要

营养指标	育雏期（1～21日龄）	育成前期（22～56日龄）	育成后期（57日龄～25周龄）	产蛋期（26～66周龄）	
				产蛋率<50%	产蛋率≥50%
代谢能/(MJ/kg)	12.33	11.50～11.70	11.29	11.50	11.50
粗蛋白质（%）	22	20	15.50	17.50	16.50
赖氨酸（%）	1.25	1.0	0.70	0.85	0.80
蛋氨酸（%）	0.55	0.43	0.35	0.43	0.36
蛋氨酸+胱氨酸（%）	0.95	0.80	0.65	0.75	0.65
粗纤维（%）	3.50	4.0	6.50	4.00	4.20
钙（%）	1.10	1.10	1.10	3.20	3.20
总磷（%）	0.80	0.75	0.75	0.72	0.72
有效磷（%）	0.55	0.50	0.45	0.45	0.45

表8-2 珍珠鸡对维生素和微量元素的营养需要

营养指标	0～8周龄	9～25周龄	产蛋期（26～66周龄）
维生素A/(IU/kg)	15000	12000	15000
维生素D/(IU/kg)	3000	2500	3000

（续）

营养指标	0~8周龄	9~25周龄	产蛋期（26~66周龄）
维生素E/(IU/kg)	25	25	30
维生素K/(mg/kg)	5	5	5
维生素C/(mg/kg)	20	20	20
维生素B_1/(mg/kg)	1.5	1.5	2
维生素B_2/(mg/kg)	12	10	20
维生素B_6/(mg/kg)	5	3	4
维生素B_{12}/(mg/kg)	0.0125	0.01	0.015
烟酸/(mg/kg)	60	40	50
泛酸/(mg/kg)	20	16	20
胆碱/(mg/kg)	600	500	600
叶酸/(mg/kg)	1.5	1.5	2
生物素/(mg/kg)	0.15	0.15	0.20
锌/(mg/kg)	80	70	80
锰/(mg/kg)	100	80	100
铁/(mg/kg)	40	32	40
铜/(mg/kg)	12.5	10	12
钴/(mg/kg)	0.25	0.25	0.25
碘/(mg/kg)	2	2	2
硒/(mg/kg)	0.15	0.15	0.15

2. 饲料

珍珠鸡驯化时间不长，还保持有适应粗饲料、消化能力较强的特点，所以其饲料来源较广泛。日粮配制主要根据生长阶段的营养需要和生理特点，兼顾当地实际条件。珍珠鸡不同生长阶段参考饲料配方见表8-3。

表8-3 珍珠鸡不同生长阶段参考饲料配方

饲料原料	0~4周龄	4~8周龄	8~12周龄	12~24周龄	繁殖期
玉米（%）	50	55	52	52	52
小麦（%）	3	6	8	8	8
麸皮（%）	2	4	14	14	10
豆粕（%）		2	6	6	6
草粉（%）	31	22	12	12	14
鱼粉（%）	12	8	4	4	5
骨粉（%）	1.1	1.6	1.5	1.5	2.5
贝壳粉（%）		0.5	1.5	1.5	1.5

（续）

饲料原料	0~4 周龄	4~8 周龄	8~12 周龄	12~24 周龄	繁殖期
食盐（%）	0.4	0.4	0.5	0.5	0.5
微量元素添加剂（%）	0.5	0.5	0.5	0.5	0.5
维生素添加剂	常量	常量	常量	常量	2 倍量

四、珍珠鸡生产时期的饲养管理

1. 育雏期饲养管理

（1）饲养要求 出壳 12~24h 即可饮水开食，育雏期采用湿拌料，1 周龄时每天每只鸡 15g，每天饲喂 8 次；2 周龄时每天每只鸡 20g，每天饲喂 4 次；3 周龄时每天每只鸡 24g，每天饲喂 3 次。

（2）管理要求

1）温度和湿度。出壳后温度为 35~38℃，或放在温度为 37~38℃的育雏室内，以后每周下降 3℃左右，至 21℃为止。前期相对湿度保持在 60%~65%，后期相对湿度可适当降低或保持正常湿度即可。

2）通风换气。1 周龄内，可不增加通风量；2 周龄内根据舍外气温和室内空气状况，增加通风量。一般要求流入舍内空气以每秒 0.3~0.35m^3 的低速为宜。

3）光照。开放式鸡舍可利用自然光，补充人工光照方法。密闭鸡舍的光照需要见表 8-4。

表 8-4 珍珠鸡的光照需要

项目	1 周龄	2 周龄	3 周龄	3 周龄以后
光照时间（公）	从 23h 至 20h	16h	12h	自然光照
光照时间（母）	从 23h 至 20h	16h	14h	自然光照
光照强度	11.94lx	9.95lx	7.96lx	从 3.98lx 至 1.99lx

4）密度。根据鸡舍结构、饲养设备、环境温度及日龄的大小决定。1 周龄时密度为 50~60 只/m^2，2 周龄时密度为 30~40 只/m^2，3 周龄时密度为 20~30 只/m^2。

5）断喙与断翅。为防止啄癖发生、降低飞行能力，在 10 日龄内断喙并切去左或右侧翅膀的飞节。

2. 育成期饲养管理

育成期可分为育成前期（22~56 日龄）和育成后期（57 日龄~25 周龄）。

（1）饲养要求 育成前期饲料的粗蛋白质含量要高于后期，粗纤维含量前期低于后期，分别为：前期粗蛋白质含量为 20%，粗纤维含量为 4%，后期粗蛋白质含量为 15.50%，粗纤维含量为 6.5%。平均耗料量为 40g/d，饮水量为采食量 2.5 倍。每天饲喂 3 次。育成期需要适当限饲。

（2）管理要求

1）光照。育成前期光照时间为 8~9h，育成后期增加到 14h。光照强度为从 3.98lx 降至 1.99lx。因为公鸡比母鸡性成熟晚 1 个月左右，所以要提前增加光照时间。

2）饲养密度。育成前期的饲养密度为15~20只/m^2，育成后期的饲养密度为6~15只/m^2。可根据舍内温、湿度高低，适当增减饲养密度。

3）日常管理。尽量避免各种应激因素。做好清洁卫生，鸡舍内每周消毒1次，舍外每月消毒1次；每天除粪、清洗饮水器，及时更换垫料、调整群体密度。记录耗料、换料、疾病、病死、气温等情况，根据珍珠鸡的生长速度及时添满水槽、料槽。有条件的可采用放牧饲养，放牧前要进行调教，培养其回巢性。放牧前将翼尖剪掉，防止其飞走丢失。

3. 产蛋期饲养管理

（1）饲养要求 产蛋率达10%左右时换为产蛋前期的饲料，50周龄左右换为产蛋后期的饲料。饲料要相对稳定，如需换料，应有5~7d的过渡期。若饲喂干粉料，每天耗料量约115g，每天饲喂3~4次，保证饮水器不断水。

（2）管理要求

1）温度和湿度。适宜温度为20~28℃，相对湿度为50%~60%。温度和湿度对珍珠鸡繁殖率的影响不明显，特别是公鸡会有良好的繁殖性能，甚至在气温高达37℃时，不论是自然配种还是人工授精，受精率降低均不显著。

2）光照和密度。光照时间为14~16h/d。笼养密度为8~10只/m^2，散养密度为4~6只/m^2。

3）保持环境安静。在产蛋期，珍珠鸡高度神经质，容易惊群，应尽量避免惊扰，否则影响产蛋。

4. 肉用珍珠鸡的饲养管理

（1）饲养要求 饲喂颗粒料效果好于干粉料，自由采食，每天可补充15%左右的青饲料，每3d增喂砂砾1次。保证清洁卫生的饮水。

（2）管理要求 舍温保持在20℃左右最适宜。光照：0~3周龄为11.94lx，4~12周龄为1.99lx；后期开放式鸡舍采用自然光照，晚上补充1次人工光照。饲养密度根据气候、日龄大小和棚舍面积大小决定，一般0~3周龄时为40只/m^2，4~8周龄时为15只/m^2，9~12周龄时为6~10只/m^2。其他同产蛋期管理。

第四节 珍珠鸡的生产性能和产品

一、珍珠鸡的生产性能

1. 产肉性能

珍珠鸡主要为肉用，兼蛋用和观赏用，其胸、腿肌发达，产肉性能很高。屠宰性能见表8-5。

表8-5 珍珠鸡屠宰性能

性别	屠宰率（%）	半净膛率（%）	全净膛率（%）	腿肌率（%）	胸肌率（%）	腹脂率（%）
公	89.42	81.77	72.90	21.92	26.19	1.23
母	90.02	82.28	72.44	22.06	27.06	1.32

注：引自《中国畜禽遗传资源志·特种畜禽志》。

珍珠鸡在法国发展最快，已作为肉用家禽饲养。珍珠鸡肉的消费在我国也随着人们生活水平的提高而逐年增加，具有广阔的开发利用前景和经济价值。珍珠鸡的肌肉营养成分和风味物质组成见表 8-6 和表 8-7。

表 8-6　珍珠鸡肌肉营养成分

项目	氨基酸（%）		项目	脂肪酸（%）		项目	矿物质元素	
	胸肌	腿肌		胸肌	腿肌		胸肌	腿肌
天冬氨酸（Asp）	2.13	2.05	己酸（C6：0）	0.35	0.34	钾（K）/(μg/g)	5539	6936
苏氨酸（Thr）	1.01	1.08	肉豆蔻酸（C14：0）	0.24	0.21	钠（Na）/(μg/g)	1329	1409
丝氨酸（Ser）	1.21	1.21	十五烷酸（C15：0）	0.42	0.40	钙（Ca）/(μg/g)	135.12	169.29
谷氨酸（Glu）	2.90	2.95	棕榈酸（C16：0）	24.31	23.98	镁（Mg）/(μg/g)	253.63	260.13
甘氨酸（Gly）	1.66	1.64	硬脂酸（C18：0）	0.31	0.30	磷（P）/(μg/g)	1175	1192
丙氨酸（Ala）	2.01	1.78	花生酸（C20：0）	0.33	0.31	锌（Zn）/(μg/g)	31.83	59.50
半胱氨酸（Cys）	0.16	0.18	二十一烷酸（C21：0）	0.45	0.45	铁（Fe）/(μg/g)	71.87	80.81
缬氨酸（Val）	0.83	0.88	木蜡酸（C24：0）	0.19	0.20	铜（Cu）/(μg/100g)	248.87	269.58
甲硫氨酸（Met）	0.54	0.59	十五碳烯酸（C15：1）	0.29	0.27	锰（Mn）/(μg/100g)	155.90	159.12
异亮氨酸（Ile）	0.54	1.61	棕榈油酸（C16：1）	0.60	0.63	镉（Cd）/(μg/100g)	4.61	7.81
亮氨酸（Leu）	1.58	1.58	油酸（C18：1）	22.42	24.20	铅（Pb）/(μg/100g)	15.73	16.22
酪氨酸（Tyr）	0.92	0.95	二十碳烯酸（C20：1）	1.32	1.30	汞（Hg）/(μg/100g)	0.23	0.25
苯丙氨酸（Phe）	0.56	0.56	芥酸（C22：1）	0.20	0.18	砷（As）/(μg/100g)	2.37	2.32
赖氨酸（Lys）	1.39	1.48	神经酸（C24：1）	0.37	0.38			
组氨酸（His）	0.60	0.59	亚油酸（C18：2n-6）	28.70	28.52			
精氨酸	094	0.98	二十碳二烯酸（C20：2）	0.95	0.96			
脯氨酸	0.94	0.95	花生四烯酸（C20：4）	0.95	0.95			
			二十二碳六烯酸（C22：6）	3.01	3.00			

表 8-7　珍珠鸡肌肉风味物质组成　（单位：mg/g）

性别	肌苷酸		肌苷		次黄嘌呤		校正肌苷酸	
	胸肌	腿肌	胸肌	腿肌	胸肌	腿肌	胸肌	腿肌
公	3.409	1.796	0.095	0.181	0.321	0.524	3.825	2.501
母	3.414	1.951	0.124	0.189	0.213	0.423	3.751	2.563
平均值	3.412	1.874	0.110	0.185	0.267	0.474	3.788	2.532

2. 繁殖性能

珍珠鸡母鸡 26~28 周龄性成熟，公鸡 35 周龄性成熟。在人工饲养条件下，一般公母比例为 1：(5~6)。珍珠鸡繁殖季节性较强，产蛋集中于 4~9 月，种蛋合格率为 93%。采取人工授精技术，受精率为 88%、受精蛋孵化率为 83%、产蛋期成活率为 85%~88%。珍珠鸡孵化期为 26~28d、初生重 30g、年产蛋 90~160 枚。

二、珍珠鸡的产品

珍珠鸡的肉质细嫩、营养丰富、味道鲜美。与普通肉鸡相比，蛋白质和氨基酸含量高，而脂肪和胆固醇含量很低，是一种具有野味的特禽产品。也可作为保健食品，在法国被称为“禽中之王”，在中国香港被称为“皇帝鸡”。目前国内产品均为生鲜供应，还没有深加工产品。

第五节　珍珠鸡的疾病防治

一、珍珠鸡的免疫预防

饲养时除进出车辆、人员消毒外，应定期对鸡舍、笼具及环境进行预防消毒。定期投药驱除珍珠鸡体内外寄生虫，根据本地区疾病流行情况及本场具体情况制订免疫程序，按时进行疫苗接种。免疫程序可参照家禽。

二、珍珠鸡的常见病防治

1. 传染性肠炎

本病是由一种披膜病毒引起的急性、高度接触性传染病。具有宿主特异性，各个生长阶段的珍珠鸡都易感，对幼龄珍珠鸡危害较大。

【发病症状】精神委顿，弓背呆立，或蹲伏于地，羽毛松乱，颈毛竖起，对外界反应迟钝，食欲废绝；严重腹泻，排黄白色或绿色水样稀便，脱水消瘦，最后衰竭死亡。耐过疾病的珍珠鸡极度消瘦，难以恢复到正常体重。

【防治方法】目前尚无特效的治疗方法，也无商品性的疫苗。发病时应及时隔离，对症治疗，在饮水中添加补液盐，同时以抗生素来进行预防和治疗继发性感染。投药期间，加强饲养场地及其周围环境的清洁卫生和消毒。采用全进全出的饲养方式，加强检疫、清洁和消毒等工作。

2. 溃疡性肠炎

本病是由产气荚膜梭菌引起的一种急性传染病，自然感染情况下，珍珠鸡时有发病的报道。本病的病原菌对外界抵抗力较强，广泛分布于被污染的土壤中。本病经消化道传染，病鸡和带菌鸡经粪便排菌，污染环境、饲料、饮水、垫料和用具。一旦发病，场地、土壤、鸡舍即被污染，导致每年均可复发，呈地方性流行。

【发病症状】精神不振，毛松弓背，闭目呆立；食欲下降或废绝，白色水样下痢，若并发球虫病时，可见血性下痢。病程较长者，表现为贫血消瘦，鸡冠和肉髯苍白。

【防治方法】链霉素是治疗本病的首选药物，四环素、金霉素、杆菌肽锌等药物也有疗效。在投药的同时，彻底清除和更换被粪便污染的垫料，进行全面消毒；若改地面平养为网上饲养，可减少鸡群与粪便接触的机会，减少本病发生。

3. 组织滴虫病

本病是由火鸡组织滴虫寄生于珍珠鸡的肝脏和盲肠所引起的一种寄生虫病。本病主要发生于雏鸡和青年鸡，成年鸡病情轻微。主要特征是盲肠发炎和肝脏表面产生一种具有特征性的坏死性溃疡病灶。

【发病症状】精神倦怠，沉郁，嗜睡，食欲减退或废绝，缩头弓背，羽毛松乱，尾翅下垂，下痢，排浅黄色或黄绿色稀粪，个别病鸡的粪便中带血。群体性消瘦，增重缓慢。最后导致明显消瘦、衰弱或贫血。病鸡头部皮肤变为暗蓝紫色，所以又称“黑头病”。

【防治方法】及时清理粪便并堆积发酵，消灭病原，保持鸡舍、运动场清洁卫生，或采用网上平养、笼养的方法，避免珍珠鸡直接食入虫体进而造成发病。甲硝唑对本病有良好的治疗和预防效果。也可使用部分中药治疗。

思考与交流

1. 珍珠鸡的生物学特性有哪些？
2. 珍珠鸡的繁育特点是什么？
3. 阐述不同生长时期珍珠鸡的饲养管理要点。

第九章 鹧鸪

鹧鸪在动物分类学上为鸟纲（Aves），鸡形目（Galliformes），雉科（Phasianidae），鹧鸪属（*Francolinus*），其野生种在我国南方广泛分布，在古籍中称为越雉、怀南、花豸、越鸟、鸺等，主要用于玩赏。鹧鸪在 20 世纪 30 年代由美国人工驯养成功，20 世纪 80 年代我国从美国、加拿大等地引入。鹧鸪肉营养丰富，味道鲜美，堪称“禽肉上乘”。《岭表录异》记载鹧鸪肉“白而脆，远胜鸡雉”。《食疗本草》记载鹧鸪肉“补五脏，益心力，聪明”。

第一节 鹧鸪的生物学特性及品种

一、鹧鸪的生物学特性

1. 早成鸟，喜群居

出壳的鹧鸪在绒毛干后，就会走动、觅食和饮水。喜群居群栖，尤其雏鹧鸪，无论是睡眠或觅食，都有较好的群居特点。散养时常成群结队一起觅食，每群的数量为 10~14 只。听觉敏感，视觉发达，对外界环境因素的刺激反应敏感，遇到响声或异物的出现，立即表现不安，跳跃飞动，笼养时常发生撞伤。

2. 善奔跑，生性好斗

鹧鸪的驯化时间短，仍存有野性。奔跑快速，飞翔力较强，常直线短距离飞行，受惊时可飞向高处。散养条件下，在交配季节常为争配偶而激烈争斗，所以 20 周龄后要公母分群饲养，否则易发生啄羽、啄肛等恶癖。

3. 胆小，有趋光性，易应激

在黑暗的环境中，如发现有光，鹧鸪就会向亮处飞蹿。当受不适应的外界环境因素刺激时，常发生应激反应。

4. 喜暖怕湿

鹧鸪性喜温暖干燥的环境，忌潮湿、酷热和严寒。气温低于 10℃或高于 30℃，对其生长发育和生产均不利，气温为 20~24℃、相对湿度为 60%时生长良好。

5. 杂食性

鹧鸪食性较广，不论是杂草、籽实、果子、昆虫或人工配合饲料均能适应。对发霉饲料比较敏感。在饲养条件下，喜爱颗粒状饲料，对饲料的种类更替和营养成分的变化反应很敏感。人工饲养时，配合饲料营养成分要平衡，最好制成颗粒状饲料饲喂；不宜频繁、大幅度改变饲料的组成。

6. 无就巢性

在家养条件下，公、母鹧鸪均不营巢。产蛋也不一定入巢。

二、鹧鸪的品种

目前我国人工饲养的品种主要是美国鹧鸪，为引进品种。本章也主要介绍此品种。

美国鹧鸪的体形小于鸡而大于鹌鹑，体躯圆胖丰满，全身羽毛颜色十分艳丽。头顶呈灰白色，前额、双眼一直到颈部喉下有一条黑色带，形成网兜状。体侧有深黑色条纹。双翼羽毛基部呈灰白色，羽尖有两条黑色条纹，体侧双翼有多条黑纹。胸腹呈灰黄色。喙、眼、脚均为鲜红色，公、母鹧鸪的羽色外貌很难分辨。

公鹧鸪比母鹧鸪体形大，头部大而宽，颈短；公鹧鸪双脚有距。母鹧鸪距较小，且只长在单脚上。产蛋时还要进行一次换羽，羽色更加鲜艳。雏鹧鸪出壳时的毛色似鹌鹑，但随日龄的增长，绒毛脱落换上黄褐色的羽毛，羽毛上有黑色长圆斑点，2 周龄后再次换羽，呈灰色。1 周以后再进行 1 次换羽，喙、脚、眼圈出现橘红色，以灰褐色为基色，并掺杂褐色。体重体尺见表 9-1。

表 9-1 鹧鸪体重体尺表

性别	体重/g	体斜长/cm	颈长/cm	胸深/cm	胸宽/cm	胸骨长/cm	胸角（°）	耻骨间距/cm	胫长/cm
公	460. 33±15. 60	12. 05±0. 20	7. 68±0. 18	5. 40±0. 14	2. 65±0. 21	7. 15±0. 78	169. 00±8. 49	0. 78±0. 11	5. 25±0. 07
母	442. 00±13. 49	11. 90±0. 14	7. 58±0. 18	5. 20±0. 14	2. 58±0. 18	6. 95±0. 35	164. 00±8. 48	0. 79±0. 03	4. 90±0. 28

注：数据由江西农业大学在江西省南昌县莲塘垦殖场珍禽场测定，样本数为 14 周龄公、母鹧鸪各 20 羽。

第二节 鹧鸪的繁育

一、鹧鸪的繁殖特点

母鹧鸪 180~210 日龄性成熟，公鹧鸪早 2~4 周。季节性繁殖，配种繁殖年龄 180~225 日龄。一年四季均可产蛋，年产蛋量 100~120 枚，最高可达 150 枚以上。种鹧鸪第二个产蛋期产蛋量最高，比第一个产蛋期高 10%~15%，第三个产蛋期比第一个低 5%~10%。平面散养的公母比例为 1：(2~3)，笼养为 1：(3~4)。种蛋受精率为 92%~96%，孵化率为 84%~91%。孵化期为 23~24d。种用鹧鸪使用年限为 2~3 年。

二、鹧鸪的选种

1. 鹧鸪的选种方法

采用表型选择、后裔测定、同胞选择和系谱选择方法。选择健康、发育良好、体形丰满的成熟健康个体。外貌特征为羽毛完整丰满，毛色鲜艳。姿态正常，身体平稳，肩自然地向尾部倾斜，倾斜度45°。背宽平，胸部和背部平行，眼睛圆大、有神，喙短而稍弯曲，头深宽而长短适中，胫部硬直、有力，无羽毛，长短适中，脚趾齐全正常。种用母鹧鸪体形匀称，羽毛鲜艳，动作灵活，脖小细长，眼睛明亮，不胆怯；种用公鹧鸪身躯高大，骨架结实，头粗大，羽毛色深，脚爪粗壮有力。13周龄的公鹧鸪体重600g以上、母鹧鸪体重500g以上，体长35~38cm。

2. 性别鉴定

4月龄以下的公、母鹧鸪从羽毛颜色上看没有区别，具体鉴别方法如下：

（1）翻肛法 公鹧鸪泄殖腔黏膜呈黄色，下壁中央有一小的生殖突起，成年后呈圆锥状，较明显。母鹧鸪泄殖腔黏膜呈浅黑色，无可见生殖突起。

（2）观察腿部 3月龄后可通过观察腿部特征进行区分，公鹧鸪两腿胫部下方内侧有大小高低不对称的扁三角形突起的距；母鹧鸪大多数两脚无扁三角形突起的距，少数一只脚有，但不明显。

（3）观察外貌 成年公鹧鸪头部大而方，颈较短，身体略长，母鹧鸪个体略小，颈稍细长，身体稍圆。

有经验的养殖人员可以通过手提起雏鹧鸪双腿观察，公鹧鸪身体下垂，头向前伸，两翅膀张开不乱扑；母鹧鸪头向胸部弯曲，身体向上使劲，两翅乱扑。如果在捕捉时反应强烈，两爪乱蹬者为公鹧鸪，两爪靠在前胸，一般只蹬一两下者为母鹧鸪。

三、鹧鸪的配种

大群配种采用平养方式，公母比例为1：（3~5），配种群的大小以50~100只为宜。小群配种采用笼养方式，公母比例为1：（3~4），根据笼舍大小，每笼1公配3~4母，或2公配6~8母，或3公配9~12母，混合饲养，任其自由交配。个体控制配种时，1公配5母，公鹧鸪应单笼饲养，将1只母鹧鸪放进去让其自由交配，交配后放出母鹧鸪，第二天更换母鹧鸪，母鹧鸪每5d轮回配种1次。

四、鹧鸪的人工孵化要点

家养鹧鸪已失去就巢性，必须采用人工孵化繁殖，孵化期为23~24d。

1. 种蛋选择和保存

选择生产性能好、无传染病的种鸪所产的蛋。蛋重20~25g，呈椭圆形，蛋壳黄白色、布满大小不一的褐色斑点。种蛋贮存时间不超两周，保存温度为13~16℃，相对湿度70%。

2. 温度和湿度

孵化温度根据胚龄、季节等具体条件来把握，孵化机的温度和湿度在孵化的1~7d为37.8℃、55%~60%，8~20d为37.5℃、50%~55%，21~24d为37.2℃、60%~70%。

3. 通风换气

孵化前3d打开孵化机的进出气孔，3~12d，每天打开2次，每次约3h，12d以后经常打开，孵化后期将全部气孔整天打开。

4. 翻蛋和凉蛋

从孵化第二天起，一般2~3h翻蛋1次，第二十天停止，如为机器孵化，可不需人工翻蛋。机内温度正常时不需凉蛋，如果温度过高，可适当凉蛋，每次 10～15min，至蛋温为 32～33℃为止。夏天延长时间至 30min。

5. 照蛋

进行 2 次照蛋。头照在 7～8d 时进行，检出无精蛋、死胚蛋，二照在 20～21d 时进行，剔除死胚蛋。

6. 出雏

二照后要落盘，大部分雏鹧鸪会 23～24d 出壳，迟的要 25d 才出壳，将 26d 未出壳的蛋弃去。出雏机和孵化机在出雏后要彻底消毒，以备下次使用。

第三节 鹧鸪的饲养管理

一、鹧鸪场的建设要点

鹧鸪场的选址和规划同其他禽类。鹧鸪舍的基本要求与鹌鹑舍、鸽舍等相似，应选择背风向阳、排水良好、环境安静、防疫条件好、交通方便的地方建造，也可以利用简易的家禽舍或露天饲养。不同舍之间间隔至少 20m 以上。鹧鸪场各类房舍的建筑要求和设施用具介绍如下：

1. 不同生长阶段的鹧鸪舍

（1）育雏鹧鸪舍 要求通风换气，保温性能好，一般采用单坡式（宽 3m 左右）和双坡式（宽度 5～6m），窗与舍内面积比为 1∶(6～8)，寒冷地区窗的比例要适当小一些，窗离地约 100cm 高。如有条件，最好分割成面积为 4m^2 的若干个小间。

（2）青年鹧鸪舍 与育雏舍建筑要求类似，保温要求可以不那么严格，但需加强通风换气，最好在顶棚适当设置出气口。如果采用地面平养，在门、窗户和通风口设置铁丝网，以防止鹧鸪飞走，并留出运动场。露天运动场四周和顶部使用铁丝网围住。如采用笼养方式，可根据需要选择层数，各笼之间留 1.2m 宽的间隔，两侧要留出 0.9m 宽的通道。

（3）种鹧鸪舍 宜采用全阶梯式笼，小群饲养。笼一般分 3～5 格，长×宽×高为 60cm×40cm×30cm，公母比例为 1∶3。每层间有承粪板，饮水槽和料槽挂在笼外。群居笼的长×宽×高为 51cm×71cm×152cm。笼底应有倾斜，方便蛋滚进集蛋槽内。笼之间及笼与墙之间都应留 80～85cm 宽的通道，以便于饲养人员的操作。

如果采用平养，舍内应分成若干小间，在休产期将公、母鹧鸪分开饲养。舍内设置约 1m 宽的通道，以便饲养人员喂料和捡蛋。舍前可设运动场。地面要铺水泥，并设有排水沟，以便清除粪便和排水。墙壁应涂防水材料，沿墙的四周放置产蛋箱，长×宽×高为 60cm×30cm×38cm，一般每 10 只母鹧鸪应保证有 0.5m^2 的产蛋箱面积。

（4）肉用鹧鸪舍 主要用于饲养肉用鹧鸪，多采用立体笼养方式饲养。其建筑要求与育成舍相似，采用全进全出制，大小和栋数应根据饲养方式、生产规模和饲养期长短等因素确定。

2. 设施用具

饲槽采用长形、圆形或挂桶式均可，根据鹧鸪的数量变化进行调整。水槽、食槽的高度和数量以满足采食、饮水需要为原则。育雏伞、育雏围栏等设备与养鸡设备相似。笼具和其他设备可根据本场具体条件和要求自行设计或用相近特禽笼改装代替。

（1）笼具 目前饲养鹧鸪以室内笼养为主，各生长期笼具结构和规格如下：

1）育雏鹧鸪笼。有单层或3层的铁笼，每层高64cm、宽66cm、长200cm，中间分2格，每格0.66m^2，可养雏鹧鸪100只，每层承粪板高13cm、足高42cm。底网网眼大小为2cm×2cm，两侧用榄核形硬网，网眼大小为1.5cm×1.5cm。

2）青年鹧鸪笼。单笼的长×宽×高为125cm×130cm×50cm，网眼大小为1.5cm×1.5cm。50~60日龄后，笼的前后网眼大小改为2.5cm×2.5cm。

3）种鹧鸪笼。可自制分层铁笼，一般为3层，每层有承粪板。产蛋鹧鸪笼底部结构应稍向外倾斜。每层笼一般分为3~4格，每格长×宽×高为40cm×40cm×35cm，可养1公3母。另一种的长×宽×高为90cm×40cm×35cm，可养鹧鸪8~10只，公母比例为1∶(4~5)。

（2）育雏保暖器 育雏保暖器可用育雏鸡的育雏保温伞，可饲养育雏鹧鸪100~200只。

（3）育雏围栏 为防止雏鹧鸪乱窜，在育雏器的周围设置屏障，高50cm，长度可根据群的大小而定。1周龄以300只、500只、800只和1000只为一群，围栏长度分别为8m、10m、12m和15m。

二、鹧鸪的生产时期划分

种用鹧鸪的生产时期一般分为3个阶段，育雏期（0~8周龄）、育成期（9~21周龄）和产蛋期（21~29周龄淘汰）。肉用鹧鸪的生产时期一般分为3个阶段，前期（0~2周龄）、中期（3~6周龄）和后期（7周龄至上市，上市约在90日龄）。

三、鹧鸪的营养需要和饲料

1. 营养需要

目前我国尚未制定鹧鸪的饲养标准。参考有关资料，结合我国相关的饲养实践经验，总结鹧鸪营养需要见表9-2。

表9-2 鹧鸪营养需要

营养指标	育雏期（周龄）			育成期（周龄）		产蛋期	肉用鹧鸪（周龄）		
	0~1	2~4	5~8	9~13	14~21		0~2	3~6	7周龄至上市
代谢能/(MJ/kg)	12.14	11.93	11.72	11.51	11.51	11.51	11.93	12.14	12.14
粗蛋白质（%）	28	24	20	17	16	18	24	21	18
粗纤维（%）	3	3	3	3.5	4	3.5	3	3	3
粗脂肪（%）	3.5	3	3	3	3	3	3	3.5	3.5
钙（%）	1.2	1.0	1.0	1.2	1.2	2.8	1	1.1	1.1
磷（%）	0.7	0.65	0.60	0.60	0.60	0.65	0.65	0.6	0.6
赖氨酸（%）	1.1	1.1	1.0	0.80	0.70	0.80	1.2	1.1	1.0
蛋氨酸+胱氨酸（%）	0.90	0.90	0.80	0.70	0.65	0.70	0.90	0.80	0.70
蛋氨酸（%）	0.40	0.40	0.40	0.65	0.30	0.35	0.40	0.40	0.35
色氨酸（%）	0.30	0.30	0.25	0.25	0.20	0.25	0.30	0.25	0.20

2. 饲料

饲料配方根据各阶段的营养需要，结合本地饲料种类、来源等确定各种饲料的比例。参考饲料配方见表 9-3 至表 9-5。

表 9-3　种用鹧鸪参考饲料配方

饲料种类	育雏期	育成期	产蛋期
黄玉米（%）	48	50	53
小麦粉（%）	3	5	11
豆粕（%）	34	28	16
麸皮（%）		5	9
鱼粉（%）	12	8	5
磷酸氢钙（%）	1	1.5	3
贝壳粉（%）	1.1	1.6	2.1
食盐（%）	0.4	0.4	0.4
添加剂（%）	0.5	0.5	0.5

表 9-4　肉用鹧鸪参考饲料配方（1）

饲料种类	0~2 周龄	3~6 周龄	7~13 周龄
玉米（%）	45	47.5	50
小麦粉（%）	12	14	14
麸皮（%）	5	6	8
豆粕（%）	28	24	20
鱼粉（进口）（%）	8	6	5
石粉（%）	1	1	1.5
微量元素（%）	0.5	1	1
食盐（%）	0.2	0.2	0.2
添加剂（%）	0.3	0.3	0.3

表 9-5　肉用鹧鸪参考饲料配方（2）

饲料种类	雏鹧鸪	中鹧鸪	种鹧鸪
黄玉米（%）	46.22	54.04	61.30
黄豆粉（%）	47.47	26.84	18.59
小麦粉（%）		14.19	10.46
石粉（%）	1.65	1.76	7.33
蛋氨酸（%）	0.10	0.17	0.23

（续）

饲料种类	雏鹧鸪	中鹧鸪	种鹧鸪
脂肪（%）	1.56		
食盐（%）	0.50	0.50	0.50
磷酸钙	2.00	2.00	1.09
预混料	0.50	0.50	0.50

四、鹧鸪生产时期的饲养管理

1. 育雏期饲养管理

（1）温度和湿度 鹧鸪出壳时体重仅有13~14g，体温调节能力较差，因此，适宜的温度和湿度是育雏成败的关键。鹧鸪的育雏温度见表9-6。育雏的相对湿度要求：第一周为60%~70%，第二周为60%~65%，第三周以后为55%~60%。

表9-6 鹧鸪的育雏温度 （单位:℃）

周龄	育雏器内温度	室内温度	周龄	育雏器内温度	室内温度
0~1	35~36	30	7	29~30	25
2	34~35	29	8	28~29	25
3	33~34	28	9	27~28	25
4	32~33	26	10	26~27	24
5	31~32	26	11	25~26	24
6	30~31	26			

（2）通风和光照 在保证温度的前提下，加强通风换气，排出二氧化碳、氨气等有害气体。避免贼风。育雏室光线要分布均匀，1~3日龄时光照时间为24h；4~7日龄时光照时间为23h，强度为15.92lx；1周龄后光照时间为16h，强度为7.96lx，1月龄后进行自然光照。商品肉用鹧鸪的光照时间为20h，强度为7.96lx。

（3）饲养密度 育雏期需要适宜的饲养密度，具体要求见表9-7。

表9-7 鹧鸪的饲养密度

日龄	1~7	8~14	15~21	22~28	29~36	37~43
密度/(只/m^2)	100	80	60	40	25	18

（4）初饮、开食和饲喂 出壳24h内进行饮水，可在饮水中加入维生素添加剂或药品以防疫病和补充营养需要。对于长途运输的雏鹧鸪，在其饮水中加入适量葡萄糖或口服补液盐。饮水后即可开食，将颗粒料或粉料置于食盘中，自由采食，少喂勤添。1周龄时每天饲喂8~10次，2~3周龄时每天饲喂5~6次，4周龄以后每天饲喂4次。雏鹧鸪每天需要的饲料量因日龄、气温、健康状况、饲料的适口性有所差异。每天饲喂量和供水量标准参考表9-8。

表 9-8 鹧鸪每天饲喂量和供水量

周龄	体重/g	每 1000 只需水量/L	饲喂量/(g/只·d)	累计饲喂量/(g/只)
1	27~36	15	8	56
2	45~55	20	13	147
3	70~80	25	18	273
4	125~135	30	21	420
5	165~175	35	23	581
6	190~205	40	25	756
7	240~250	45	28	952
8	275~285	50	29	1155
9	310~320	55	30	1365
10	340~350	60	32	1589
11	380~390	65	33	1820
12	430~440	70	34	2058
13 及以上	490~500	75	35	2303

（5）断喙和防应激 雏鹧鸪在 1 周龄左右进行断喙，断去上喙的 1/4~1/3（喙尖至鼻孔），一般在 6 周龄时修喙 1 次。鹧鸪很敏感，所以通过饲养人员的频繁接触和各种声音、光暗变化等刺激的锻炼，可防止以后出现剧烈的应激性反应。

2. 育成期饲养管理

可采用舍饲地面平养、网上饲养和放牧饲养。舍饲地面平养的运动场必需架设围栏和天网，性成熟前可公母合群饲养。这种饲养方式的成本比网上饲养低，预防疾病不如网上饲养。网上饲养法是把育成鹧鸪饲养在离地铁丝网底的飞翔栏中，分为半露天式和室内式。半露天式由能遮挡风雨的房舍和室外运动场组成，房舍和运动场都设离地的底网，飞翔栏空间大，能晒到太阳，有利于疾病的预防。室内式是完全在房舍内设底网饲养，在窗户上加网，以预防鹧鸪飞逃，有一定的阳光从窗户透进。狩猎用鹧鸪以放牧饲养为主。

（1）适当限制饲养 限制饲养在鹧鸪 12~29 周龄时进行，可通过减少投料次数或减少每次的饲喂量来完成，或用青绿饲料代替一部分配合饲料。饲喂量和饮水标准参考表 9-8。

（2）及时转群，调整饲养密度 随着鹧鸪生长，及时调整饲养密度，产蛋前 2~4 周转移至产蛋舍。平养饲养密度为 8~10 只/m^2。笼养鹧鸪的饲养密度为 11~17 周龄时 35~40 只/m^2，18~24 周龄时 25~35 只/m^2，25~29 周龄时 20~30 只/m^2。

（3）光照管理 育成期每天需 10h 光照。白天利用自然光照，不足的光照由人工光照补充，光照强度为 1.99~3.98lx。

（4）定期修喙 鹧鸪易长出不规则的畸形喙（即“飞喙”），严重时会造成裂喙或脱喙，要用剪刀定期修正。修喙应在夜间熄灯进行，避免发生应激。

（5）稳定舍内环境 尽量减少育成舍中各种应激因素，保证舍内安静。饲养人员按照工作日程进行操作，不允许无关人员进入舍内。尽可能减少各种操作对鹧鸪群带来的应激。

3. 产蛋期饲养管理

（1）温度和湿度　鹧鸪对环境温度比较敏感，温度低于10℃或高于30℃时，对产蛋率和受精率均有不利影响，产蛋期的适宜温度为18~25℃、相对湿度为50%~55%。

（2）光照　25周龄以后，每天光照时间为15~16h，光照强度为11.94lx。

（3）饲养方式和密度　最佳饲养方式为立体笼养，公母比例为1∶3，笼长×宽×高为160cm×70cm×45cm，可饲养公鹧鸪3只，母鹧鸪9只。也可使用地面平养法，此法管理方便，投资较小，种蛋受精率高，但脏蛋较多。以50~100/m^2只为宜。饲料桶和饮水器均匀分布在舍内。公共产蛋箱全长200cm、前高25cm、后高50cm、箱深40cm，分成7格，每格之间用板隔开，顶盖倾斜。每4只鹧鸪配1格产蛋窝，窝内放置草和碎叶等垫料。通常每天收集种蛋2次。

（4）调整营养水平　产蛋鹧鸪需要的粗蛋白质、钙、磷要比青年鹧鸪多，从育成期转入产蛋期，应提高营养水平，才能满足繁殖的需要。产蛋期鹧鸪可提高日粮的钙含量，让其自由采食；也可饲喂青绿多汁饲料，让其自由啄食。不需限制饲养。每天饲喂3次。必须供给清洁的饮水，在饮水中加入药物和维生素C，有利于防止疾病和消除应激。

（5）其他日常管理　注意观察鹧鸪的采食、饮水、粪便、活动、精神状态和生产情况，对鹧鸪群的变动、饲料调整、耗料量、光照时间、产蛋情况、疾病防治情况等要及时作记录和分析，做好卫生消毒和防病等工作。保持环境安静。严禁参观，保持固定的饲养操作程序。用具和饲养人员的衣服颜色、发出的饲喂信号等也应相对固定，并在产蛋前进行调教，避免或减少应激。

产蛋期约为6个月，为了提高鹧鸪的利用年限，提高产蛋量，在第一个产蛋期结束，淘汰产蛋量少、活力差的鹧鸪，公、母分开饲养，进入休产期。对休产期的母鹧鸪进行限制饲养，1~2周内每天饲喂20~25g/只，可适当增加粗饲料含量，第三周每天饲喂23~28g/只，第四周，饲料量为每天30g/只，第七周，粗饲料量可适当减少，第九周饲喂量为每天35g/只，停止添加粗饲料。公鹧鸪不限制饲养。休产期还需控制光照，每天8h光照、16h黑暗。遮光期一般为公鹧鸪7周，母鹧鸪9周。

4. 商品肉用鹧鸪的饲养管理

采用立体笼养方式，每群以20~30只为宜，从育雏至出栏应在同一笼中饲养。

（1）饲喂　按照肉用鹧鸪的营养需要，配制全价配合饲料。雏鹧鸪开饮后即可开食，出壳至3周龄，饲喂雏鹧鸪料；3周龄至出栏，饲喂中鹧鸪料，饲喂量见表9-9。少喂勤添，1~3日龄每天饲喂10~12次，4~7日龄每天8次，2周龄每天6次，3周龄每天5次，4周龄以后每天4次。8周龄后饲喂高能量、高蛋白质饲料。

表9-9　肉用鹧鸪饲喂量　（单位：g/只）

周龄	每天饲喂量	每周饲喂量
1	8	56
2	13	91
3	18	126
4	23	161

（续）

周龄	每天饲喂量	每周饲喂量
5	26	182
6	30	210
7	33	231
8	35	245
9	37	259
10	38	266
11	40	280
12	40	280
13	42	294
14	42	294
15	43	301
16	43	301

（2）饲养密度 笼养的适宜饲养密度为：1 周龄时 60 只/m^2，2~4 周龄时 40~50 只/m^2，5~7 周龄时 20~30 只/m^2，8 周龄之后不要超过 15 只/m^2，直到出栏。

（3）全进全出制 饲养商品肉用鹧鸪，每次同时饲养同日龄雏鹧鸪，出售时应一次全部处理，绝不允许留下生长缓慢的鹧鸪继续饲养，以便切断疾病循环感染途径。

（4）其他管理要点 育雏温度与种雏相似，6 周龄以后舍温为 20℃，1 周龄内每天光照 24h，2 周龄至出售每天光照 20h、光照强度为 15.92lx。保持笼养环境安静，尽量减少应激因素，保持室内通风良好。坚持每天清扫粪便。

（5）及时上市 出壳至 12 周龄时生长速度最快，以后逐渐减慢，13~14 周龄时体重达 500~600g，是最适宜的出售时期，这时鹧鸪饲料利用率最高，并且肉嫩味美。重 600g 的鹧鸪，宰杀后净重可达 450g，可满足市场的需要。

第四节 鹧鸪的生产性能和产品

一、鹧鸪的生产性能

1. 生长性能

鹧鸪饲养 90 日龄平均体重 450g 时，是出售最适宜的年龄。各周龄体重见表 9-10。

表 9-10 鹧鸪各周龄体重 （单位：g）

周龄	0	1	2	3	4	5	6	7	8	9	10	11	12
体重	14.0	31.7	50.2	71.1	98.9	129.8	171.3	225.2	267.9	314.4	357.6	398.7	441.4

注：引自《中国畜禽遗传资源志·特种畜禽志》。

2. 屠宰性能

肉用鹧鸪屠宰性能见表 9-11。

表 9-11 鹧鸪 90 日龄屠宰性能

宰前体重/g	屠宰率（%）	半净膛率（%）	全净膛率（%）	翅膀率（%）	腿肌率（%）	胸肌率（%）
453	89. 74±0. 75	86. 13±2. 18	74. 88±0. 58	10. 79	29. 08±0. 97	25. 20±1. 13

注：引自《中国畜禽遗传资源志·特种畜禽志》。

3. 繁殖性能

母鹧鸪 214～245 日龄开产。公鹧鸪比母鹧鸪性成熟迟 3～4 周，因此必须对公鹧鸪提前增加营养和光照。一般情况下，每年 2～8 月为第一个产蛋高峰期，鹧鸪有休产期，秋天换羽后，还有一个产蛋高峰期，年产蛋 80～100 枚，个别高达 150 枚。利用年限为 3 年，第二个产蛋年的产蛋量最高。产蛋期种蛋受精率为 92%，受精蛋孵化率为 84%～91%。

二、鹧鸪的产品

主要以肉用为主，兼蛋用和观赏，少部分用于狩猎。

1. 肉、蛋产品

鹧鸪肉质细嫩，味道鲜美，有高蛋白质、低脂肪、低胆固醇的营养特性，蛋白质含量为 30. 1%，比鸡肉高 10. 6%，含人体所需的多种氨基酸；脂肪含量为 3. 6%，比鸡肉低 4. 2%；不饱和脂肪酸含量为 64%；富含钙、磷、铁、铜、锌、硒等多种元素。含有牛磺酸，有益于儿童智力发育。自古民间就有“飞禽莫如鸪”“一鸪顶九鸡”的说法，是历代宫廷膳食重要的珍品，素有“野味之冠”“赛飞龙”的美誉。在哺乳期间食用鹧鸪，对促进婴儿的体格和智力发育具有明显的效果。鹧鸪蛋营养价值较高，蛋清厚稠，蛋内蛋白质、氨基酸、卵磷脂，以及维生素 A、维生素 D、维生素 E、维生素 K 和维生素 B，锌、铁、钙、碘、硒等微量元素含量均高于普通鸡蛋，据测定，其胆固醇含量比普通鸡蛋低 20%～40%。目前的鹧鸪肉、蛋产品均为初产品。

2. 观赏用和工艺品

鹧鸪前额有一条带纹横过双眼，下行到颈部形成胸衣领样，雍容华贵，令人赏心悦目，具有较高的观赏价值。其羽毛是加工装饰工艺品的珍贵原料，还可制成生态标本，已作为高档装饰品进入普通百姓家庭。

3. 狩猎

鹧鸪圆胖丰满，易被猎手捕获，是当前国际狩猎组织最重视发展的狩猎鸟类。在半干旱、开阔、多石而不缺水的原野，最适于放牧饲养鹧鸪。

第五节 鹧鸪的疾病防治

一、鹧鸪的免疫预防

鹧鸪的生活力强，疾病较少，但出生后至 2 月龄，尤其是 1 月龄内死亡率较高。因此，要采取综合预防措施，做好疾病的防治工作。育雏期容易发生白痢病、球虫病、新城疫等疾病，做好防疫管理很关键。雏鹧鸪因个体小，对药物和疫苗接种较为敏感，使用疫苗时要注意浓度和连续使用的时间。日常管理中要保持环境卫生，及时清除粪便，经常带鸪消毒，并进行抗体监测，掌握接种的最佳时间和免疫效果。1～3 周龄主要预防球虫病和和呼吸道病，3 周龄后主要预防沙门菌病。参考免疫程序为：9～12 日龄时，免疫新城疫疫Ⅳ系，滴鼻或点眼；30～40 日龄时，免疫新城疫Ⅳ系，饮水；150 日龄时，免疫新城疫Ⅰ系，肌内注射。

二、鹧鸪的常见病防治

支原体病为鹧鸪的常见病。幼鹧鸪比成年鹧鸪易感染。一年四季均可发生，以冬、春寒冷季节多发，4～8 周龄的幼鹧鸪最易感染。

【发病症状】初期，鼻腔流出水样或黏性鼻液，摇头甩鼻或做吞咽动作，呼吸不畅，张口呼吸。中期，咳嗽，打喷嚏，鼻塞，结膜发炎，流泪等。严重时病鹧鸪鼻窦、两颊明显肿大，眼眶内蓄积白色豆渣样渗出物，几乎遮蔽眼睛。病鹧鸪瘦弱不堪，雏鹧鸪生长缓慢，成年鹧鸪产蛋量下降，最后因营养不良或二次感染而死亡。

【防治方法】引进种鹧鸪需隔离饲养观察，杜绝传染源侵入。对鹧鸪群定期检疫、净化。保持鹧鸪舍清洁干燥和空气流通。治疗可选用延胡索酸泰妙菌素、恩诺沙星等，按说明书给药，也可肌内注射链霉素。

思考与交流

1. 鹧鸪的生物学特性有哪些？
2. 如何进行鹧鸪的性别鉴定？
3. 鹧鸪的繁殖特点有哪些？
4. 简述鹧鸪的各生长阶段的饲养管理要点。

第十章 鸵鸟

鸵鸟在动物分类学上属于鸟纲（Aves），鸵形目（Struthioniformes），鸵鸟科（Struthionidae），鸵鸟属（*Struthio*）。人工饲养鸵鸟最早的国家是南非，至今已有100多年的鸵鸟养殖历史。我国的鸵鸟商品化饲养开始于20世纪80年代后期，鸵鸟是目前我国最昂贵的特禽，也是世界上最大的肉用鸟类。我国鸵鸟饲养业起步虽晚，但发展势头强劲，目前已从高价“炒种”、盲目扩群阶段，步入理性化、产业化的发展阶段。

第一节 鸵鸟的生物学特性及品种

一、鸵鸟的生物学特性

1. 适应性广，抗病力强

鸵鸟对各类饲草及草粉适用范围广，对饲养地的气温适应幅度可跨30~50℃。对我国北方和南方气候均可适应。抗病力强，除1月龄内会因营养不良、管理不当造成死亡外，成年后很少因患病死亡。

2. 生长速度快，繁殖力强，产肉率高

刚出生的鸵鸟体重1~1.2kg，饲养3个月体重可达30kg，1岁可达100kg以上。年产蛋量一般为80~120枚，可育成40~50只鸵鸟。寿命为70年，有效繁殖时间为40~50年。

3. 喜群居，善于奔跑

鸵鸟群栖生活，一般10~15只为1群，有时多至40~50只。脚长善走，有一双强健的双腿，一步可跨4m左右，最大可跨7m。一般奔跑速度达40km/h，最高速度可达90km/h。有翅膀，但不善飞翔，在急速奔跑时可张开翅膀平衡身体。

4. 视力发达

鸵鸟视力发达，一旦发现敌害即迅速奔跑躲避。受到敌害追逼无法脱身时，将头埋进沙里，这是长期对环境适应的结果。

5. 食性杂

鸵鸟以食用植物茎、叶、果实为主，也食昆虫、软体动物、小型爬虫类及小鸟、小兽等。喜欢饮水和水浴，能耐干渴较长时间。有发达的盲肠和结肠，可消化大量的粗纤维，有腺胃和肌胃，没有嗉囊，兼有鸟类和反刍动物的特性。

二、鸵鸟的品种

从 1989 年开始，我国先后从美国、法国和非洲等引进非洲黑鸵鸟、红颈鸵鸟和蓝颈鸵鸟等种鸟，并大规模饲养成功。

1. 非洲黑鸵鸟

非洲黑鸵鸟又称黑颈鸵鸟，原产地为非洲的南非，是利用北非鸵鸟和 Syrian 鸵鸟与蓝颈鸵鸟杂交后，经过长期选育的培育品种。引入我国后，目前饲养数量较多的有广东、河北、河南、陕西、甘肃、云南、内蒙古、浙江、安徽、台湾等省区。

体形较小，颈和腿较短，喙较短，体躯相对宽厚。足有两趾。成年公鸵鸟颈呈灰黑色，颈部绒毛较多，体羽呈黑色，翅尖处羽毛呈白色，尾羽呈白色；羽毛蓬松，质量好，羽毛顶端呈半圆形，皮肤呈深青色。成年母鸵鸟全身羽毛呈浅灰褐色。翼尖及尾部的大羽毛有白色、灰色。母鸵鸟体躯丰满浑圆，颈、脚细长，繁殖期腹部饱满柔软；裸露的皮肤呈灰白色，在繁殖季节也不发生变化；体高和体重均低于公鸵鸟。雏鸟有刺状的浅黄色软毛，尖端呈黑色，沿颈侧有数行黑点；3 月龄后，羽毛逐渐似成年母鸵鸟，公鸵鸟的黑羽大约在 11 月龄开始出现。

12 月龄时体重 89~94kg，成年公鸵鸟体高 2.4m，成年母鸵鸟体高 1.9m。商品鸵鸟一般 10 月龄出栏，平均体重 82kg、屠宰率为 58%、屠体组成中瘦肉占 62.5%、脂肪占 9.2%、骨占 26.9%。平均蛋重 1433~1441g、蛋形指数为 0.81。23~24 月龄性成熟，一般母鸵鸟产蛋第一年产蛋 20~26 枚；第二年产蛋 35~40 枚，第三年产蛋 50~60 枚，最高产蛋量为 127 枚。种蛋受精率和孵化率因环境、气候、饲料营养、饲养管理而有变化，种蛋受精率为 70%~75%，受精蛋孵化率为 70%~75%。自然出壳率为 80%~85%，需助产的为 15%~20%。在我国不同地区，鸵鸟的繁殖性能有差别，与气候、统计数量、育种、管理等因素有关。

2. 红颈鸵鸟

红颈鸵鸟原产于非洲的肯尼亚、坦桑尼亚、毛里塔尼亚、埃塞俄比亚等国，1998 年起我国先后从美国、肯尼亚等国引入。目前，主要分布在广东、甘肃、河北、河南、陕西等省。红颈鸵鸟驯养年代比较短，改变环境时应激反应比较明显。但在适应了新的环境后，应激会变小。具有很强的免疫力和恢复能力，发生外伤后，大多数鸵鸟不用经任何医药处理就能自愈。

在鸵鸟品种中，红颈鸵鸟体形最大，头小，颈长。眼大有神，正常站立时前胸宽大，背驼，后腹部略下垂、丰满，侧面看呈前宽后窄的梯形。足有两趾。成年公鸵鸟颈部绒毛少，颈上有一白环，身躯下及腿部裸露皮肤的面积较大；皮肤和颈部呈红色或粉红色，在繁殖季节变为鲜红色，成年公鸵鸟体羽呈黑色，羽毛顶端较尖，胸前羽毛呈丝状；头顶有短小羽毛并掺杂有稀疏的针毛，颈部羽毛为小绒毛，翼尖及尾部羽毛为白色大羽毛，大羽长 40~50cm；繁殖期公鸵鸟的生殖器囊膨大，无皱纹，交配器长 20cm。成年母鸵鸟全身羽毛呈灰白色，羽色比非洲黑鸵鸟母鸵鸟的羽色浅且羽片较长；头颈的小羽毛及针毛与公鸵鸟相同；翼尖及尾部的大羽毛有白色、灰色，也有白色与灰色掺杂的；体躯丰满浑圆，颈、脚细长，繁殖期腹部饱满柔软；裸露的皮肤呈灰白色，在繁殖季节也不发生变化。雏鸟的羽毛与其他品种一样，头顶呈褐色，颈部和下腹为浅褐黄色的丝状羽毛。背部为黑色、褐色、浅褐色的丝状羽毛，并间有白色条状小毛；在颈部的背面从头枕部至颈基有三条黑色带，正中的一条黑色带比较完整，两侧的两条黑色带有间断或宽窄不同；头顶及颈部的腹侧面有如豹斑样的不规则黑色斑块或斑点羽毛；3 月龄时白色条状小毛开始减少或消失，4 月龄时翼尖开始长出黑色大羽毛，5 月龄时全身背部羽毛完全换为黑色与褐黄色相间的片状羽毛。

成年公鸵鸟体重 140~185kg、体高可达 2.8m；成年母鸵鸟体重 125~135kg。正常饲养情况下，商品鸵鸟饲养 8 月龄体重可达 100kg、皮张面积可达 1.2m^2。蛋重 1633g、蛋形指数为 0.84。红颈鸵鸟性成熟比其他品种鸵鸟迟，母鸵鸟多在 28~30 月龄开产。一般情况下母鸵鸟产蛋的第一年产蛋 16~18 枚，第二年产蛋 30~35 枚，第三年产蛋 35~50 枚，最高年产蛋为 75 枚。受精率为 70%~75%，受精蛋孵化率为 70%~75%。自然出壳率为 80%~85%，需助产的为 15%~20%。

3. 蓝颈鸵鸟

蓝颈鸵鸟原产于非洲的津巴布韦、南非等国，1995 年起我国先后从法国、美国、南非等国引入，在我国各地适应性比较强。

蓝颈鸵鸟体形较大，颈长，头小，头部有针状毛，成年公鸵鸟颈呈蓝灰色，颈部绒毛相对较少，颈基部有白环，体羽呈黑色，但羽毛顶端较尖，翼尖及尾部羽毛为白色大羽毛，羽毛质量中等，皮肤呈浅青色。成年母鸵鸟体形比公鸵鸟小，全身羽毛呈浅灰褐色；翼尖及尾部的大羽毛有白色、灰色，也有白色与灰色掺杂的，母鸵鸟体躯丰满浑圆，颈、脚细长，繁殖期腹部饱满柔软；裸露的皮肤呈灰白色，在繁殖季节也未发生变化；体高和体重均低于公鸵鸟。雏鸟的羽毛头顶呈褐色、颈部和下腹为浅褐黄色的丝状羽毛；背部为黑色、褐色、浅褐色的丝状羽毛，并间有白色条状小毛；在颈部的背面从头枕部至颈基有三条黑色带，正中的一条黑色带比较完整，两侧的两条黑色带有间断或宽窄不同；头顶及颈部的腹侧面有如豹斑样的不规则黑色斑块或斑点羽毛。

6 岁成年公鸵鸟体重 125~165kg、体高为 2.6m。平均宰前体重为 100kg，不同地区产蛋量差异大，受精率为 70%~80%、孵化率为 70%~82%、健雏率为 90%。

第二节　鸵鸟的繁育

一、鸵鸟的选种

根据饲养目标选择种鸵鸟，是提高品质、增加良种数量和改进品质的重要工作。总体原则是选择体形大而健壮，体态结构匀称，眼大有神，羽毛整齐且有光泽，性情温顺愿接近人，具有明显性征的种用。

1. 性别鉴定

成年鸵鸟比雏鸟容易鉴别，但对年龄、体形不同的鸵鸟进行性别鉴定时，也常常出现混淆和出错的现象。应先根据体形大小分类，再根据泄殖腔和颜色进行辨别。

(1) 观察泄殖腔 利用翻肛法，通过观察泄殖腔鉴别性别。雏鸟在 2 周龄时鉴别，方法是一人将鸵鸟固定，另一人用手轻轻伸入泄殖腔的前上方，将阴茎或阴蒂拉出来。若泄殖腔腹壁可见圆锥状物阴茎，表面有阴沟者为公鸵鸟；泄殖腔腹壁无上述的阴茎和阴沟，仅有一粉红小型凸起（阴蒂）者为母鸵鸟。鉴别6月龄鸵鸟时，手指戴上消毒指套，擦上润滑剂，伸入泄殖腔，若感到腹壁上有3~4cm长的硬物（阴茎）者为公鸵鸟；若泄殖腔腹壁上感觉不到长形硬物，仅仅是有软小的凸起，则为母鸵鸟。翻肛法的鉴别准确率仅为70%，因此最好在不同日龄进行多次。

（2）看颜色 10月龄后，公鸵鸟的胫或喙开始变成粉红色，而此时母鸵鸟的胫或喙为黑色。14月龄后鸵鸟的第二性征出现，公鸵鸟的羽毛变为黑色，母鸵鸟的羽毛为棕灰色。

2. 年龄鉴定

公鸵鸟在12月龄时，腿和喙变为白色。2岁时，会出现退毛现象，公鸵鸟腹部大部分的白色羽毛被黄褐色羽毛取代，但颈的基部和腹部仍有部分雏羽存在。3岁时鸵鸟的白色羽毛均褪去，但颈基部雏羽不变，公鸵鸟的腿和喙均变为红色。4岁时鸵鸟达到性成熟，羽毛变为黑色，母鸵鸟羽毛为棕灰色。

3. 种鸵鸟选择

（1）成年鸵鸟 要求成年公鸵鸟身体高大，头较大，眼睛有神，颈粗长，体躯前高后低，生殖器大而红，受精率高，无遗传缺陷。在选择公鸵鸟过程中，要注意公鸵鸟的羽毛、胫和喙的颜色，因为这些与繁殖能力有关，颜色较深的繁殖性能较佳，颜色变浅则繁殖性能会降低。要求成年母鸵鸟体形适中，头顶部针毛较少，眼大有神，颈细长，背较平直，背后半部（右半部）少羽，后躯丰满，性情温顺，愿接近人，产蛋量高。公母比例以1∶3为宜。

（2）雏鸟 选择系谱清晰，双亲生产性能高，生长速度快，发育良好的个体。为了避免近亲繁殖，尽量选择不同场的雏鸟。

二、鸵鸟的繁育方法

1. 性成熟与产蛋

人工饲养的母鸵鸟2~2.5岁性成熟，雄鸟3岁以后性成熟。种鸵鸟交配后1周左右产蛋，产蛋一般在下午15:00以后。第一年产蛋量较少，以后逐年增加，7岁达到产蛋高峰，年产蛋80~100枚，有效繁殖期为40~50年。鸵鸟有抱巢性，在人工饲养条件下应及时取走产下的蛋，使其失去抱巢条件；有产蛋休止期，应在每年11月将公、母种鸵鸟分开饲养，使母鸵鸟有更好的体况，以提高下一年的产蛋量。因为公鸵鸟性成熟晚于母鸵鸟，所以在引种、组群时公鸵鸟应该比母鸵鸟大6~10月龄。

2. 孵化

人工饲养的鸵鸟，繁殖以人工孵化为主，人工孵化率远远高于自然孵化率，自然孵化率仅为35%，但人工孵化率可达95%以上。

（1）种蛋选择 选择健康种鸵鸟所产的蛋。蛋应大小适中，卵形正常，表面光滑清洁，无皱纹、裂痕和污点等。刚产出的蛋不宜马上入孵，要贮存24h以上。

（2）种蛋保存 在无特殊贮蛋设备情况下，应将蛋置于通风良好处，温度保持5~15℃，相对湿度为40%~60%，贮存时间以3~7d为宜。在保存过程中应注意通风，防止细菌和霉菌在种蛋表面繁殖，种蛋应大头向上，每天翻蛋2次。夏季保存不宜超过1周。同时，要注意环境卫生，做好消毒工作，杜绝蚊蝇及昆虫靠近。

（3）孵化前的准备 孵化器及设备需要彻底消毒清洗。蛋架可用含碘消毒剂擦洗。

孵化器和孵化室用福尔马林熏蒸消毒。室内按每平方米配20mL福尔马林熏蒸液（40%甲醛和20g高锰酸钾）熏蒸20min。熏蒸后打开门窗彻底通风。入孵前交替使用癸甲溴铵和苯扎溴铵（新洁尔灭）（每周更换1次），对种蛋表面进行清洗消毒；或用福尔马林熏蒸消毒。孵化前仔细检查孵化机各部件是否正常。入孵前需空转2d，调好温度和湿度。

（4）种蛋的孵化 孵化时蛋的大头向上，稍倾斜；按照贮存期、产蛋期分批次进行。温度和湿度要求：恒温孵化时，孵化温度以37℃最好；变温孵化时，孵化期分为3个阶段，前期（1~21d）温度为36.5℃、湿度为22%，中期（22~33d）温度为36℃、湿度为23%，后期（34~42d）温度为35.5℃、湿度为25%。在孵化期要求通风换气，以使胚胎不断与外界进行热能交换。如果产热和耗氧量过高会严重影响胚胎正常发育，因此要保证孵化器内的通风量。同时，要定时翻蛋，翻蛋角度为40~55°，孵化前期每2h翻蛋1次，后期每4h翻蛋1次。因为鸵鸟蛋体积较大、蛋壳较厚，胚胎代谢时会使蛋温极度增高，要进行凉蛋，孵化早期每5~6h进行1次，中期每2~3h进行1次，后期每小时进行1次，每次5~30min。在孵化12d、24d和32d进行照蛋。12d头照可见清晰的眼和血管，无精蛋只看到卵黄在浮动，如果为死亡胚胎，血管颜色暗淡；24d时进行第二次照蛋，可见血管呈树枝状，并见到胚胎活动；32d时进行第三次照蛋，可见蛋壳内小端几乎被胚胎占满。

3. 出雏

一般39d落盘，要保持孵化机温度和湿度的平衡。每天8:00、15:00、22:00出雏，雏鸟应任其自由出壳，在出雏机内休息1h后再出孵化机，身上羽毛干后转至育雏室。如6h未出壳可以助产，先从头部剥壳，以不出血为原则，保证安全。断脐时可用碘酊消毒，用灭菌纱布包扎，羽毛干后即转入育雏室。

第三节 鸵鸟的饲养管理

一、鸵鸟场的建设要点

鸵鸟场应选择建在僻静、向阳、地势平坦、排水良好的沙质土地带。因为鸵鸟善跑，所有养殖过程都需要利用围栏圈住，围栏可采用网眼大小为70cm×70cm的镀锌铁丝网，网高2m，网端最好用划开的塑料管包封住，以防鸵鸟受惊或急走时撞上围栏或剐伤。

根据鸵鸟的年龄和生理特点，鸵鸟舍可分为成年鸵鸟舍、育成鸵鸟舍和雏鸟舍。房舍应要求保温、防雨、防风、防兽，并且通风透光，建在围栏的北侧，门朝南。在北方冬季和繁殖期间，房舍内应准备垫草。注意围栏、房舍和拐弯处不能有凸出的棱角。成年鸵鸟饲养区包括运动场和房舍，运动场面积为每只50m×12m，最好有1/3为水泥地，其余可为沙地或草地，如果有条件可在地面种植可食用的槐树、苜蓿、三叶草、黑麦草、禾草等。成年鸵鸟的运动场和遮雨棚舍至少宽30m、长50~80m。每组鸵鸟（1公3母）的饲养面积为1500m^2。食具和饮水器具最好使用水泥槽，避免鸵鸟采食和饮水时踩翻，从而出现受伤事件。具体栏舍规格见表10-1。

表 10-1 鸵鸟栏舍规格

类型	月龄	房舍面积/(m^2/只)	运动场面积/(m^2/只)	运动场形状	标准栏舍规格/m^2
雏鸟	0~3	1.6	8	长方形	25×5
育成鸵鸟	4~6	2	20	正方形	25×25
成年鸵鸟	6 以上	3	30	正方形	30×30
	产蛋期	5	300~400	长方形或楔形	25×30

二、鸵鸟的生产时期划分

根据鸵鸟的生理特点，分为雏鸟、育成鸟和成年鸵鸟，对应生产时期分别为育雏期、育成期、产蛋期。育雏期是指 0~3 月龄，此时鸵鸟生长速度非常快，各项生理机能不健全，抵抗能力弱，对环境的变化比较敏感。育成期是指 4~6 月龄，此时鸵鸟消化系统逐渐发育完全，能消化较多的粗纤维。成年鸵鸟是指 6 月龄以上的鸵鸟。一般每年 2~4 月为恢复产蛋期，5~6 月和 9~11 月为产蛋高峰期，7~8 月是多雨季节，应加强管理，保持卫生。12 月和第二年 1 月为鸵鸟的休产期，做好免疫、驱虫和恢复工作。

三、鸵鸟的营养需要和饲料

目前我国还没有统一的鸵鸟饲养标准，养殖场和饲料生产厂多借鉴家禽的营养标准来制订饲料配方，但鸵鸟具有发达的盲肠，有很强的粗纤维消化能力，所以简单借鉴家禽饲养标准，忽视了鸵鸟消化特点，导致其日粮能量摄入过剩，生长过肥，产蛋率及受精率下降。推荐的鸵鸟各生长阶段营养需要见表 10-2。

表 10-2 鸵鸟各生长阶段营养需要

营养指标	0~3 周龄	4~6 周龄	6 周龄以上
代谢能/(MJ/kg)	12. 13	11. 55	11. 3~11. 7
粗蛋白质（%）	19~22	15~16. 5	18
赖氨酸（%）	0. 4	0. 65	0. 86
蛋氨酸（%）	0. 4	0. 56	0. 53
钙（%）	1. 5	0. 9~1. 0	国外建议为 0. 9~1. 78，国内建议为 3. 0~3. 5
有效磷（%）	0. 5	0. 5	0. 4
食盐（%）	0. 4	0. 4	0. 3

鸵鸟新陈代谢旺盛，生长速度快，在 10 周龄后应增加日粮中的青饲料比例，在 3 月龄后一般要喂一些幼嫩的豆科牧草，如苜蓿、红三叶和槐树叶；人工饲养的成年鸵鸟应以饲喂草料为主，配合饲料为辅。成年种鸵鸟每天仅需采食 1. 5~2. 0kg 精饲料，即可满足生长和繁殖时营养的需要。建议饲料配方为：玉米 56%、小麦 6%、豆粕 12%、麸皮 3%、鱼粉 6%、苜蓿粉 10%、食盐 0. 4%、磷酸氢钙 1. 5%、贝壳粉 0. 8%、骨粉 3%、氧化胆碱 0. 5%、

蛋氨酸 0.4%、赖氨酸 0.4%。

四、鸵鸟生产时期的饲养管理

1. 育雏期饲养管理

由于雏鸟的生理功能尚不健全、对环境条件变化极敏感，因此鸵鸟育雏期需要精心饲养管理。满足适宜的温度、湿度、通风光照和饲养密度等育雏条件。

（1）育雏前的准备 采用地面平养或网上平养方式育雏，育雏室在入雏前 1 周要进行全面清扫和消毒，可使用甲醛和高锰酸钾熏蒸，在入雏前 1d 要进行预热，温度为 30~35℃。

（2）饲养要求 出壳 2~3d 后可饮水，先饮 0.01%高锰酸钾溶液，饮水后 2d 开食，饲喂的精饲料以干粉料湿拌为主，也可添加菜叶、青草。1 周龄时以少喂勤添为原则，每 3h 饲喂 1 次，逐渐减少到每 4h 饲喂 1 次，夜晚可不喂。如喂精饲料和青绿饲料，遵循先喂青绿饲料、后喂精饲料的原则。1 周龄后精饲料可不用湿拌，也可改为颗粒料。开食后不能使用垫料，因为雏鸟分不清垫料和饲料，如果啄食了垫料，可能造成肠梗阻。精饲料饲喂量不宜过多，防止雏鸟出现因增重太快进而骨骼关节变形引发腿病。由于鸵鸟肌胃能磨碎饲料，因此雏鸟每天每只要补喂 4~5 粒洁净不溶性的砂粒，同时要防止饲料中混入难以消化的物质。雏鸟饮水供应要求定时定量，防止暴饮过度和弄湿腹部引起生病。每天给水量为采食饲料总量的 1.8~2 倍。

（3）管理要求

1）密度。饲养密度一般为 5~6 只/m^2，随着日龄增大和生长发育，逐渐降低饲养密度。1.5 月龄以下雏鸟的饲养舍面积为 1.5m^2/只；1.5 月龄以上的雏鸟饲养舍面积为 2.2m^2/只。每群雏鸟以 8~12 只为宜。1~2 月龄可转群到较大的运动场活动。

2）温度。雏鸟出生后 1 周内，饲养在具有保温设施的育雏室内，温度以 30~35℃为宜，以后逐渐降低，第二周降低 3℃，1 月龄后每天降 0.5℃，一般 2~3 月龄以后脱温。

3）湿度。因为雏鸟刚出壳均有水肿的现象，所以育雏室要保持一定的相对湿度。前期以 50%~55%为宜，随着雏鸟日龄的增长，相对湿度以 50%~75%为宜。雨季湿度大，应适当降低湿度。湿度控制的原则是育雏前期湿度比育雏后期低。

4）通风。雏鸟生长旺盛，排泄量较大，要打开窗户，加强通风，冬季通风要避免对流。风速以不超过 0.2m/s 为宜。

5）防疫。雏鸟的抗病能力差，应加强雏鸟的清洁卫生，饲料和饮水均要保证新鲜、不变质。要进行定期消毒。2 月龄后，进行新城疫、支气管炎和大肠杆菌病的预防性免疫。

2. 育成期饲养管理

（1）饲养要求 鸵鸟 4 月龄后，体重可达 36kg 左右，消化机能逐渐完善，已能够适宜各种自然条件。此时期应过渡到育成期饲料，因为鸵鸟能消化大量粗纤维，应以青绿饲料为主，辅助颗粒精饲料饲喂，青绿饲料 70%，精饲料 30%。饲养方式可围栏圈养，也可放牧饲养，如采用放牧饲养，可少喂或不喂青绿饲料。

（2）管理要求

1）控制体重。在春、夏牧草生长旺盛期，鸵鸟大量采食容易过量，要严格控制饲喂量，生长后期更要注意让鸵鸟进行适当的运动，以防鸵鸟肥胖，体内脂肪沉积会使产蛋率和繁殖率下降。饲喂鸵鸟时，应定量喂给精饲料和青饲料，每天饲喂4次，饲喂0.5~1h后驱赶其进行运动。

2）适时放牧。采用放牧方式的养殖场，要在早晨露水消失后再把鸵鸟赶去草地，放牧时鸵鸟群体以20~100只为宜。太阳下山以后将鸵鸟赶回舍内，然后根据具体情况补饲精饲料。

3）合理拔毛。鸵鸟在6月龄时可进行第一次拔毛。拔毛时注意不要用力过猛，以免伤到皮肤。一般拔取翅膀羽毛、覆羽、尾羽和体羽。以后每隔9个月可拔毛1次。

4）定期清扫和消毒。饲喂器具应每天清洗1次，每周消毒1次。要经常清除饲养场地的粪便，定期消毒。

5）其他。鸵鸟喜欢沙浴，要求在饲养场地铺设垫沙，厚度以10~20cm为宜。如果有条件，可部分区域铺沙，其他区域种植牧草。

3. 成年鸵鸟饲养管理

（1）饲养要求 成年鸵鸟一般采用集约化饲养方式，应按种鸵鸟的营养需要供给其平衡的日粮。母鸵鸟产蛋期需要配制含钙和磷高的混合饲料。种鸵鸟最易缺乏脂溶性维生素和微量元素（如碘、铁、锌等），但不宜过多饲喂脂肪含量高的饲料。能量饲料喂量不宜过多，防止肥胖致使产蛋性能下降，甚至停止产蛋。每天饲喂4次，早晨6:30~7:30饲喂第一次，尽量保证饲喂间隔时间相等。饲喂顺序是先粗后精或精、青粗饲料混饲，精饲料喂量一般为1.5kg左右，不要超过2kg；青饲料饲喂量为5kg以上，并供给清洁的饮水。

（2）管理要求

1）分群。进入产蛋期1个月后进行配偶分群，一般4只（1公3母）为1个饲养单位。分群最好在傍晚进行。

2）适当运动。对产蛋期鸵鸟，每天上午和下午喂食1h后，将其驱赶运动1~2h。注意随时清除运动场上的粪便和异物。

3）做好配种和人工休产。根据系谱记录，防止近亲交配，公母比例为1∶(3~5)。在我国南方地区，鸵鸟没有休产期，但为了保持体力，延长使用年限，提高种蛋质量和受精率，应强制实施人工休产，停止交配，减少配合饲料用量。一般每年的11月~第二年1月为休产期，公、母鸵鸟应分开饲养。

4）防疫防病。应经常打扫栏舍，保持卫生，定期用2%~3%氢氧化钠消毒。饲喂工具要随时清洗，每周消毒1次。按照免疫程序注射疫苗。

第四节 鸵鸟的生产性能和产品

一、鸵鸟的生产性能

目前饲养的鸵鸟主要以产肉为主，还兼有蛋用、皮用、工艺用和娱乐用等。

1. 非洲黑鸵鸟

（1）产肉性能 商品鸵鸟一般10月龄出栏，每只的平均体重为82kg，屠宰性能见

表10-3和表10-4。有些场饲喂9个月就可达到85kg。广东江门、北京和陕西西安先后建成了鸵鸟专用屠宰厂，肉出口至日本等国。陕西省的非洲黑鸵鸟平均产精肉率达35%，平均皮张面积为1.1m^2/只。屠宰率为58%，胴体瘦肉率为62.5%、脂肪率为9.2%、骨率为26.9%。

表10-3　非洲黑鸵鸟屠宰性能

体重/kg	瘦肉重/kg	脂肪重/kg	羽毛重/kg	皮张面积/m^2
80~90	25~30	5~19	1.0	1.1

注：数据由2008年在河南金鹭特种养殖股份有限公司测量。

表10-4　商品非洲黑鸵鸟屠宰性能

性别	样本量（只）	体重/kg	屠宰率（%）	腿肌率（%）	脂肪率（%）
母	30	85.10±5.40	60.04	46.69	17.22
公	30	92.90±3.55	60.07	47.39	17.04

注：数据由2008年在陕西英考鸵鸟股份有限公司测量。

（2）蛋品质　非洲黑鸵鸟蛋品质见表10-5和表10-6。

表10-5　非洲黑鸵鸟平均蛋重、蛋壳厚度

蛋重/g	蛋壳重/g	蛋壳厚度/mm
1433.5±153	237.3±50	1.84±0.3

注：数据由2008年在中国西北鸵鸟繁育中心测量。

表10-6　非洲黑鸵鸟蛋品质

样本量（只）	蛋重/g	纵径/mm	横径/mm	蛋形指数
40	1441.65±137.49	152.03±3.84	123.80±4.95	0.81

注：数据由2009年在陕西英考鸵鸟股份有限公司测量。

2. 红颈鸵鸟

（1）产肉性能　红颈鸵鸟的主要优点是生长发育快，正常饲养情况下，商品鸵鸟饲养8个月体重可达100kg。

（2）产皮性能　相对于其他鸵鸟品种，红颈鸵鸟的皮张面积最大，可达1.2m^2，其皮用价值也高。

（3）蛋品质　红颈鸵鸟蛋品质见表10-7。

表10-7　红颈鸵鸟蛋品质

样本量（只）	蛋重/g	纵径/mm	横径/mm	蛋形指数
35、29（蛋径）	1633.0±97.55	152.66±6.34	127.79±5.76	0.837

注：引自《中国畜禽遗传资源志·特种畜禽志》。

3. 蓝颈鸵鸟

（1）产肉和产皮性能 蓝颈鸵鸟平均体重为100kg，胴体重63.5kg，瘦肉重26kg，羽毛重1.25kg，脂肪重5kg，皮张面积为1.1m^2。

（2）产蛋性能 蓝颈鸵鸟蛋品质见表10-8。不同地区产蛋量差异大，河北省的蓝颈鸵鸟平均年产蛋量为48枚，平均蛋重1.6kg。最高年产蛋134枚，最大蛋重为2.25kg。西北地区的蓝颈鸵鸟4、5、6岁平均年产蛋分别为（42.1±20.8）枚、（47.0±21.4）枚、（53.8±19.5）枚。

表10-8 蓝颈鸵鸟蛋品质

样本量（只）	蛋重/g	纵径/mm	横径/mm	蛋形指数
34	1610.0±73.76	151.10±8.44	126.17±3.09	0.835

注：引自《中国畜禽遗传资源志·特种畜禽志》。

二、鸵鸟的产品

鸵鸟全身是宝，大约90%以上可作为商品，具有较高的经济价值和营养价值。现在我国部分地区已建立鸵鸟屠宰厂、制品厂，开始从繁殖育种阶段逐步向商品化生产阶段发展。有些鸵鸟产业开发公司和研究单位正研究鸵鸟的深加工产品。

1. 肉制品

鸵鸟肉属红肌，肉质细嫩，营养丰富，蛋白质含量高，脂肪、胆固醇含量低，含有21种人体所需的氨基酸。100g鸵鸟肉含胆固醇62mg、脂肪2g，蛋白质含量达20%以上，可加工成高中档食品，如汉堡包、肉排等。

2. 皮制品

鸵鸟皮质柔韧，弹性好，耐用，透气性好，并有整齐的毛孔图案，是高档的皮革用品原料。皮中含有天然油脂，能防止龟裂、变硬及干燥，保持柔软而坚牢。耐用度为牛皮的5倍，可用于制作衣服、鞋、皮带、钱包、手袋、公文包、沙发等，纯鸵鸟皮制造的鞋类属高级皮制品。

3. 蛋制品

鸵鸟蛋重是鸡蛋重的24倍，并且极富营养。蛋壳具有象牙状光泽，壳厚而硬，可代替象牙用于雕刻，绘制成彩蛋工艺价值颇高。

4. 毛制品

鸵鸟全身羽毛均为绒毛，质地细致，手感柔软，保温性能好，是高档的时装配料。1只鸵鸟可产0.45kg左右鸵毛。因鸵毛不产生静电作用，可用于擦拭现代电子工业和汽车工业的高级精密仪器和电子计算机。

5. 油制品及其他

鸵鸟油可用于制作高级化妆护肤品。医学研究认为鸵鸟的眼角膜是人类角膜的最佳替代品，其有机结构与人的角膜很相似。鸵鸟筋已成功地移植入人体，鸵鸟鞭和骨具有很高的药用价值。鸵鸟亦可作为观赏动物。

第五节　鸵鸟的疾病防治

一、鸵鸟的免疫预防

成年鸵鸟抗病力强，较少发生疾病，但雏鸟如果饲养管理不当，会发生疾病，影响其生长发育及成活率。因此，平时要加强饲养管理，定期消毒饲养场地和用具，消毒前将鸵鸟赶出饲养场地，用清水冲洗场地后再放回。饲养区进出口设消毒池或消毒盆，放入4%氢氧化钠。平时注意观察鸵鸟的精神、食欲、粪便和行动，若有异常应及时治疗，发现疫情及时进行疫苗紧急注射。如有因患病死亡的要进行深埋，并对饲养场地和用具进行彻底消毒。

二、鸵鸟的常见病防治

1. 细菌性肠炎

细菌性肠炎常发生于雏鸟。

【发病症状】表现为腹泻和精神沉郁，早期病变可见腿部脱水。共同的病变为肝脏肿大，并有许多小的坏死点。肠道内的病原菌和卵黄囊中病原菌均能使鸵鸟发病。

【防治方法】建议手术切除感染的卵黄囊。

2. 梭菌性肠道炎毒血症

【发病症状】衰竭、麻痹、站立不起，有时下痢，一般发病8~13d后死亡。

【防治方法】治疗时用抗生素类药物可显著降低死亡率。

3. 巨细菌性胃炎

【发病症状】啄食，生长停滞，体重下降，最后卧地不起，衰竭而死。剖检可见心脏冠状沟脂肪严重萎缩，腺胃扩张，充满疏松的食物团块，肌胃空虚；冲洗掉肌胃内容物后，可见多条糜烂和溃疡的重叠线。

【防治方法】在饮水中加适量盐酸，降低胃内pH，同时加入抗菌药物，连用数天。

4. 感冒

雏鸟对温度的变化敏感，因雏鸟对外界的适应性差，当外界天气突然变化时易发本病。

【发病症状】表现为精神沉郁，离群、独居一角，食欲减退或废绝，鼻腔内流出水样鼻涕，有时咳嗽，眼结膜潮红。

【防治方法】加强饲养管理，做好清洁卫生，天气突然变化要注意雏鸟的保暖。尽量不在寒冷多雨、天气多变的季节长途运输。可选用治疗感冒的药物治疗。

5. 异食癖

因营养代谢失调，饲料中缺乏磷、钙等营养元素而引起本病，也有由蚊虫叮咬而引起的，多见于雏鸟。

【发病症状】啄食泥土、木头、砖块、粪便或垫草等异物或啄食背毛等。

【防治方法】提高日粮的营养水平，对有异食等不良习惯的鸵鸟分开单独饲养，被啄伤的部位可涂擦甲紫溶液等。

6. 胃肠梗阻

本病主要是由于对雏鸟饲养不当，饲喂过于粗硬的青饲料，采食过多难以消化的茎秆粗纤维、石块及其他异物而造成的胃肠部有硬块堵塞。

【发病症状】 不爱吃食，营养不良，精神不振，眼半开半闭，触摸胃肠部有硬块。

【防治方法】 加强饲养管理，对雏鸟饲喂鲜嫩易消化的青饲料，且少喂多餐，禁喂茎秆粗纤维过多的难以消化的饲料，及时清理场区异物，加强运动。治疗本病首先要少喂或停喂1~2d，改喂易消化的饲料。药物治疗可喂服液状石蜡。严重时要进行手术取出硬块。

7. 外伤

雏鸟生长过程中，由于碰撞围栏或相互碰撞及突然挤在角落里互相踩踏等可造成损伤。

【发病症状】 精神不振，受伤部位肿胀，对受伤部位过分关注，走路姿势不正常。

【防治方法】 对雏鸟精心管理，受伤部位消毒以后擦红花油、云南白药等药物。严重受伤必要时注射药物消炎。对腿部损伤变形的应用胶带绑扎以助其姿势恢复正常。

思考与交流

1. 鸵鸟的生物学特性有哪些？
2. 怎么进行鸵鸟的性别鉴定？
3. 鸵鸟育雏期、育成期和产蛋期的饲养管理要点有哪些？
4. 鸵鸟常见的疾病有哪些，治疗方法是什么？

第十一章
鸸鹋

鸸鹋又称“澳洲鸵鸟”，是澳大利亚的特有物种。在动物分类学上属于鸟纲（Aves），鹤鸵目（Struthioniformes），鸸鹋科（Dromaiidae），鸸鹋属（*Dromaius*）。人工饲养鸸鹋最早的国家是南非，至今已有100多年的历史，商品化饲养开始于20世纪80年代后期。

第一节　鸸鹋的生物学特性及品种

一、鸸鹋的生物学特性

1. 适应性强

鸸鹋从原产地被广泛引入其他国家，均能较好生长，在我国各地的动物园均能见到，适应性较强。

2. 善奔跑，能泅水

鸸鹋虽有一对翅膀，但同鸵鸟一样已完全退化，无法飞翔。擅长奔跑，速度可达69km/h，并可连续奔跑几百千米。鸸鹋具有泅水能力，可以平稳地渡过湍急的河流。

3. 性格温顺，喜群居

鸸鹋对人友善，若不被激怒，从不主动攻击。在野外，当有汽车在公路边停下来时，鸸鹋会毫无戒备、大摇大摆地踱步而来，争抢着把头伸进车窗，对人表示亲近。鸸鹋喜群居生活，夜间聚集在一起休息，并有专门警戒的鸸鹋。

4. 杂食性

鸸鹋主要以草类食物为主，也可食一些草蝶、昆虫和蜥蜴等小动物。对游人投喂的面包、香肠和饼干也可接受。在日常饲养中，有采食砂砾和黄泥的习性。

5. 夏季喜爱洗澡

鸸鹋的汗腺不发达，为了散热，在夏季喜欢于水池中洗澡。在人工饲养时，可设置淋浴喷头，在天气燥热时打开，供其洗澡，以达到防暑降温的目的。

二、鸸鹋的品种来源、分类和利用

1. 品种来源

鸸鹋是澳大利亚的特有物种，很多年以来一直处于野生利用状态。1976年建成世界上第一个鸸鹋养殖场，开始人工养殖鸸鹋，同期欧美、亚洲等地也开始人工养殖。现世界每年可提供人工养殖的商品鸸鹋 80 万~100 万只，其主产地分别是澳大利亚（约 50 万只）、北美洲（约 35 万只）。

鸸鹋由于其独特性及耐受性，在我国早有养殖，最初主要集中于各大动物园。20 世纪 50 年代，鸸鹋在北京动物园人工繁殖取得成功。随即在广州动物园、合肥动物园（1979 年）均人工繁殖成功。1989 年广东省开始规模化人工养殖，现主要分布于广东、山东、陕西、新疆、内蒙古等地。

2. 品种分类

鸸鹋是鸸鹋科的唯一物种，没有品种分化，体高 150~185cm、体重 30~45kg，体形大，是世界第二大鸟类。与鸵鸟的共有特点是翼退化，胸骨不具龙骨突，不具尾综骨及尾脂腺，羽毛均匀分布（无羽区及裸区之分）、羽枝不具羽小钩（因而不形成羽片）。喙扁平而阔，眼睛呈黄色，体羽呈灰褐色，足具 3 趾、均向前。两性体形及体色相近，成年母鸸鹋比公鸸鹋大，公鸸鹋具有发达的交配器官。雏鸟头部羽毛蓬松，身上有棕黄色的条纹，3 月龄后条纹淡化消失。

3. 保护利用

2000 年，广东新基鸸鹋实业有限公司承担保种场任务，被认证为省级原种场。原种场采用家系提纯选配方法育种，已完成 3 个品系（产蛋、产肉、产油）及 3 级（原种-祖代-父母代）的基础选育工作。1989—1994 年开展了鸸鹋规模化人工驯养繁殖，品种选育在广东新基鸸鹋实业有限公司进行，由中国农业大学动物科技学院等提供技术支撑。1994—1998 年组成核心群。1999 年至今，按照产蛋量高、产肉多、产油多等基本要求建立家系，采取家系选择的方式进行选育。鸸鹋人工养殖时间短，生产性能提升空间大，可通过提纯复壮、配套杂交等选育手段提高生产效益，建议对其进行保种及适当的开发利用。

第二节 鸸鹋的繁育

一、鸸鹋的繁殖特点

人工饲养条件下，18~24 月龄性成熟，繁殖期成对生活，有终生配对的特点，繁殖期为 11 月~第二年 4 月，繁殖期产蛋 15~30 枚，蛋重 450~910g。自然孵化由公鸸鹋负责，巢中有 7 枚蛋左右时开始孵化，孵化期平均为 56d，在孵化期间公鸸鹋几乎不进食，每天翻蛋 10 次左右。种用利用年限为 2 年，寿命为 30~50 年。

1. 发情行为

发情后的公鸸鹋变得很温顺，常跟在饲养员身后，用手触摸其头颈部，则会出现明显的性反射，表现为后躯羽毛竖起开张。母鸸鹋变得较为凶猛，发出叫声，并对其他鸸鹋和饲养员有一定的攻击性，但这种行为多出现在发情初期。

2. 交配行为

鸸鹋的交配行为较为温和，无强制性交配现象。在交配前公鸸鹋紧随母鸸鹋身后，头紧靠颈部，偏向一侧。如果母鸸鹋接受交配，则会主动蹲下，后躯部被羽挺起，泄殖腔外现，公鸸鹋蹲在其后，阴茎勃起，两腿缓慢向前移，将阴茎插入母鸸鹋阴道内，不停抽动 30~

60s 后射精，并用喙亲吻母鸸鹋颈部，整个交配过程中母鸸鹋颈部伸直纹丝不动，交配时间多集中在 5:00~7:00、13:00~14:00 和 18:00~21:00。

3. 产蛋行为

参加交配后的鸸鹋很快就会产蛋，产蛋时间多集中在 17:00~20:00，个别难产会拖到后半夜。产蛋前母鸸鹋表现不安，在圈内来回走动，并伴有特殊叫声，产蛋时半蹲于圈舍的一角，努责明显，时长为 5~10min，身体几乎与地面垂直，泄殖腔外翻，蛋从肛门内弹出，产蛋后若不及时捡走，母鸸鹋会与同圈同伴将蛋用沙埋住，正常情况下每隔 2d 产 1 枚蛋。人工养殖条件下，无护蛋行为，也没有抱性。

二、鸸鹋的选种

选择的总体原则是具有明显性状。选择健壮、体态结构匀称的个体。公、母鸸鹋在外形上区别不明显，需要经过性别鉴定来识别，常用翻肛法和触摸法鉴别。翻肛法用于刚孵化出的鸸鹋，操作基本与鸵鸟的性别鉴定相同，公鸸鹋的生殖突起明显，母鸸鹋的生殖突起很小。触摸法多用于非繁殖期青年和成年鸸鹋的性别鉴定，公鸸鹋有较大的阴茎，繁殖期内勃起长 8~10cm，在内侧 3~4cm 处用手指触摸会出现性反射，硬而有弹性，能摸到膨大的龟头，而母鸸鹋则无大的生殖突起，只有小的阴蒂，操作者在鉴别时应戴薄橡胶手套，动作要轻快，防止鸸鹋后踢，在繁殖季节到来之前也可以通过叫声来判断性别，母鸸鹋往往发出打鼓一样的叫声，叫时颈部膨胀，公鸸鹋无此叫声。

三、鸸鹋的配种

鸸鹋的配种方法有自然交配和人工授精。这里只介绍人工授精技术。

1. 采精前准备

在保温杯内调好 40℃的温水，准备好显微镜及其他器械。

2. 采精

采精一般需要两人完成，当采精人员进入圈舍内，鸸鹋会跟在采精者身边，当采精者蹲稳不动时，公鸸鹋会前肢跪在地上，并向采精者身后移动，腹部紧靠采精者身后，此时为最佳采精时机，应迅速取出集精杯，采精者侧身，并用肩顶住鸸鹋的腹部，使其不能向前移动，当看见阴茎翻出时，迅速将集精杯对准阴茎套上，3~5s 后阴茎突然膨大，伸长并立即射精。射精时鸸鹋会用喙猛烈地吻采精者的头发或衣服，但不会伤人，精液采集后应保温运送至保存地。另一人应阻挡其他鸸鹋前来干扰或啄采精者的耳朵。采精最好在清晨或傍晚进行。

3. 精液稀释和低温保存

稀释液一般为 70%葡萄糖（或 5%葡萄糖）和 5%新鲜蛋黄液的混合液，放置于 38℃水浴。稀释时按 1∶4 的比例加入稀释液，然后放于 4℃的冰柜中。稀释后的低温保存液应在 3d 内用完。

四、鸸鹋的孵化要求

1. 种蛋选择

孵化率与蛋的大小有关，过大和过小的蛋孵化率均会降低，人工孵化过程中将蛋的失重率控制在 13%~17%。孵化前剔除蛋重过大及过小的蛋，保持蛋重的整齐度可提高孵化率。

2. 孵化条件

（1）温度 我国研究报道，最适宜的孵化温度：1~30d 时为 36.8℃，30~45d 时从 36.8℃降至 36.6℃，45d 到出雏从 36.6℃降至 36.4℃；国外研究报道，最适宜的孵化温度为 36.38℃。

（2）湿度 在孵化过程中，湿度逐渐提高，主要根据胚胎发育阶段和特点来调节。我国在人工孵化中将湿度控制在 45%~60%；而国外的研究认为，要将湿度控制在 30%。

（3）翻蛋和凉蛋 翻蛋、凉蛋与家禽人工孵化相似。一般为每隔 2h 翻蛋 1 次，翻蛋角度为 90°。每天凉蛋 1~2 次，孵化 35~40d，每次凉蛋 15min；40~45d，每次凉蛋 20min；45~48d，每次凉蛋 25min，具体翻蛋和凉蛋次数根据外界气温而定。

第三节 鸸鹋的饲养管理

一、鸸鹋场的建设要点

鸸鹋场的规划和饲养设备可参照鸵鸟的进行设计。鸸鹋喜欢水浴，还应设水池，但要防止水质被污染，并随时备足饮水。场地以壤土或砂壤土为宜。一般每 100 只鸸鹋应有 $100m^2$ 的栏舍，并配置运动场，面积为 $250~300m^2$，幼雏按每栏 60 只设计，青年鸸鹋按每栏 200 只设计，种用鸸鹋按每栏 1 公 2 母或 2 公 4 母设计。

二、鸸鹋的生产时期划分

鸸鹋的生产时期分为育雏期、育成期和成年期 3 个阶段。育雏期是指鸸鹋出生至 3 月龄，育成期是指 4~6 月龄，成年期是指 6 月龄以上。

三、鸸鹋的营养需要和饲料

目前国内还没有统一的鸸鹋饲养标准。鸸鹋不同时期的营养需要见表 11-1。

表 11-1 鸸鹋不同时期的营养需要

营养指标	0~8 周龄	9~20 周龄	21~40 周龄	41~70 周龄	种鸸鹋
能量/MJ	11.0	10.5	11.0	11.0	10.5
蛋白质（%）	16.5	16.5	15.0	13.0	15.0
粗纤维（%）	4.0	4.0	4.0	4.0	4.5
脂肪（%）	4.0	4.0	4.0	4.0	4.5
赖氨酸（%）	1.00	1.00	1.00	1.00	0.07
蛋氨酸（%）	0.40	0.50	0.50	0.50	0.32
总含硫氨基酸（%）	0.75	0.66	0.66	0.66	0.59
精氨酸（%）	0.90	1.04	1.04	1.04	1.21

（续）

营养指标	0~8 周龄	9~20 周龄	21~40 周龄	41~70 周龄	种鸸鹋
异亮氨酸（%）	0.50	0.57	0.57	0.57	0.51
亮氨酸（%）	1.03	1.36	1.36	1.36	0.98
苯丙氨酸（%）	0.70	0.70	0.70	0.70	0.59
苏氨酸（%）	0.60	0.60	0.60	0.60	0.51
色氨酸（%）	0.19	0.19	0.19	0.19	0.16
缬氨酸（%）	0.68	0.81	0.81	0.81	0.67
亚油酸（%）	1.0	1.0	1.0	1.0	0.9
钙（%）	1.2	1.2	1.2	1.2	3.0
有效磷（%）	0.65	0.60	0.40	0.40	0.51
钠（%）	0.16	0.16	0.16	0.16	0.15

4~6 月龄为鸸鹋发育的关键阶段，应补充蛋白质、钙、磷及维生素 D。青饲料以黑麦草、象草等牧草及豆科野草为宜，也可饲喂甘薯嫩枝及树叶。多种饲料混合饲喂，有利于增强抗病力。建议饲料配方如下：

4~8 月龄饲料配方：玉米 40%、禽用浓缩料 8%、麸皮（可用米糠替代）5%、豆粕（可用炒熟的大豆代替）5%、花生仁粉 11%、稻谷粉 23%、鱼粉 3%、骨粉 1.5%、贝壳粉 1%、羽毛粉 2%、蛋氨酸 0.1%、食盐 0.4%。

9~11 月龄饲料配方：玉米 65%、禽用浓缩料 8%、麸皮（可用米糠替代）7%、豆粕（可用炒熟的大豆代替）5%、花生仁粉 11%、骨粉 1.5%、贝壳粉 0.5%、羽毛粉 1.5%、蛋氨酸 0.05%、赖氨酸 0.05%、食盐 0.4%。

这两个参考配方中还要添加复合维生素和微量元素，均按说明书使用。

四、鸸鹋生产时期的饲养管理

1. 育雏期饲养管理

可采用地面平养或网上平养方式，育雏室在入雏前 7~10d 要进行全面清扫和消毒。地面用 20%氢氧化钠消毒，墙壁用石灰粉粉刷消毒。育雏前 5d，对育雏室的垫料、垫草及育雏室进行熏蒸消毒，用高锰酸钾溶液浸泡饲喂器皿进行消毒。育雏前 3d，将育雏室灯下温度调至 35℃。

1 月龄时舍内温度控制在 25~34℃，随着日龄的增加，温度逐渐降低；2 月龄时，温度控制在 20~25℃，随着日龄的增加，温度逐渐降低；3 月龄时，夜间温度控制在 15~20℃，随着日龄的增加，温度逐渐降低，白天脱温饲养。1 月龄时，每天每只精饲料饲喂量为 30~200g、青饲料饲喂量为 150~600g，随着日龄的增加，饲喂量逐渐增加；2 月龄时，每天每只精饲料饲喂量为 200~300g、青饲料饲喂量为 600~800g，随着日龄的增加，饲喂量逐渐增加；3 月龄时，每天每只精饲料饲喂量为 300~400g、青饲料饲喂量为 800~1000g。供应充足清洁的饮水，其他管理同鸵鸟。

2. 育成期饲养管理

育成期可完全脱温饲养。4~5 月龄时，每天每只饲喂精饲料 0.5kg、青饲料 1.25kg；6~7 月龄时，每天每只饲喂精饲料 0.55kg、青饲料 1.5kg。供应充足清洁的饮水。

3. 成年期饲养管理

8~9 月龄时，每天每只饲喂精饲料 0.6kg、青饲料 1.75kg；10~11 月龄时，每天每只饲喂精饲料 0.65kg、青饲料 1.75kg。每天饲喂、饮水和打扫卫生等工作应有固定的时间和顺序，对鸸鹋的精神状态、食欲、饮水量、粪便及行为等勤于观察，并进行记录，以便及时发现问题，及时处理。

第四节 鸸鹋的生产性能和产品

一、鸸鹋的生产性能

目前饲养的鸸鹋主要以肉用和油用为主。

1. 体重

在舍饲条件下，上市月龄（11~12 月龄）的鸸鹋平均体重为 37kg，饲料转化率为 1∶4.4。育雏期（1~3 月龄）成活率为 91%，育成期（4~11 月龄）成活率为 96%。鸸鹋各月龄体重见表 11-2。

表 11-2 鸸鹋各月龄体重 （单位：kg）

月龄	1	2	3	4	5	6	7	8	9	10	11
体重	2	4	6	10.2	14.9	18.7	22.7	26.3	29.8	32.5	37

注：引自《中国畜禽遗传资源志·特种畜禽志》。

2. 屠宰性能

鸸鹋屠宰后主要利用精肉及脂肪（通常称为鸸鹋油）。鸸鹋屠宰性能见表 11-3。

表 11-3 鸸鹋屠宰性能

序号	体重/kg	油重/kg	肉重/kg	脂肪率（%）	瘦肉率（%）
1	30	2.46	8.05	8.2	26.8
2	31	2.56	7.84	8.3	25.3
3	32	2.64	8.05	8.3	25.2
4	33	2.76	7.70	8.4	23.3
5	34	2.86	8.05	8.4	23.7
6	35	2.82	8.40	8.1	24.0
7	36	2.92	7.91	8.1	22.0
8	37	3.10	8.54	8.4	23.1

注：来源于 2006 年 9 月广东新基鸸鹋实业有限公司自测数据。

3. 油品质

鸸鹋油是从鸸鹋皮下和腹膜后的脂肪组织提炼出来的。油品质的相关指标可参考鸸鹋脂肪成分分析，见表11-4。

表11-4 鸸鹋脂肪成分分析（%）

脂肪酸种类	2001年	2002年	2003年	国际标准平均值及范围
肉豆蔻酸（C14：0）	0.36	0.4	0.3	0.4（0.17~0.68）
十四碳烯酸（C14：1）	0.05	—	—	—
棕榈酸（C16：0）	23.5	21.4	21.3	22.0（17.5~26.5）
棕榈油酸（C16：1）	3.2	4.8	5.0	3.5（1.2~5.7）
硬脂酸（C18：0）	9.0	6.8	51.5	9.6（7.2~12.0）
油酸（C18：1）	42.7±1.7	41.5		47.4+0.4（38.4~56.4）
亚油酸（C18：2）	16.3	23.3	19.8	15.2（6.2~24.2）
亚麻酸（C18：3）	0.91	0.8	—	0.9（0.1~1.8）
二十碳烯酸（C20：1）	—	0.4	—	—

注：来源于2001—2003年广东英吉利鸸鹋实业有限公司及中山大学自测数据。

4. 繁殖性能

鸸鹋为短日照繁殖，隔年（18~24月龄）成熟产蛋配种。母鸸鹋开产第一年产蛋15枚，第二年可达30枚以上，蛋重400~500g，蛋壳为墨绿色，繁殖高峰期长达20年。公母配比为1：(1~2)，受精率为80%。

二、鸸鹋的产品

1. 肉制品

早在4000多年前，澳大利亚原住民就开始食用鸸鹋肉。鸸鹋肉质鲜嫩，口味和外观与牛肉相似，属纯红肌，蛋白质、铁、磷、镁、硒等营养物质含量均高于牛肉，胆固醇含量低。鸸鹋肉无药物残留，有助于减少心血管疾病的发生，符合现代人饮食潮流。深圳大学的科研人员（2006年）对鸸鹋肉和牛肉的营养成分进行了测定分析，见表11-5。

表11-5 鸸鹋肉与牛肉营养成分比较

品种	热量/kJ	水分（%）	蛋白质（%）	脂肪（%）	胆固醇/mg	钙/mg	磷/mg	铁/mg	钾/mg	镁/mg	胶原蛋白/mg
鸸鹋	473~532	73.6	21~23	1.7~4.5	39~69	5~8	480	5.43	316	30	1.1~2.0
牛	524	72.8	18~22	2.0~14.7	84	23	168	3.30	216	20	0.5

加拿大科学家研究发现，鸸鹋肉中含有丰富的肌酸及磷酸肌酸，尤其磷酸肌酸是肌肉中存储自由能的一种高能化合物。欧洲许多餐馆推出了鸸鹋肉的菜式，目前我国南方部分城市已推出的鸸鹋扒、铁板鸸鹋、鸸鹋肉丸子等，颇受消费者欢迎。鸸鹋肉除可制作各种菜肴

外，还可以制成熏肠和馅饼等。

2. 血制品

鸸鹋血的蛋白质、铁、硒、维生素 C 和单不饱和脂肪酸含量均高于猪血，鸸鹋血中铁含量是猪血中铁含量的 5 倍，很适合作为儿童、女性等缺铁性贫血多发人群的经常性食品，辅助治疗缺铁性贫血效果比猪血更好。其烹饪方法同猪血，既可以炒食、做汤，也可以做成丸子或糯米糕等。

3. 蛋制品

鸸鹋蛋营养丰富，味道鲜美。研究发现，每 100g 鸸鹋蛋壳粉中睾酮含量为 76ng、雌二醇含量低于 1ng、孕酮含量低于 10ng。试验表明，鸸鹋蛋壳粉具有一定的增强小鼠性功能、提高性器官生长发育的作用。鸸鹋蛋壳色泽美观，还是制作工艺品的上等材料。

4. 皮制品

鸸鹋皮革手感轻柔，具有韧性好、舒适耐用、透气性好和图案花纹独特等特点。鸸鹋背部及正身部位的毛孔较为粗大，腹部的毛孔细小稀疏，且毛孔排列有序，基本为横成排、竖成行，相邻的 4 个毛孔形成小菱形花纹。毛袋凸出于粒面，粒面层较薄，纤维细小，结构异常紧实，纤维结构较松散，但各部位的强度都很大。加工后的皮精密柔韧，有特殊花纹，强度高，柔韧性好。但皮的部位差异也较大，背部较厚，纤维结构紧实；腹部转薄，透气性好，是加工高级夹克、短裙、皮大衣、皮鞋和饰物配件的优质原料；腿部皮质较厚，花纹和鳄鱼皮类似，是制作皮带、皮夹和表带的上等原材料。每只鸸鹋可产 0.59~0.65m^2 皮张。

5. 油制品

鸸鹋油中的主要成分为肉豆蔻酸 1.2%、棕榈酸 17.50%~25.11%、硬脂酸 11.5%~12.2%、花生酸 0.6%、油酸 48.88%~62.20%、棕榈油酸 3.45%、亚油酸 0.50%~12.57%、亚麻酸 0.29%，不饱和脂肪酸、蛋白质和铁等营养物质含量较高，胆固醇含量低，是很好的食用油。

鸸鹋油对软化皮肤角质层、平复皱纹、去除死皮有一定的功效，油中的硒和维生素 C 具有较好的抗氧化作用，能有效地抗弹性蛋白酶，保护真皮组织，是天然防晒剂，还可以治疗皮肤烧烫伤、擦伤等，因此在美国、澳大利亚和法国被广泛用作护肤、化妆品原料。另外，鸸鹋油中的油酸对人体皮肤的渗透力和携药能力均较强，可以促进皮肤创面的愈合。北美鸸鹋油产品销售公司已经开发出了以鸸鹋油为主要成分的天然护肤品，包括面霜、护发素、眼膏、浴液等。但至今尚未开发出含鸸鹋油成分的创伤类临床用药。鸸鹋油还具有抗炎镇痛作用，对其抗炎和治疗特性的研究成果已在美国申请专利。研究表明，鸸鹋油可以阻止大动脉早期硬化的形成。目前，美国、澳大利亚等国均成立了鸸鹋协会，致力于鸸鹋产品开发。

鸸鹋人工养殖在我国才发展了 30 余年，属于新兴养殖业，因其规模化养殖场较少，目前还没有系统的疾病防治研究，其疾病状况不明，主要采取综合防治措施进行预防。饲养区尽量严禁外人进入，饲养员需穿工作服；饲养场地内外应保持清洁卫生、无积水；每天清理粪便 1 次，每周消毒 1~2 次；经常检查场区内情况，特别是对尖锐的金属、竹片、硬木和石块等异物要及时清理，以免造成损伤；场区周围环境要保持干净、整洁，每季度消毒 1~2 次；保证饮水卫生，不饲喂霉变饲料，尤其青饲料要注意清洗后再饲喂；做好球虫病的防治及蛔虫的驱虫等工作；如果有使鸸鹋突然受惊或天气突然变化等因素，要注意防止鸸鹋产生应激反应，需要及时用抗菌药和维生素，避免因抵抗力降低而发生疾病；鸸鹋进场约 15d 后，如果无异常反应，可注射新城疫疫苗，并及时接种禽流感等重大传染病疫苗。

思考与交流

1. 鸸鹋的生物学特性有哪些？
2. 鸸鹋的繁殖特点有哪些？
3. 简述鸸鹋的生产性能。

第十二章

绿头鸭

绿头鸭在动物学分类上属鸟纲（Aves），雁形目（Anseriformes），鸭科（Anatidae），鸭属（*Anas*），也称绿头野鸭，是我国重要的经济水禽。野生绿头鸭分布范围较广，亚洲、欧洲、非洲和美洲均有。人工饲养的多为绿头野鸭驯化或导入家鸭血统育成的品种。20 世纪 80 年代陆续引入我国的美国绿头鸭和德国野鸭，是我国主要的人工饲养品种。自美国绿头鸭引进我国后，中国农业科学院特产研究所对其进行了育种和科学饲养管理研究，其适应性大大提高，在南北方均可大量繁殖饲养，目前主要分布在上海、江苏、浙江等地。我国绿头鸭饲养业近年来发展较快。

第一节　绿头鸭的生物学特性及品种

一、绿头鸭的生物学特性

1. 集群性

绿头鸭自出壳干毛后，就喜欢结群活动和群栖。

2. 喜水性

绿头鸭喜欢生活在河流、湖泊、沼泽地等水生动植物丰富的地区，善于游泳和戏水，游泳时尾巴露出水面，采食、求偶、交尾等活动均可在水中进行。

3. 杂食性

绿头鸭食性杂并广，常以水中的小鱼、小虾、藻类，甲壳类动物，昆虫，植物的种子、茎叶、果实等为食。

4. 善飞翔

绿头鸭翅膀强健，善于长途飞行。80 日龄后开始有飞翔能力，从陆地和水面都可起飞，个别能飞行 100m。

5. 敏感性

绿头鸭神经质，反应灵敏，性急胆小，极易因受到突然的刺激而惊群。

6. 耐受性强、抗病力强

绿头鸭不怕寒冷和炎热，具备耐高温、抗严寒的能力，−25~40℃均能生存，适应性强。疾病发生少，成活率高，抗病力强。

二、绿头鸭的品种及特征

目前人工饲养的多为美国绿头鸭。

公鸭头颈羽毛呈暗绿色，有金属光泽；在颈与胸的连接处有一个明显的白色颈环；喙呈黄灰色或黄绿色，上喙边缘有一圆形黑斑；上背和肩部羽毛呈暗灰褐色，密杂以黑褐色横斑，并镶有棕黄色的羽缘；下背羽毛呈黑褐色，羽缘较浅；腰和尾上覆羽呈黑色并有金属绿光泽；中央两对尾羽尾端向上卷曲，外侧尾羽呈灰褐色，羽缘呈白色；最外侧一、二对尾羽大都呈白色，杂以灰色细斑，这 4 枚羽为公鸭特有，称为“雄性羽”；两翅大都呈灰暗色，翼镜呈金属紫蓝色，前后缘均为绒黑色，最外缀以白色狭缘，三色相对醒目；胸羽呈栗色，羽缘呈浅棕色；下胸的两侧、肩羽及肋羽大部分呈灰色并杂有黑褐色波状纹；腹部呈浅灰色，密布黑褐色细点，尾下覆羽呈绒黑色。

母鸭头顶和后颈羽毛呈黑色，稍杂有棕黄色；体羽呈棕色且深浅不一，有棕黄色的羽缘和 V 形斑；翅上有显著翼镜，尾羽缀有白色；喉部羽毛呈浅棕红色；喙呈灰黄色，趾和爪呈橘黄色，也有的呈灰色；颈下无白环，尾羽不上卷。

初生雏鸭全身绒毛以黑灰色为主；脸、肩、背和腹部有浅黄色绒羽相间；翅膀极小，个别周身都是黑色绒毛，只腹部颜色略浅；雏鸭略显圆、小，奔跑速度较快。

公鸭体重 1.26~1.35kg，母鸭体重 1.08~1.15kg。屠宰率为 85%以上。

第二节　绿头鸭的繁育

一、绿头鸭的繁殖特点

绿头鸭季节性繁殖，公鸭约 150 日龄性成熟，母鸭 150~160 日龄开产，年产蛋 100~150 枚，高者可达 200 枚以上。蛋重 50~60g，蛋壳多为青色，少数为白色。产蛋集中在 3~6 月和 8~10 月，2~6 月是第一个产蛋高峰，产蛋量占全年产蛋量的 65%左右；8~10 月是第二个产蛋高峰，产蛋量占全年产蛋量的 35%左右，以第二年产蛋量最高。公母比例为 1∶(7~8)，孵化期为 27~28d，种蛋受精率为 85%以上，受精种蛋孵化率为 85%以上，育成期成活率为 96%以上。

二、绿头鸭的繁育方法

1. 性别鉴定

(1) 雏鸭鉴别

1) 外观鉴别法。公鸭头较大，鼻孔狭小，鼻基粗硬，额毛直，颈粗，身体圆润；母鸭头小，鼻孔较大略圆，鼻基柔软，额毛贴卧，身扁，尾巴散开。

2) 行为鉴别法。驱赶鸭群时，公鸭低头伸颈，叫声高、尖而清晰；母鸭头高昂，叫声低、粗而沉。

3) 翻肛法。轻轻翻开肛门，若为公鸭，可见 3~4cm 长的交尾器。

4) 鸣管触摸法。公鸭鸣管呈球形，容易摸到；母鸭鸣管与气管一样，不容易摸到。

5）肛门按捏法。若为公鸭，会摸到油菜籽大小的异物。母鸭无异物感。

（2）成年鸭鉴别　公鸭尾羽中央有4枚黑色并向上弯曲、如钩状的雄性羽，颈下部有非常明显的白色颈环；母鸭无此特征。

2. 种鸭选择

选留种鸭可在70~100日龄时进行，标准为体形大而不肥、体格健壮、活泼好动灵活。公鸭要求羽毛绚丽光亮，雄性羽分明，觅食力强，性欲旺盛；母鸭头颈细长，体躯丰满，胸部圆润，后躯宽大，趾骨大，产蛋率高且与公鸭交配积极。种公鸭一般要求1~2岁、体质健壮、体形大、头大、活泼、头颈翠绿明显、体重1.25kg以上；种母鸭一般要求体重1kg以上、头小、眼睛大而有神、颈较长、产蛋率高。种公鸭生产利用年限为2年；种母鸭生产利用年限为2~3年。

3. 配种方法

（1）大群配种　在种母鸭群中放入种公鸭，公母比例为1∶（8~10），随机交配。鸭群数量为100~1000只，300~500只最适宜。

（2）小群配种　将1只公鸭放入10只母鸭群中，为1个单元，设置产蛋箱。育种场常用此方法。

4. 孵化

目前，人工饲养绿头鸭时多采用机械人工孵化。种蛋选用当年3~7月新产蛋。孵化期间温度按照“孵化前期高，中期低，后期出雏最低”的原则设置。早春气温低时孵化控制温度为：1~5d时从39℃降至38℃，6~10d时从38.5℃降至38℃，11~15d时从38℃降至37.5℃，16~21d时从37.5℃降至37.2℃，22~28d时将温度从37.2℃降至37℃；夏季温度应该偏低，1~3d时为37.4℃，1~2周时为37.2℃，2~3周时为37.0℃，3~4周时为36.5℃左右。室内相对湿度：入孵前3周时为65%~70%，中期为60%~65%，出雏期为70%~75%。出雏时将湿度提高，有利于雏鸭啄壳。种蛋人工孵化过程中应注意通风换气，同时需要翻蛋、凉蛋和照蛋。翻蛋时应将种蛋大头保持朝上。尤其在入孵后的前10d，如果种蛋小头朝上，胚液浮至小头，会造成小头破壳出雏难产。翻蛋角度为90°，每2~3h进行1次，孵化24d后可停止翻蛋。入孵2周后每天凉蛋1次，每次5~15min，凉蛋的具体时间应根据孵化季节和胚胎情况而定，随胚胎的发育增加凉蛋次数，待孵化机温降到35℃时停止凉蛋。种蛋在孵化期内需要照蛋3次。具体时间是孵化7d、13d与25d。通过照蛋可检出死蛋与坏蛋。照蛋的具体操作观察方法与其他禽类种蛋的孵化方法相同。

第三节　绿头鸭的饲养管理

一、绿头鸭场的建设要点

绿头鸭为水禽，场址应选择地势较高、背风向阳、无污染源、周围环境安静、交通方便、水源充足的池塘或河道边上。雏鸭舍包括舍内保温区和室外运动区两部分，室内面积为20~40m^2，地面稍倾斜，有利于清洗，室外运动场需修建高30~40cm的挡墙，面积与舍内面积相同，地面倾斜，需要设置宽1~1.5m、深10~20cm的戏水池。青年鸭舍采用地面平养，舍内面积、运动场和水面面积比为1∶1∶1；天然水面的水深不宜超过1m，人工池深60cm，有排水道，四周设置高40cm的围栏。成年鸭舍多为半陆半水半敞开式，包括室内、陆地活动场地和水面三部分，三者的面积比以1∶2∶3为宜，每间鸭舍以长6m、宽4m、高2.5m为宜，水面和陆地运动场之间应设置15°斜坡。如没有天然水域，可以人工挖池。鸭舍内最好为水泥地面，便于冲洗，并设有小水池。运动场和水面需设置天网和围网，材料多为铁丝网或尼龙网，网眼大小以2cm×2cm为宜。需要注意水面隔离金属网要深入水底，以防绿头鸭逃窜。在舍外运动场上放置饮水池和食槽等饲喂设施，在种鸭舍内放置产蛋箱。

二、绿头鸭的生产时期划分

绿头鸭的生产时期可划分为3个阶段，分别为育雏期、育成期和种鸭产蛋期。育雏期是指小鸭出壳后至30日龄这个阶段。此时绿头鸭绒毛较少，体质较弱，体温调节能力差，对外界温度变化比较敏感，消化器官不健全，消化能力较差。育成期是指育雏结束到开产前的31~60日龄阶段，此时的绿头鸭也称为中鸭。此时绿头鸭的主要任务是长羽毛、肌肉和骨骼，绿头鸭觅食能力强、消化能力和对外界温度的适应能力也较强，为生长最快和对外抵抗力较强的时期。种鸭产蛋期的主要任务是提高产蛋量、蛋重和受精率，减少破损蛋，节省饲料，降低鸭群的死亡率和淘汰率，获得最佳经济效益。商品肉用鸭的生产时期可分为育雏期和育成期2个阶段，育雏期为0~30日龄，育成期为31~80日龄。

三、绿头鸭的营养需要和饲料

目前尚无绿头鸭营养需要和饲料配方的完整、通用的标准，可根据饲养地区和养殖场实际情况参照家鸭的饲养标准设计。

1. 营养需要

参照家鸭的饲养标准，绿头鸭营养需要见表12-1和表12-2。

表12-1　绿头鸭营养需要

营养指标	育雏期		育成期			产蛋期	
	0~11d	12~30d	31~70d	71~112d	113~140d	盛产期	中后期
代谢能/(MJ/kg)	12.54	12.12	11.50	10.45	11.29	11.50	11.29
粗蛋白质（%）	21	19	16	14	15	18	17
粗脂肪（%）	3	2.5	2.2	2	2	2.5	2.4
粗纤维（%）	3	4	6	11	11	5	5
钙（%）	0.9	1	1	1	1	3	3.2
有效磷（%）	0.5	0.5	0.6	0.6	0.6	0.7	0.7

表12-2　商品肉用绿头鸭营养需要

营养指标	生长期			
	1~10d	11~30d	31~70d	71~80d
代谢能/(MJ/kg)	12.54	11.70	11.29	11.70
粗蛋白质（%）	22	20	15	16

（续）

营养指标	生长期			
	1~10d	11~30d	31~70d	71~80d
粗纤维（%）	3	4	8	4
钙（%）	0.9	1	1	1
有效磷（%）	0.5	0.5	0.5	0.5

2. 饲料

绿头鸭参考饲料配方，见表12-3和表12-4。

表12-3　绿头鸭参考饲料配方

饲料种类	0~4周龄	4~12周龄	13周龄以上	种鸭
玉米（%）	57.65	60.12	63	65.6
豆粕（%）	19	14.5	9	15
麸皮（%）	14	20	25.87	8
鱼粉（%）	7	3		4
磷酸氢钙（%）	0.46	1	0.73	1.27
石粉（%）	1.24	0.73	0.70	5.48
食盐（%）	0.4	0.3	0.3	0.3
复合维生素（%）	0.05	0.25	0.3	0.25
微量元素（%）	0.2	0.1	0.1	0.1

表12-4　肉用绿头鸭各生长阶段参考饲料配方

饲料种类	0~4周龄	5~6周龄	7周龄至出售
玉米（%）	53	52	49
小麦（%）	6	7	8
米糠（%）	3	7	12
麸皮（%）		4	8
豆粕（%）	24	16	7
菜粕（%）	3	4	6
棉粕（%）	3	4	6
鱼粉（%）	4	2	
磷酸氢钙（%）	1.5	1.6	1.6
石粉（%）	1.0	1.1	1.05
食盐（%）	0.25	0.3	0.35
蛋氨酸（%）	0.10		

（续）

饲料种类	0~4 周龄	5~6 周龄	7 周龄至出售
赖氨酸（%）	0.15		
添加剂（%）	1	1	1

四、绿头鸭生产时期的饲养管理

1. 育雏期饲养管理

（1）保持适宜的温度和湿度，防止堆压 育雏温度随着日龄、季节、天气和昼夜的变化而发生变化。雏鸭的保温期一般为 2~3 周。温度从高逐渐降低，测温以高出地面 6~8cm 处为准。育雏开始时设置温度为 30℃，每隔 1 周下降 2℃，第一周从 30℃至 28℃，第二周从 28℃至 26℃，第三周从 26℃至 24℃，第四周开始常温饲养，切忌大幅度降低温度或忽冷忽热。绿头鸭喜湿，1 周龄内育雏适宜湿度为 70%左右，2 周龄后湿度为 50%~55%。雏鸭夜间喜欢挤堆睡觉，所以夜间需要及时观察，防止雏鸭堆压。

（2）适时分群，调整密度 育雏期间应该按照个体强弱、大小等将雏鸭分群饲养，一般 50~100 只为一群。育雏期间最适合的饲养密度：1~10 日龄时 40 只/m^2，11~20 日龄时 30 只/m^2，21~30 日龄时 25 只/m^2。

（3）保持光照，加强通风 1~10 日龄实行昼夜光照，每天时间不少于 20h。光照强度为 29.6lx。11~20 日龄时，白天停止人工光照，逐渐减少夜间光照。21 日龄后实行自然光照。在育雏期保温的情况下，加强通风换气。在冬、春季节，白天打开窗门，夜晚关闭。

（4）适时初饮开食，放入水中运动 雏鸭出壳 24h 应该及时饮水，水中可加入 0.01%高锰酸钾，初饮后及时开食。开食料选用体积较小、容易消化、适口性好、便于啄食的淀粉质粒状饲料，一般采用湿拌料。开食方法：将饲料撒在食盘内，让雏鸭自由采食。第一次喂食让雏鸭只吃六七成饱，以免引起消化不良，以后每次喂料尽量喂饱，以促使消化系统发育。1~3 日龄时每天喂 6~8 次，4~7 日龄时每天喂 5~6 次，8~15 日龄时每天喂 4~5 次，16~30 日龄时每天喂 3~4 次，每次喂食后要饮水。如果饲喂全价颗粒饲料还要加喂青绿饲料。

雏鸭 3~4 日龄时放入水中洗浴，初期放入浅水池，每次时间不宜超过 5min，10 日龄后，可将雏鸭赶入天然浅水塘中活动，每天 2 次，每次 30min，时间为每天 9:00 和 15:00。30 日龄后可在水中自由活动。

（5）其他饲养管理 保持雏鸭舍卫生，勤清粪便，勤换垫料，发现死鸭及时捡出，并做好登记。料槽和水槽需要每天清洗。雏鸭在集约化饲养管理条件下更要重视卫生防疫，定时做好消毒工作，严格按照免疫程序操作，严防疫病发生。

2. 育成期饲养管理

（1）分群 育雏后按照性别、体形大小和体质强弱分群饲养。70 日龄淘汰体质弱的鸭和病残鸭，并按照公母比例为 1∶（6~8）选留。饲养密度为：5 周龄时 15~18 只/m^2，每隔 1 周每平方米减少 2~3 只，直至每平方米留 5~10 只。

（2）适时换料，限制饲养 根据育成期生长阶段对营养的需要，饲喂全价颗粒饲料，每天定时喂 4 次（白天 3 次，晚上 1 次）。对于后备种鸭，应该根据实际情况，增加青绿饲料，约占饲喂量的15%。产蛋前30d，青绿饲料可增至55%~70%、粗饲料占20%~30%、精饲料占10%~15%。控制精饲料量，以控制体重，防止早产。此时注意换料时要逐渐过渡，使鸭有一个适应过程。

（3）防止应激，避免“吵棚”　60~70日龄是体重增加的高峰期，因体内脂肪增加和生理变化，鸭会出现“吵棚”现象，“吵棚”是指在绿头鸭野性发作，激发飞翔的行为，表现为骚动不安，呈神经质状，采食量锐减，体重下降。在日常饲养管理中要保持环境安静，也可增加日粮中粗纤维饲料的饲喂（15%~20%）。

（4）其他饲养管理　保持鸭舍的卫生、清洁、干燥，每天清扫鸭舍，清洗饮水器和食槽。定期开窗通气，定期消毒。利用小池塘作为活动水面时，应及时换水，保持水质清洁。种鸭开产前3~4周进行免疫接种。如有条件，可在40日龄后实行放牧，保持绿头鸭的野性。

3. 商品肉用鸭的饲养管理

商品肉用鸭的饲养期可分为两种，第一种的饲养期为60d，平均体重达到1.4kg左右出栏上市，适合规模化饲养。第二种的饲养期为80~90d，饲养成本较高，不适宜规模化饲养，所以在50~70日龄时需要适当降低日粮中粗蛋白的含量，增加粗饲料和青绿饲料比例，进行放牧管理，70日龄后增加粗蛋白质水平，进行圈养育肥。80日龄后，全身羽毛长齐后即可上市。

（1）精心饲喂　饲喂要精心，每天饲喂量为鸭体重的5%，增加动物性饲料，加大青粗饲料用量，尤其注意食盐和维生素的饲喂。

（2）科学管理　每次饲喂后，驱赶鸭下水5min，促使鸭肥育。定期通风换气，保证鸭舍清洁干燥，保持水源卫生。适时调整饲养密度。添加沙砾，增强鸭的消化机能和抗病能力。

4. 种鸭产蛋期的饲养管理

（1）精心饲养　以饲喂全价配合饲料为主。应根据产蛋旺淡季调整日粮营养水平并确定种鸭的日粮配方，按照产蛋前期、产蛋初期（150~300日龄）、产蛋中期（301~400日龄）和产蛋后期（401~500日龄）进行调整。产蛋期每天喂3~4次（早上6:00，下午14:00，晚上22:00），饲喂量为每天170~180g，要根据产蛋率的高低及天气情况而定，产蛋期的饲喂量和营养水平要相对稳定，不得骤然增减。在运动场放置沙砾槽，供其自由觅食以助食物的消化。确保清洁饮水供应充足。

保持鸭舍干燥。夏季炎热，为了防止鸭中暑，在炎热天气的中午或刮风下雨时不宜放鸭下水。冬季严寒天气下应减少下水次数或暂停下水，以免种鸭受凉。如果天气晴暖，可选择背风向阳的地段或附近水域进行短时间放牧，任其自由觅食、活动与晒太阳，时间约为15min，做到定时喂食、定时收牧。种鸭饲养密度以每平方米4~6只为宜，并按公母比例为1∶（4~6）饲养。

产蛋期要保证每天16h以上的光照，光照强度为11.94lx，晚上辅以人工光照，可延长产蛋期，增加产蛋量。

（2）科学管理　种鸭喜水，要保证水源充足，水面清洁卫生。鸭舍保持清洁卫生，忌潮湿，每天清扫舍内地面，清出湿垫草与粪便。在种母鸭的第二个产蛋期，可增加放牧，以减少补料。20周龄以后，需设置产蛋区，放置足够的产蛋箱，一般每4只母鸭配置1个产蛋窝或产蛋箱，垫上松软干草或垫料，注意干草和垫料要经常更换，保持干燥。在产蛋期间，应避免外人进入鸭舍。定期消毒，严格按照免疫程序进行免疫接种。

第四节　绿头鸭的生产性能和产品

一、绿头鸭的生产性能

绿头鸭主要为肉用，兼蛋用，主要生产性能见表 12-5 至表 12-7。

表 12-5　绿头鸭屠宰性能

性别	屠宰率（%）	半净膛率（%）	全净膛率（%）
公	90.12±6.71	79.51±5.98	73.85±4.41
母	89.56±7.63	78.48±5.32	71.67±3.80

注：来源于 2018 年 10 月中国农业科学院特产研究所测定数据。

表 12-6　绿头鸭肌肉化学成分

粗蛋白质（%）	脂肪（%）	谷氨酸/(mg/100g)	赖氨酸/(mg/100g)	水分（%）
27	1.0~3.0	3.52	1.67	70.0

注：引自《中国畜禽遗传资源志·特种畜禽志》。

表 12-7　绿头鸭蛋品质

平均蛋重/g	蛋形指数	蛋壳厚度/cm	蛋壳重/g	哈氏单位	蛋白比率（%）	蛋黄比率（%）
51	1.30~1.36	0.29~0.35	3.87~7.09	77.31~82.39	45.14~51.54	37.88~46.15

注：引自《中国畜禽遗传资源志·特种畜禽志》。

二、绿头鸭的产品

绿头鸭肉质细嫩，瘦肉率高、脂肪少，风味好，营养丰富，富含 16 种氨基酸和多种维生素。《本草纲目》记载：其肉甘凉，无毒，补中益气，平胃消食。中医认为绿头鸭肉性味甘凉，具有补中益气，消食和胃、利水、解毒的功能，可用于病后虚羸、食欲不振、水气浮肿和行气。我国古代就有用冬虫夏草炖绿头鸭进行滋补的记载。绿头鸭的羽绒具有多、轻、净、柔、暖等特点，保温性能好，可以制作衣被的填充料，其综合利用价值较高；羽毛还可制成各种工艺品等。但目前绿头鸭还没有深精加工产品，需要进一步开发应用。

第五节　绿头鸭的疾病防治

一、绿头鸭的免疫预防

绿头鸭抗病力强，疾病发生较少。但在人工饲养后，其生活环境条件发生了变化，尤其是育雏期对温度敏感，对饲料的品质与营养水平要求较高，易发生传染病。

二、绿头鸭的常见病防治

1. 鸭瘟

本病又称病毒性肠炎，是由鸭瘟病毒引起的一种急性、败血性传染病。主要通过消化道感染，也可通过交配、呼吸等感染。流行无明显的季节性，可全年发生，但夏、秋季节多发。各日龄均可发病，但种鸭的发病和死亡率均较高。

【发病症状】体温升高，精神沉郁，头颈肿大，两脚麻痹，走动困难，不愿下水活动，流泪、眼睑肿胀，有分泌物，鼻孔流出黏液性分泌物，呼吸困难，叫声无力、拒食、腹泻，粪便呈绿色，后期衰竭死亡。病程一般为2~10d。

【防治方法】目前尚无特效治疗药物，发病后全群肌肉紧急接种鸭瘟鸡胚化弱毒疫苗可控制，4~5日龄的鸭每只0.25mL，2月龄的鸭每只1mL。

2. 禽霍乱

本病也称禽出血性败血病、禽巴氏杆菌病，主要由禽型巴氏杆菌引起。成年鸭易感染，死亡率较高。

【发病症状】大多数病鸭发病急，无明显病状而在清晨发现倒毙，为急性型；少数精神不振，体温升高，不活动、不吃食，呼吸急促，拉绿褐色或白色稀粪，口鼻有少量黏液流出，为亚急性型。

【防治方法】定期注射霍乱疫苗，1月龄以上肌内注射2mL。发现病情立即进行封锁、隔离和消毒。治疗时，在饮水中添加诺氟沙星40~50mg/kg或红霉素100mg/kg或泰乐菌素500mg/kg；在饲料中添加土霉素，添加比例为0.04%~0.05%，或卡那霉素，添加比例为0.004%~0.006%，连续饲喂几天，同时饲喂维生素B。也可肌内注射链霉素10万IU或青霉素2万IU，每天2次。

3. 病毒性肝炎

本病主要通过消化道感染，但也可经呼吸道感染。发病无明显季节性，冬、春季节多见。一般多发生于5~10日龄的雏鸭。

【发病症状】最急性型病鸭常无明显症状或突然仰头踢腿抽搐、倒地死亡。多数病鸭精神委顿、不能随群走动、缩颈拱背、翅膀下垂、不食或减食，有的排黄白色或绿色稀粪，发病后不到1d出现神经症状，全身抽搐，运动失调，身体倒向一侧，头颈向上或向后仰，背部着地，转圈下蹲、两脚痉挛，多呈角弓反张状，数小时后死亡。

【防治方法】尚无特效治疗药物。为预防本病，1日龄时每只接种0.5mL鸭病毒性肝炎弱毒疫苗。母鸭产蛋期前2周注射鸭病毒性肝炎弱毒疫苗，间隔6周再免疫1次，可使雏鸭获得母源抗体。

4. 高致病禽流感

【发病症状】通常为发病死亡或不明原因死亡，其潜伏期不定，从几小时到数天，最高可达21d。绿头鸭可见神经和腹泻症状，有时可见角膜炎症，甚至失明，产蛋量下降。

【防治方法】尚无特效治疗方法。预防本病应以预防为主，全群强制免疫。

5. 鸭棘头虫病

本病由多形棘头虫寄生于肠道引起，对雏鸭危害严重，雏鸭死亡率高于成年鸭。多发生于7~8月。

【发病症状】雏鸭病情严重时，多表现为贫血、衰竭与死亡。成年鸭无明显症状。

【防治方法】平时饲养管理时注意定期驱虫。

思考与交流

1. 绿头鸭有哪些生物学特性？
2. 绿头鸭性别鉴定的方法有哪些？
3. 简述绿头鸭不同生长阶段的饲养管理要点。

第十三章

番鸭

番鸭又名瘤头鸭、疣鼻栖鸭、麝香鸭、洋鸭、红面鸭、蛮鸭等，动物学分类上属鸟纲（Aves），雁形目（Anseriformes），鸭科（Anatidae），鸭属（*Anas*）。番鸭原产于南美洲，我国饲养的番鸭多由法国引进，主要分布于福建、江苏、浙江、广东和台湾等省，其中福建养殖番鸭历史悠久，饲养量最多。番鸭是优良的瘦肉型鸭，具有生长快、体重大、瘦肉率高、产肝性能好等特点。

第一节　番鸭的生物学特性及品种

一、番鸭的生物学特性

1. 喜暖怕寒

番鸭耐高温，在炎热的夏季，其生产性能不受影响；但在寒冷的冬季，生长速度与产蛋性能受到一定程度的影响。这一特性致使番鸭适合在我国南方地区饲养，而在北方饲养要注意冬季的保温。

2. 动作迟缓，喜安静

番鸭安静驯良，行动笨拙，不爱活动，吃饱后常静止不行。呈卧伏状，有时单脚着地，另一脚蜷缩在腹部，把头伸到翼下，伫立很久，呈“金鸡独立”状。

3. 适合陆养、喜群居

尽管番鸭与其他水禽一样，喜欢在水中浮游嬉水，但不善于在水中长时间游泳。交配既可在水中，也可在陆地进行，适合陆地舍饲，所以又叫“旱鸭”。喜欢过集群生活，适宜大群集约化饲养。

4. 具有飞翔能力

番鸭有一定的飞翔能力，尤其雌鸭能短距离飞翔（距离可达 100m）。另外，公鸭性情粗暴，性成熟后公鸭间打斗凶猛。

二、番鸭的品种

我国有 4 个番鸭品种，其中地方品种和培育配套系各 1 个，引进品种 2 个。

1. 中国番鸭

中国番鸭是我国的地方品种，主要为肉用。体躯长而宽，前后窄小，呈纺锤形，体躯与地面相平行。头大，喙较短而窄。喙基部和眼周围有红色或黑色的皮瘤，上喙基部有一小块突起的肉瘤，公鸭较母鸭发达。头顶有一排纵向长羽，受到刺激会竖起。胸部宽平，后腹不发达，尾狭长，全身羽毛紧贴，翅膀长达尾部。腿短而粗壮。羽毛颜色有黑、白、黑白花三种，少数呈银灰色。尾羽长而向上微微翘起。性成熟时，公鸭尾部无性羽。皮肤呈浅黄色，肉色深红。

白番鸭全身羽毛纯白，头部皮瘤鲜红而肥厚，呈链珠状排列。喙呈粉红色，虹彩呈浅灰色，胫、蹼和爪呈黄色，喙呈豆白色。雏鸭绒毛呈白色。成年白番鸭公鸭的体重为（3728±412.6)g，母鸭的体重为（2018.8±182.6)g；成年白番鸭公鸭的体尺为（23.13±3.60)cm，母鸭的体尺为（19.85±3.07)cm。

黑番鸭羽毛呈黑色，带有墨绿色光泽，仅主翼羽或副翼羽有少数白色羽毛。肉瘤黑里透红。喙基部呈黑色，前端呈浅红色，喙呈豆黑色。虹彩呈浅黄色，胫、蹼和爪呈黄色。雏鸭绒毛呈黑色。成年黑番鸭公鸭的体重为（3580.9±493.5)g，母鸭的体重为（2223.3±243.7)g；成年白番鸭公鸭的体尺为（26.48±2.88)cm，母鸭的体尺为（21.55±1.71)cm。

2. “温氏白羽番鸭1号”配套系

“温氏白羽番鸭1号”配套系是由温氏食品集团股份有限公司、华南农业大学和广东温氏南方家禽育种有限公司，采用现代家禽育种方法培育的三系配套白羽番鸭新品种，2021年通过国家畜禽遗传资源委员会审定。

商品代公鸭全身为白羽，少量个体头顶部有小撮黑羽；喙呈粉红色、脚呈浅黄色；喙基部有小颗粒状的粉红色皮瘤；体躯前宽后窄，呈长椭圆形；头大颈短。胸部平坦宽阔且长。左右翼羽交叉、贴身，尾羽长顺。商品代母鸭体形和羽毛与公鸭相似，体躯呈葫芦状；颈短，喙短而狭。雏鸭全身绒羽呈金黄色，部分个体头顶有些许黑羽，喙呈粉色，脚胫呈橘黄色。商品代肉鸭的生产性能、外观及肉质优良，整齐一致，抗病力强，适合华南、华东、华中等地大部分市场的需求，品种综合性能处于国内同类产品的领先水平。

3. 克里莫番鸭

克里莫番鸭也称巴巴里番鸭，为引进品种。由法国克里莫公司培育而成。自20世纪90年代陆续引入我国，目前已在福建莆田和四川成都成立了祖代种鸭公司，近年来南方沿海已引进祖代或父母代番鸭进行饲养和推广。

体躯长而宽，体躯前尖后窄，呈纺锤形，与地面相平行。头大，颈短，喙基部和眼周围有红色或黑色皮瘤且公鸭的皮瘤较发达，喙较短而窄，为“雁形喙”，嘴、爪发达。胸部宽阔丰满，头顶有一排纵向长羽，受刺激时会竖起。颈中等长，胸部宽而平，后腹不发达，胸、腿肌肉发达，翅膀长达尾部，腿短而粗壮，趾爪强壮有力，步态平稳。尾部瘦长。

克里莫番鸭有4个商品系，R31系羽色为灰条纹色；R41系羽色为黑色；R51系羽色为白色；R61系羽色为蓝条纹色。出壳体重约为53g。10周龄体重：公鸭为3.9~4.3kg，母鸭为2.5~2.7kg；成年体重：公鸭为4.9~6.5kg，母鸭为2.5~3.1kg。成年公鸭体尺为29.3~33.5cm，母鸭体尺为23.2~25.0cm，不同商品系有一定差别。成年公鸭半净膛率约为81.4%、全净膛率为74%，母鸭半净膛率为84.9%、全净膛率为75%，瘦肉率为50%以上，皮脂率约为22.1%。开产日龄为196d，两个产蛋期平均产蛋180~220枚，蛋重70~80g，蛋呈椭圆形，蛋形指数约为1.39，蛋壳呈玉白色。种蛋受精率为90%~92%，受精蛋孵化率为75%~78%，育雏期成活率为95%以上。孵化期为35~36d。

4. 番鸭

番鸭为引进品种，我国引进的番鸭多为法国番鸭。体形大，略扁，体躯比家鸭大。头颈大而粗短，喙较短而窄，喙基部和眼睛周围有红色或赤黑色的皮瘤。公鸭的皮瘤比母鸭发达，在头部两侧延展，较宽厚。皮瘤随着年龄的增长逐渐向头顶和颈部扩大。前后躯稍狭小，胸部宽而平，胸、腿部肌肉发达且丰厚，翅膀大而长，强壮有力。羽毛丰满，华丽并富有光泽，腿踞粗壮，爪尖锐，蹼大而肥厚。头颈部有一撮较长的羽毛，当受刺激时，羽毛竖起呈刷状。羽色不同，有白番鸭、黑番鸭和黑白花番鸭，还有少数呈银灰色或赤褐色。白羽雏鸭羽毛呈浅黄色，尾羽呈灰色，第一次换羽后全身羽毛呈白色；黑羽雏鸭羽毛呈黑色。成年公鸭体重3~5kg，母鸭体重1.8~2.25kg。5%开产日龄平均为189d，达50%产蛋率日龄平均为225d。平均蛋重78g。种蛋受精率为92.4%，受精蛋孵化率为92.8%。母鸭就巢性强，如不及时捡蛋，产到8枚蛋左右就停止产蛋，公、母鸭轮流孵化。

第二节　番鸭的繁育

一、番鸭的繁殖特点

不同品种番鸭的性成熟时间不同，引进番鸭210~230日龄性成熟，中国番鸭170~190日龄性成熟。适宜的公母比例见表13-1。生产中可根据受精率高低进行适当调整。种用公鸭利用年限为1~1.5年。种番鸭的鸭群结构以1岁种鸭为主，2岁种鸭为辅。其比例大致为：1岁种鸭占65%~75%，2岁种鸭占25%~35%（表13-1）。

表13-1　番鸭适宜的公母比例

月龄	类型	公母比例
7~12	中国番鸭	1∶(6~8)
	番鸭	1∶(3~4)
13~18	中国番鸭	1∶(5~6)
	番鸭	1∶3
>18	中国番鸭	1∶(4~5)
	番鸭	1∶3

二、番鸭的选种

选择的种番鸭要求体形大、体质健壮，并具有生长快、出肉率高、肉质好、发育良好、产蛋率高、品种特征明显、对环境适应能力强等特点。

三、番鸭的配种

番鸭的配种方法主要有自然交配和人工授精。

1. 自然交配

在每群母鸭中以适宜的公母比例配给足够公鸭，在性成熟前（20~22周龄）将公鸭与母鸭混群饲养。因公、母番鸭体形差距大，所以自然交配受精率仅为30%~40%。

2. 人工授精

（1）公鸭的培育与选择 用于人工采精的公鸭应选择性格温顺、容易与人接近的个体。留作种用的公鸭应与母鸭分开饲养，进行单独培育，13周龄前的饲养管理与纯种培育相同，18周龄时放入1~2只未产蛋的母鸭同养，促进睾丸等性器官发育；20周龄时将公鸭放入笼内，实施单笼饲养；23周龄时用产蛋母鸭诱情调教采精，每周检查精液质量，不合格者在27周龄前淘汰；27周龄采精，公鸭适宜的采精时间在27~47周龄，最适采精时期为30~45周龄。

（2）采精 采精前，先将公鸭泄殖腔周围的羽毛剪短，用生理盐水洗净消毒。采精时，用产蛋的母鸭作为试情鸭，放入公鸭笼内，鸭笼用木质材料做成，长×宽×高为60cm×40cm×60cm。当公鸭啄住母鸭头部羽毛，并开始骑乘时，采精员戴上消毒好的手套，靠近笼边，协助公鸭在母鸭背上站稳。当公鸭尾部左右摆动时，采精员轻轻按摩公鸭泄殖腔上部坐骨部，试探阴茎是否勃起呈球状硬块，再轻轻挤压，公鸭就可伸出阴茎并迅速射精，采精员迅速用左手的采精管（瓶）接住，并防止粪便污染精液。采精频率以间隔2~3d采精1次为宜。生产中常用新鲜精液直接进行配种，新鲜精液存放时间应不超过30min。

（3）输精 输精的过程也与家鸭类似。输精量为0.03mL，输入精子数为0.3亿~0.5亿个。输精时间最好在上午7:00~11:00。授精人员要相对稳定，以建立种鸭良好的条件反射，减少种鸭应激反应。

四、番鸭的孵化技术

1. 种蛋的选择

种蛋来源于高产的健康鸭群，开产2周以后的蛋可用作种蛋。产出后保存时间以不超过1周为宜，选椭圆形蛋，过长、过圆、腰凸、橄榄形、扁形蛋等畸形蛋应予以剔除。蛋重应符合品种标准，一般为75~85g。蛋的标准颜色为玉白色，蛋壳结构应致密均匀、厚薄适度，表面无裂痕。

2. 孵化条件

（1）温度 番鸭胚胎生长发育的适宜温度范围为36.5~38.2℃。整批孵化时，采用“前高、中平、后低”的变温孵化方法控制温度；分批孵化时，采用恒温孵化方式，每隔8~9d进一批种蛋，新老蛋盘交错放置，以相互调节孵化温度。不同施温方案的孵化温度见表13-2。

表13-2 番鸭种蛋的孵化温度

施温方案	胚龄	机内温度
恒温孵化	1~32d	37.8℃
	33~35d	从37℃降至36.5℃
变温孵化	1~6d	从38.2℃降至38.0℃
	7~24d	从37.8℃降至37.4℃
	25~35d	从37.0℃降至36.5℃

（2）湿度 保持相对湿度为55%~65%，出雏时为65%~75%。整批孵化时，应掌握

“两头高，中间低”的原则，即孵化初期的相对湿度高些，一般为60%~65%；孵化中期的相对湿度低些，保持在55%~60%；孵化后期的相对湿度提高到75%~80%。

（3）通风 在正常通风条件下，保持孵化机内氧气含量为21%，二氧化碳在0.5%以下。通风时要注意孵化机内通风孔位置、大小和进气孔启开程度，以控制空气的流速、路线。要注意温度、湿度和通风三者的关系。

（4）翻蛋 机械孵化时，每2h翻蛋1次，翻蛋的角度为±55℃。结合胚蛋喷水凉蛋时可将蛋翻转180°。胚蛋移至出雏箱时应停止翻蛋。

（5）凉蛋 孵化开始至14d时，由于脂肪代谢加强，蛋温超过孵化机内温度，应定期凉蛋。番鸭胚胎发育不同日龄的外部特征见表13-3。

表13-3 番鸭胚胎发育不同日龄的外部特征

孵化天数	胚胎发育的主要外部特征
1~3	胚盘重新继续发育，颜色较深，四周稍透光；3胚龄时可见中心有弯曲透明体（胚胎）
4	心脏开始跳动，卵黄囊膜血液循环形成；卵黄囊膜直径约为2cm
5~6	卵黄囊膜迅速扩大，直径约为3.2cm，胚胎及卵黄囊血管呈“蜘蛛形”
7	胚胎眼珠内沉积大量黑色素，有明显的黑色眼点，胚体出现肢芽
8~9	胚胎正面布满血管，尿囊膜开始形成
10	尿囊膜迅速生长，接触到蛋壳绕过胚体背部，卵黄囊膜包围蛋黄的1/2以上，喙形初现，瞬膜形成，肢芽明显分为几部分，趾原出现
11	背面尿囊膜越过蛋黄，上、下喙分开，尿囊膜血管网占整个蛋黄的2/3
12~13	后肢蹼形成，绒羽原基出现，两翅形态明显，卵黄囊膜包围卵共2/3
14	脚趾出现爪，尾部出现绒羽，喙豆形成，蛋白明显浓缩
15	尿囊膜在蛋小端“合拢”，胚胎背部出现绒羽，照蛋时可见到蛋小端上有尿囊血管
16~17	卵黄囊膜包围全部卵黄，眼帘达到虹膜
18~19	全身覆盖绒羽，眼睑达到瞳孔中央
20	羽毛明显增长，眼睑达到瞳孔上端边缘
21~22	胚胎头部向下弯曲，位于两脚之间
23	蛋白基本被利用，尿囊中有胎粪
24~26	眼睛闭合，卵黄开始被吸收
27~28	气室开始倾斜，胚胎头部转在右翼下
29~30	眼睛睁开，头颈转向气室，两翅闪动，照蛋可见“闪毛”
31~32	70%胚蛋“起嘴”，30%胚蛋“啄壳”，蛋黄被吸入腹中，尿囊枯萎
33~34	大量啄壳，开始出雏
35	出雏结束

五、番鸭的杂交利用

番鸭与家鸭之间进行杂交，后代称为半番鸭，我国生产半番鸭已有300年历史，传统生产半番鸭的方式是利用公番鸭与高产蛋鸭母鸭，通过人工授精生产没有繁殖力的二元杂交鸭，具有肉质风味好、脂肪含量低等特点，也可利用肉用公鸭与高产蛋鸭母鸭杂交生产杂交母本，再与公番鸭通过人工授精生产三元杂交半番鸭，其屠体脂肪含量高于二元杂交半番鸭。

第三节 番鸭的饲养管理

一、番鸭场的建设要点

番鸭场的场址选择方式和饲养设备与绿头鸭相似。水养、陆养、圈养和放牧饲养等均可。育雏后可实行草地放牧或就地露宿，农村养鸭户可采取放牧和棚舍饲养补料的饲养方式。饲养场地面积可根据饲养数量确定，场边用单砖修建30~40cm高的挡墙，墙外为排水沟和走道，饲养场内设有棚舍、运动场和人工水池。番鸭对棚舍要求不高，建在背风向阳、土壤排水良好之处即可，土质以砂壤土为宜，棚舍及环境保持干燥卫生，减少病源污染，地面和墙面要便于冲洗，最好是水泥地面，并设有小水池。地面要有一定的倾斜角度，并有顺倾斜方向的小集水沟，便于水冲后干燥。在母番鸭开产前应将产蛋箱放入棚舍内。

二、番鸭的生产时期划分

番鸭的生产时期分为育雏期、育成期和成年期。育雏期指0~4周龄，特点是体温调节机能较弱、消化器官容积小，消化能力差，生长发育极为迅速，新陈代谢强烈。育成期指5~10周龄，特点是生长迅速，发育旺盛，尤其是各器官发育完成，机能健全，骨骼、肌肉增长最多。但随日龄增加体重增长速度逐渐下降，脂肪沉积增多，易引起过肥，对其后产蛋量有很大影响，育成期的中、后期生殖系统开始发育至性成熟。成年期指10~24周龄。

三、番鸭的营养需要

番鸭的营养需要标准随着地区、生产水平、饲养种类等各有差异，在应用时应根据具体条件灵活掌握。(表13-4至表13-7)。

表13-4 种番鸭营养需要（福建农业大学）

营养指标	0~3周龄	4~10周龄	11~24周龄	25周龄
代谢能/(MJ/kg)	11.91~12.12	11.70~11.91	10.24~10.66	10.87~11.29
粗蛋白质（%）	19~20	16~17	13~15	17~18
钙（%）	1.0	0.9	1.3	3.35
总磷（%）	0.75	0.70	0.70	0.72

（续）

营养指标	0~3周龄	4~10周龄	11~24周龄	25周龄
有效磷（%）	0.45	0.45	0.45	0.45
食盐（%）	0.37	0.37	0.37	0.37
蛋氨酸（%）	0.50	0.40	0.30	0.40
蛋氨酸+胱氨酸（%）	0.85	0.70	0.60	0.70
赖氨酸（%）	1.0	1.75	0.60	0.80

注：引自熊家军《特种经济动物生产学》。

表13-5 法国肉用番鸭营养需要（法国克里莫公司）

营养指标	育雏期（0~3周龄）	发育期（公鸭4~7周龄，母鸭4~6周龄）	育肥期（6周龄或7周龄至屠宰）		
			最低	中等	最高
代谢能/(MJ/kg)	11.91~12.12	12.12~12.33	12.33	12.7	13.71
粗蛋白质（%）	20~21	18~19	16.5	17.5	18.5
粗脂肪（%）	3.2	3.5	3.0	4.1	5.0
粗纤维（%）	3.3	3.2	2.5	2.7	2.9
粗灰分（%）	6.1	5.6	4.9	5.3	5.7
钙（%）	0.90	0.93	0.85	0.95	1.05
总磷（%）	0.71	0.70	0.60	0.63	0.66
有效磷（%）	0.45	0.50	0.35	0.40	0.45
蛋氨酸（%）	0.50	0.48	0.38	0.43	0.48
蛋氨酸+胱氨酸（%）	0.85	0.82	0.68	0.74	0.80
赖氨酸（%）	1.00	1.02	0.75	0.85	0.95
色氨酸（%）	0.22	0.20	0.14	0.16	0.18
苏氨酸（%）	0.72	0.67	0.55	0.60	0.65
维生素A/(IU/kg)	12000	10000	10000	12500	15000
维生素D/(IU/kg)	3000	3000	2000	2500	3000
维生素E/(IU/kg)	20	15	15	20	25

注：引自熊家军《特种经济动物生产学》。

表13-6 肉用番鸭营养需要（福建农业大学）

营养指标	育雏期（0~3周龄）	发育期（4~6周龄）	育肥期（7周龄至屠宰）
代谢能/(MJ/kg)	11.91~12.12	12.12~12.33	12.12~12.33
粗蛋白质（%）	20~21	17~18	15~16
粗脂肪（%）	3.3	3.2	4.1
粗纤维（%）	3.3	3.2	2.7

（续）

营养指标	育雏期（0~3周龄）	发育期（4~6周龄）	育肥期（7周龄至屠宰）
粗灰分（%）	6.1	5.6	5.3
钙（%）	0.90	0.93	0.95
有效磷（%）	0.45	0.50	0.40
食盐（%）	0.37	0.37	0.37
蛋氨酸（%）	0.50	0.45	0.35
蛋氨酸+胱氨酸（%）	0.85	0.80	0.65
赖氨酸（%）	1.05	1.00	0.70

注：引自熊家军《特种经济动物生产学》。

表 13-7　法国父母代番鸭营养需要（法国克里莫公司）

营养指标	0~3周龄		4~10周龄		11~26周龄		27周龄	
	最低	最高	最低	最高	最低	最高	最低	最高
代谢能/(MJ/kg)	12.12	12.33	11.70	11.91	10.87	11.08	11.50	11.70
粗蛋白质（%）	19.5	22	17	19	15.5	17	16.5	18
粗脂肪（%）	5.0			4.0		3.5		4.0
粗纤维（%）		4.0		4.0		6.0		4.0
粗灰分（%）	6.0	6.5	5.5	6.0	6.5	7.0	10.5	11.0
钙（%）	1.0	1.2	0.9	1.0	1.3	1.5	3.0	3.2
有效磷（%）	0.45	0.50	0.45	0.50	0.45	0.50	0.45	0.50
蛋氨酸（%）	0.50		0.45		0.33		0.35	
蛋氨酸+胱氨酸（%）	0.85		0.75		0.63		0.65	
赖氨酸（%）	1.0		0.8		0.65		0.75	
色氨酸（%）	0.23		0.16		0.16		0.17	
苏氨酸（%）	0.75		0.59		0.45		0.60	
维生素A/(IU/kg)	15000		15000		15000		15000	
维生素D/(IU/kg)	3000		3000		3000		3000	
维生素E/(IU/kg)	20		20		20		20	

注：引自熊家军《特种经济动物生产学》。

四、番鸭生产时期的饲养管理

1. 育雏期饲养管理

（1）育雏方式　育雏方式有地面更换垫料育雏、网上育雏和立体育雏。采用地面更换垫料育雏，注意经常更换垫料，使用保温伞或红外线灯保温。网上育雏是将雏鸭饲养在离地面50~60cm高的网上，在网上或网下供热。立体育雏使用立体育雏笼，一般为3~5层。

（2）育雏条件

1）温度和湿度。育雏具体施温要根据番鸭行为和分布情况进行调节，切忌忽高忽低。育雏温度控制可参考表 13-8。雏鸭出壳 1 周内相对湿度为 70%左右，以后相对湿度控制在 60%～65%。

表 13-8　番鸭育雏温度参考标准

周龄	温度		
	加热器下	活动区域	周围环境
1～3	从 45℃降至 42℃	从 30℃降至 29℃	30℃
4～7	从 42℃降至 38℃	从 29℃降至 28℃	29℃
7～14	从 38℃降至 36℃	从 27℃降至 26℃	27℃
14～21	从 36℃降至 30℃	从 26℃降至 25℃	25℃
21～27	30℃	从 24℃降至 22℃	22℃
28～40	遵照冬季环境标准逐步脱温	20℃	18～22℃
40 周龄以后		18℃	不低于 17℃

2）光照。肉用仔鸭 1 周龄时每天光照时间为 24h，光照强度为 18～20lx；2 周龄时每天 18h，2 周龄以后每天为 12h，光照强度为 6～7lx。种番鸭 1～3d 时每天光照时间为 24h，1 周龄时为每天 18h，2 周龄时为每天 16h，3 周龄时为每天 14h，4～5 周龄时为每天 13.5h，光照强度为 50～60lx。

3）饲养密度。一般 1 周龄雏鸭的饲养密度为 25 只/m^2，3 周龄时为 15～20 只/m^2，4 周龄后为 8 只/m^2。每群以 200～250 只为宜。在舍饲条件下注意通风换气，根据季节、密度、温度、气味等来调节通风换气量。并根据出雏时间、体重大小、体质强弱等适时分群。

4）初饮和饲喂。雏鸭出壳后 24h 初次饮水，水温以 20～25℃为宜，饮水中可添加 5%葡萄糖、1g/L 电解质、1g/L 维生素 C，以及防止细菌性疾病的抗生素药物。初饮后 1～2h 就可开食。1 日龄时每天 4 次，2～5 日龄时每天 3 次，7 日龄后每天 2 次，可采用全价颗粒饲料。

5）断喙和断趾。雏鸭一般在 2～3 周龄进行断喙。母番鸭断去喙端的 2/3，并剪趾；公番鸭断去喙端的 1/3，不剪趾。2～3 周龄时切除其翅骨上第三指的第二指节骨，可以使其身体失去平衡，不能离地高飞。

2. 育成期饲养管理

育成期以地面平养方式为宜，有运动场，保证其有足够的运动量。

（1）温度、光照和饲养密度　育成期温度达 15℃以上。每天光照时间为 10h，光照强度为 10lx。育成期采用分栏饲养，设置坚实的隔离物，要求高度达 1m。每栏饲养 200 只左右，公、母鸭分开饲养。一般饲养密度为 10～20 只/m^2。

（2）饲喂和饮水　育成期需要限制饲养，目的在于控制体重，使其在适当的周龄达到性成熟，集中开产，提高种番鸭的产蛋性能，延长种用期，节省饲料，降低成本，提高经济效益。可采用饲喂低能量低蛋白质日粮，一般从 8 周龄开始到 18 周龄，平均每天饲喂 140～150g/只。也可使用限量法，按育成番鸭充分采食量的 70%供给，参照表 13-9。

表 13-9 育成期种番鸭的日粮定量表 （单位：g/只）

周龄	有效总量			
	夏季		冬季	
	公鸭	母鸭	公鸭	母鸭
5	118	70	125	74
6	133	78	141	83
7	140	82	149	88
8	143	85	153	90
9	148	87	157	92
10	151	89	161	95
11~21	155	91	165	97
22	163	96	174	103
23	174	103	186	109
24	200	115	210	125

3. 成年种番鸭的饲养管理

（1）适时转群和选留　在开产前 2~4 周转入产蛋舍，淘汰瘦弱、病残等无种用价值的母鸭。选留母鸭体重 2~3kg，同龄公鸭体重 4~5. 5kg，按 1 :（6~8）的公母比例组群。设置产蛋箱或产蛋区，产蛋箱规格为 40cm×40cm×40cm，可供 4 只母鸭产蛋。

（2）光照　从 24 周龄开始，逐渐增加光照时间和光照强度。第一个产蛋期：24 周龄时为每天 10h，每周加 1h，至 27 周龄时为每天 13h；28 周龄时为每天 13. 5h，每 2 周加 0. 25h，至 50 周龄时为每天 16. 25h。第二个产蛋期：64 周龄时为每天 13. 25h，65 周龄时为每天 13. 30h，66 周龄时为每天 13. 75h，67 周龄时为每天 14h；68 周龄时每天 14. 25h，每 2 周加 0. 25h，至 84 周龄时为每天 16. 25h，最大光照强度为 60~70lx。

（3）饲喂　24 周龄起饲喂产蛋期日粮。在生产实际中，应根据体重标准控制番鸭体重，以便最大限度地发挥番鸭的生产性能（表 13-10）。

表 13-10 种番鸭产蛋前和第一个产蛋期日粮定量计划 （单位：g/只）

周龄	有效总量			
	夏季		冬季	
	公鸭	母鸭	公鸭	母鸭
24	200	115	210	125
25	210	125	225	130
26	225	135	240	140
27	225	140	240	150
28	209	140	222	149
29	203	148	217	157
30	198	155	211	165
31	193	163	205	173

（续）

周龄	有效总量			
	夏季		冬季	
	公鸭	母鸭	公鸭	母鸭
32	187	170	200	181
33	182	178	194	189
34	175	186	184	197
35	171	193	182	205
36 周龄以后	不限	不限	不限	不限

4. 产蛋期饲养管理

（1）合理分群圈养 番鸭按品种、日龄和体重一致的“三一致”原则分群，防止强弱混群。每群以 200~300 只为宜，饲养密度为 5~7 只/m^2。

（2）饲喂 产蛋初期和前期适当增加饲喂次数；产蛋中期注意饲料的营养浓度要比上阶段有所提高，光照稳定并略有增加；产蛋后期根据体重和产蛋率情况确定饲料的供给量。

（3）强制换羽 每年春末或秋末，番鸭会自然换羽，如果营养不良、管理不善或天气剧变，也能促使其提前换羽。番鸭换羽时，若任羽毛自然脱落后再自行恢复，会造成产蛋不整齐，所以多在 6 月初，当鸭群产蛋率降低到 30%左右、蛋重减轻时，进行强制换羽。强制换羽是人为地突然改变种用母番鸭的生活条件和习惯，使鸭毛根部老化、易于脱落时，强行将主翼羽、副翼羽和角化羽拔掉，成功换羽是提高番鸭产蛋量的有效措施。

在生产中强制换羽有关蛋、拔羽和恢复 3 个步骤。关蛋是指把产蛋率下降到 30%的母鸭群关入鸭舍内，3~4d 内只供给水，不放牧，不喂料；或者在前 7d 逐步减少饲料喂量，8d 后停料，只供水。拔羽最适宜在晴天早上操作。具体方法：抓住鸭的双翼，由内向外沿羽毛的尖端方向，猛力瞬间拔出来主翼羽、副翼羽、主尾羽。鸭群经过关蛋、拔羽，体质变弱，体重减轻，消化机能降低，需加强饲养管理。恢复期喂料量应由少至多，质量由粗到精，经过 7~8d 逐步恢复到正常饲养水平，在恢复产蛋前，公、母番鸭要分开饲养，拔羽后 25~30d 新羽毛可以长齐，经 3 周后便可恢复产蛋。换羽计划见表 13-11。

表 13-11 换羽计划（公、母番鸭分栏）

换羽时间	光照/(h/d)	日粮/g		备注
0d	0	公	母	
1d	8	142	68.5	光照强度降低 75%
2d		142	68.5	
3d		184	89	
4d		184	89	
5d		212	102	
6d		212	102	
7d		212	103	
8d		212	103	

（续）

换羽时间	光照/(h/d)	日粮/g		备注
9d	10	226	106	清除粪便（公母混养）
10d	11	175		
11d	12	180		进入产蛋期的理论日期
12d	12.5	180		
13d	13	190		

5. 肉用仔鸭的饲养管理

饲养方式主要有平面饲养、网上饲养及笼养方式，其中厚垫料平养是饲养肉用番鸭最普遍的形式。采用全进全出制。

（1）分群饲养 在饲养实践中，公、母雏鸭的日粮营养、环境温度和生长速度等不同，需要进行分群饲养。母雏最好在70日龄上市，公雏最好在88日龄上市。

（2）育肥技术 育肥是使已长好骨架的肉用仔鸭在较短的时期内迅速长肉，使屠体肉质鲜嫩，既提高屠宰率和出肉率，又提高商品等级。育肥期主要饲喂高能量的碳水化合物饲料，育肥方法有自由采食和人工填饲两种。

1）自由采食法。将番鸭养在光线较暗的封闭舍内，保证空气流通。育肥舍内要保持环境安静，适当限制鸭的活动，采用颗粒料，任其自由采食，这样采食时间短，进食量大，育肥效果明显。

2）人工填饲育肥法。分手工填饲和机器填饲。填鸭饲养管理的重点在于使填鸭加速增重，缩短填肥期，降低耗料量，减少残鸭。

第四节　番鸭的生产性能和产品

一、番鸭的生产性能

本节主要介绍我国地方品种中国番鸭和培育品种“温氏白羽番鸭1号”配套系的生产性能。

1. 中国番鸭

（1）产肉性能 对福建省莆田市、永泰县和古田县等地区的白番鸭和黑番鸭的屠宰性能进行测定，结果见表13-12。

表13-12　中国番鸭屠宰性能

类别	性别	宰前体重/g	屠体重/g	屠宰率(%)	半净膛率(%)	全净膛率(%)	腿肌率(%)	胸肌率(%)
白番鸭	公	2841.3±339.0	2308.6±349.5	81.0±3.8	72.4±2.3	64.7±2.7	14.2±1.7	18.1±1.9
	母	1907.3±262.4	1603.5±228.6	84.1±3.8	73.7±3.3	66.0±3.3	13.6±1.8	20.8±2.5
黑番鸭	公	3159.6±307.7	2668.7±346.0	84.3±5.3	77.7±5.0	70.3±4.6	14.1±1.3	16.7±3.2
	母	1860.2±199.2	1595.6±193.3	85.8±4.5	77.0±4.0	68.6±3.4	14.1±1.3	15.9±3.4

注：引自《福建省地方畜禽品种资源志》。

（2）蛋品质 对福建省莆田市和古田县等地区的 300 日龄白番鸭和黑番鸭的蛋品质进行测定，结果见表 13-13。

表 13-13 中国番鸭蛋品质

类别	蛋重/g	蛋形指数	蛋壳厚度/mm	蛋壳颜色	蛋白高度/mm	哈氏单位	蛋黄比率（%）
白番鸭	72.1±5.4	1.38±0.08	0.40±0.02	白色	8.32±1.01	87.69±6.14	33.4±4.3
黑番鸭	75.3±4.2	1.34±0.06	0.41±0.01	白色	7.80±0.65	84.09±3.78	33.3±2.0

注：引自《福建省地方畜禽品种资源志》。

（3）繁殖性能 圈养条件下，公鸭 5 月龄开始配种，母鸭 6 月龄左右达 5%产蛋率时开产。白番鸭在公母比例为 1∶（5～6）条件下，种蛋受精率为 88%～90%，受精蛋孵化率为 88%～90%，360 日龄入舍母鸭产蛋量为 90～95 枚。黑番鸭第一个产蛋期 200d 产蛋量为 120 枚，第二个产蛋期 240d 产蛋量为 120 枚；公母比例为 1∶（5～6）条件下，种蛋受精率为 92%～94%，受精蛋孵化率为 90%。

2. “温氏白羽番鸭 1 号”配套系

（1）产肉性能 商品代公鸭 77 日龄上市，体重 4500～5000g、屠宰率为 89.0%～90.2%、全净膛率为 77.5%～78.9%、胸肌率为 15.7%～16.9%、腿肌率为 13.2%～14.0%、皮脂率为 22.6%～24.2%、腹脂率为 1.8%～2.4%、饲料转化效率为（2.45～2.55）∶1，成活率为 92%以上。

母鸭 65 日龄上市，体重 2700～2900g、屠宰率为 89.0%～90.0%、全净膛率为 73.8%～75.2%、胸肌率为 16.6%～17.8%、腿肌率为 11.8%～12.4%、皮脂率为 26.0%～27.2%、腹脂率为 2.8%～3.4%、饲料转化效率为（2.65～2.75）∶1、成活率为 94%以上。

（2）繁殖性能 父母代种母鸭具有优秀的繁殖性能，封闭式笼养种鸭高峰产蛋率可达 93%以上，56 周龄入舍母鸭种蛋数为 133 枚/只、产合格种蛋数为 117 枚/只、全期种蛋合格率为 88.5%、受精率为 95.8%、受精蛋孵化率为 86.5%、入孵蛋孵化率为 82.9%、健雏率为 97.5%、每只产健苗 94.5 只。

二、番鸭的产品

我国饲养番鸭主要为肉用，少部分用于填饲生产肥肝。因其肉质细嫩，味道鲜美，无油腻感，被认为是冬令进补食品，很受消费者的青睐。目前，番鸭还没有深加工产品，南方主要以销售活体或屠宰白条为主。

第五节 番鸭的疾病防治

一、番鸭的免疫预防

为了使番鸭在生产中（尤其是产蛋期）不受疾病侵袭，并保证后代雏鸭的健康，在产蛋前按防疫程序进行一系列疫苗注射。

肉用番鸭：1 日龄，接种鸭病毒性肝炎活疫苗，颈部皮下或肌内注射；3 日龄，接种鸭细小病毒病活疫苗，颈部皮下肌内注射；7 日龄，接种鸭传染性浆膜炎灭活疫苗，肌内注射；10 日龄，接种大肠杆菌病灭活疫苗，肌内注射；15 日龄，接种鸭瘟活疫苗，肌内注射。

种番鸭：前 15 日龄同肉用番鸭；60 日龄，接种鸭瘟疫苗，肌内注射；80 日龄，接种大肠杆菌病灭活疫苗，肌内注射；90 日龄，接种鸭病毒性肝炎活疫苗，肌内注射；100 日龄，接种禽霍乱活疫苗，肌内注射；115 日龄，加强免疫禽霍乱活疫苗。

二、番鸭的常见病防治

鸭瘟、禽霍乱和大肠杆菌病防治方法同绿头鸭。

1. 细小病毒病

细小病毒病发病无明显季节性，经消化道感染。11 月龄以内的鸭可感染发病，主要发生于 2~5 周龄雏鸭，死亡率高达 80%以上。

【发病症状】最急性型多无明显症状而突然死亡，或死前头颈向一侧扭曲，两脚划动不止。精神沉郁，松毛垂翅，脚软无力，常蹲伏，食欲不振或废绝，饮欲增加，腹泻，排出黄白色或绿色稀粪，常有气泡或脓状物，污染肛门周围的羽毛。死前有神经症状。病程一般为 1~5d，少数病程延长到 1~2 周，成为“僵鸭”。

【防治方法】目前尚无有效治疗药物。主要是以主动免疫接种为主，同时要减少细菌感染和恶劣环境等诱因的出现。刚发病的雏鸭可用细小病毒卵黄抗体皮下注射，1~2mL/只，保护率达 80%左右。

2. 雏鸭病毒性肝炎

各周龄均可感染，但多发生于 3 周龄内的雏鸭。尤其是 1~2 周龄的雏鸭发病最多。死亡率与病鸭周龄有关，1 周龄以内可达 95%，1~3 周龄达 50%，4 周龄以上基本上无死亡。

【发病症状】离群，精神呆滞，缩颈垂翅，嗜睡，下痢，排出绿色稀粪。患病后 12~24h 出现神经症状，全身抽搐，头向后仰，两脚痉挛无力，身体倒向一边。死亡时仰头伸脚呈角弓反张姿态。耐过的鸭多成为僵鸭。

【防治方法】无特效疗法，应加强饲养管理，做好消毒和疫苗接种。发病初期用卵黄抗体进行紧急被动免疫。利用病愈的母番鸭或高免母番鸭的血清可以防治本病。

3. 鸭传染性浆膜炎

【发病症状】嗜睡，缩颈或以嘴抵地，行动蹒跚，共济失调，特征性的症状是眼、鼻有浆液或黏液性分泌物流出，眼周围羽毛粘连或脱落，或分泌物干涸后堵塞鼻孔，拉绿色或黄绿稀粪，少数病例出现关节肿胀。

【防治方法】改善饲养管理条件，如注意通风，饲养密度不能过大，做好日常清洁卫生。进行免疫接种。治疗可用抗菌药物，多种抗生素对本病有一定的疗效。

4. 鸭曲霉菌病

【发病症状】主要发生于雏鸭，食欲减退或不食，精神不振，眼半闭，呼吸困难，呼吸促迫，常见鸭伸颈张口呼吸，口腔与鼻腔常流出浆液性分泌物。胃肠道活动紊乱，下痢，急剧消瘦，死亡率可达 50%以上。

【防治方法】注意保持育雏室通风干燥、清洁卫生，防止饲料、垫料的霉变。在雏鸭进舍前对鸭舍和用具进行彻底消毒。

5. 鸭球虫病

【发病症状】精神委顿，缩脖子，食欲减退，饮欲增强，腹泻，排出暗红色带血的粪便，耐过的病鸭逐渐恢复食欲，死亡虽已停止，但生长发育受阻，增重缓慢。慢性球虫病则不显症状，偶见拉稀，病鸭往往成为球虫的携带者和传染源。

【防治方法】鸭群要“全进全出”，对鸭舍彻底清扫、消毒，保持环境清洁、干燥和通风。经常发生球虫病的鸭场，可用药物预防，一般在10日龄时开始给药，常用的药物有二硝托胺、氨丙啉、盐霉素等。

思考与交流

1. 我国饲养的番鸭品种有哪些？
2. 番鸭的繁殖特点有哪些？
3. 简述不同生产时期番鸭的饲养管理要点。

参考文献

[1] 赵世臻，沈广. 中国养鹿大成［M］. 北京：中国农业出版社，2001.

[2] 赵裕芳. 茸鹿高产关键技术［M］. 北京：中国农业出版社，2013.

[3] 李光玉，彭凤华. 鹿的饲养与疾病防治［M］. 北京：中国农业出版社，2004.

[4] 马丽娟，金顺丹. 鹿生产与疾病学［M］. 2版. 长春：吉林科学技术出版社，2003.

[5] 朴厚坤. 皮毛动物饲养技术［M］. 北京：科学出版社，1999.

[6] 白秀娟. 养狐手册［M］. 2版. 北京：中国农业大学出版社，2007.

[7] 高秀华，杨福合，张铁涛. 珍贵毛皮动物饲料与营养［M］. 北京：中国农业科学技术出版社，2020.

[8] 熊家军. 特种经济动物生产学［M］. 2版. 北京：科学出版社，2018.

[9] 刘吉山，姚春阳，李富金. 毛皮动物疾病防治实用技术［M］. 北京：中国科学技术出版社，2017.

[10] 马泽芳，崔凯，高志光. 毛皮动物饲养与疾病防制［M］. 北京：金盾出版社，2013.

[11] 任国栋，郑翠芝. 特种经济动物养殖技术［M］. 2版. 北京：化学工业出版社，2016.

[12] 杜炳旺，徐延生，孟祥兵. 特禽养殖实用技术［M］. 北京：中国科学技术出版社，2017.

[13] 吴琼. 中国山鸡［M］. 北京：中国农业出版社，2019.

[14] 吴琼，陆雪林. 高效养山鸡［M］. 北京：机械工业出版社，2017.

[15]《福建省地方畜禽品种资源志》编委会. 福建省地方畜禽品种资源志［M］. 福州：福建科学技术出版社，2019.

[16] 国家畜禽遗传资源委员会. 中国畜禽遗传资源志·特种畜禽志［M］. 北京：中国农业出版社，2012.

[17] 刘振湘，文贵辉. 鸵鸟高效养殖技术［M］. 北京：化学工业出版社，2012.

[18] 何艳丽. 肉用野鸭高效养殖技术一本通［M］. 北京：化学工业出版社，2013.

[19] 葛明玉，赵伟刚，李淑芬. 山鸡高效养殖技术一本通［M］. 北京：化学工业出版社，2010.

[20] 袁施彬. 特种珍禽养殖［M］. 北京：化学工业出版社，2013.

[21] 刘操. 珍珠鸡、贵妃鸡和雉鸡肌肉营养成分和风味物质的对比研究［D/OL］. 北京：中国农业科学院，2014［2014-05-01］. https://kreader.cnki.net/Kreader/CatalogViewPage.aspx?dbCode=CMFD&filename=1014326405.nh&tablename=CMFD201501&compose=&first=1&uid=.

[22] 高莉. 羊驼系统发育和种群内亲缘关系的研究［D/OL］. 晋中：山西农业大学，2005［2005-06-01］. https://kreader.cnki.net/Kreader/CatalogViewPage.aspx?dbCode=CMFD&filename=2005114361.nh&tablename=CMFD0506&compose=&first=1&uid=.

[23] 张力. 闽南火鸡生长特性的研究［J］. 家畜生态，2003（3）：27-29，36.

[24] 王宝维. 特禽生产学［M］. 北京：科学出版社，2013.